Intramolecular Charge Transfer
Theory and Applications

分子内电荷转移——理论与应用

〔印〕兰普拉萨德·米斯拉（Ramprasad Misra）著
〔印〕S. P. 巴塔查理亚（S. P. Bhattacharyya）

王　磊　　宋海洋　译

U0255186

中国石化出版社

内 容 提 要

基于分子内电荷转移（ICT）在分子电子学、太阳能电池、量子光学及传感器等领域的技术应用潜力，受到了科学家的广泛关注。本书是对 ICT 过程及相关现象研究的综述，试图使读者更全面地了解 ICT 现象，并掌握设计研究 ICT 分子的理论与实验技术，主要内容包含：ICT 过程的基础知识、ICT 原理及 ICT 分子的发展历史、研究 ICT 机理的最新理论和实验技术、介质对 ICT 过程的影响、ICT 分子的非线性光学响应、最新技术应用及发展前景等。

本书适合从事光物理、光化学、化学物理及新能源材料方向的研究人员参考使用。

著作权合同登记　图字 01-2023-3236

Title：Intramolecular Charge Transfer：Theory and Applications by Ramprasad Misra and S. P. Bhattacharyya，ISBN：978-3-527-34156-6

Copyright© 2018 Wiley-VCH Verlag GmbH & Co. KGaA，Boschstr. 12，69469 Weinheim，Germany All Rights Reserved. This translation published under license. Authorized translation from the English language edition，Published by John Wiley & Sons，Ltd/Inc. No part of this book may be reproduced in any form without the written permission of the original copyrights holder. Copies of this book sold without a Wiley sticker on the cover are unauthorized and illegal.

图书在版编目（CIP）数据

分子内电荷转移：理论与应用／（印）兰普拉萨德·米斯拉（Ramprasad Misra），（印）S. P. 巴塔查理亚（S. P. Bhattacharyya）著；王磊，宋海洋译．—北京：中国石化出版社，2023.7
ISBN 978-7-5114-7175-8

Ⅰ.①分… Ⅱ.①兰… ②S… ③王… ④宋… Ⅲ.①分子-电荷转移 Ⅳ.①O561

中国国家版本馆 CIP 数据核字（2023）第 132580 号

中国石化出版社出版发行
地址：北京市东城区安定门外大街 58 号
邮编：100011　电话：（010）57512500
发行部电话：（010）57512575
http://www. sinopec-press. com
E-mail：press@ sinopec. com
北京柏力行彩印有限公司印刷
全国各地新华书店经销

*

710 毫米×1000 毫米 16 开本 13 印张 309 千字
2023 年 9 月第 1 版　2023 年 9 月第 1 次印刷
定价：138.00 元

译者序

　　分子内电荷转移(Intramolecular Charge Transfer，ICT)是一种有机化学中非常常见的分子内电子转移过程，其中电子从一个分子的一部分转移到另一个分子的一部分，被广泛应用于荧光染料、光敏剂、电子传输材料和光电器件等领域。有机活性材料通常包含供体和受体部分，其中供体部分可以吸收光子并转化为激发态，而受体部分则可以接受供体部分的电子并参与光物理化学反应。因此，可以通过ICT机制来调控荧光发射的颜色和强度，光敏剂光化学反应的速率和选择性，有机光伏器件中供体和受体部分的组成、结构、两者距离以及电子亲和力等，从而改善器件转换效率。本书对设计新型有机非线性光学材料、基于ICT的传感器、基于分子的有机电子材料等相关领域学者或研究生在理解和应用ICT方面具有重要的指导意义。

　　本书的英文原著首先简述了ICT过程的基础知识与发展历史。其次综述了目前研究ICT过程的新理论和实验技术。另外，采用大量ICT研究报道综述了介质对ICT过程的影响以及ICT分子的技术应用实例。最后，预测了ICT的未来研究方向。本书不仅介绍了ICT的基本理论，更难能可贵的是对ICT的影响因素以及其在非线性光学材料、太阳能电池材料、OLED材料、传感器材料等方面的实际应用，进行了全面的讲解，能够使读者结合多种实际应用研究更全面地了解ICT现象，并掌握设计研究ICT分子的理论与实验技术。译者认为，这是一本关于ICT过程及相关现象研究的系统综述，是一本非常好的入门学习教材和实际研究时的参考用书，对于ICT现象的初学者或研究者，都可以从这本书中获益良多。这也正是翻译本书的一个主要目的。

　　本书的文字翻译和校稿、统稿工作是由西安石油大学的王磊(第 1~5 章)和宋海洋(第 6、7 章)共同完成的。本书由西安石油大学优秀学术著作出版基金、先进材料计算与设计科研创新团队建设经费以及国家自然科学基金青年科学基金(项目编号 51702257)经费资助出版。在翻译和出版过程中，得到了中国石化出版社、西安石油大学科技处、西安石油大学新能源学院等单位和肖美霞、许天旱、王党会、高欢欢等人的大力支持与协助，在此表示衷心感谢。

　　限于译者的英语和专业知识水平，在本书译文中可能存在着些许问题，请读者不吝指正。

在过去的20年里，分子内电荷转移(ICT)因其在分子电子学、太阳能电池、量子光学、传感器等领域的潜在技术应用而受到科学家的广泛关注。尤其是有机ICT分子，因为它们比标准的无机分子具有更好的稳定性和设计的灵活性，所以一直是人们关注的焦点。近年来，大量涉及这些分子不同方面的研究出版物已被添加到参考文献中。

我们认为，研究生和初学者可以获得的书籍和专著中的信息与专业期刊中的信息之间已经存在很大的差距，而且这种差距还在日益扩大。对设计新型有机非线性光学(NLO)材料、基于ICT的传感器或基于分子的有机电子材料感兴趣的研究人员，或对更全面地理解ICT现象感兴趣的普通读者，都将欢迎一本弥合这一鸿沟的书。

这本书试图通过提供ICT现象不同阶段和不同方面的教学描述以及基于ICT的技术应用材料的设计背后的东西来解决这个问题；需要注意哪些问题，以及如何在特定背景下利用理论和实验，等等。除了概述与ICT分子和ICT现象相关的最新理论和实验发展外，本书还介绍了这一领域过去的研究简史。电荷转移是自然界中一个相当普遍的过程，是许多化学和生物过程中的基本步骤，例如，光合作用和新陈代谢。鉴于该过程在有机电子和光伏领域的巨大技术应用，共轭π-电子系统中的ICT已经引起了人们的高度关注。基于这种分子的材料是有机发光二极管(OLED)、场效应晶体管、染料敏化太阳能电池等潜在候选材料。事实上，研究有机分子和材料中电子转移(ET)过程的主要动力来自理解植物和细菌光合作用机制的冲动，希望在这个过程中获得的知识能够帮助科学家设计人工光合作用系统，以实现太阳能的有效转换和储存。对这种系统的探索还有很长的路要走，因此，在这样一个重要的研究领域，定期盘点是必不可少的。

本书的内容分为七章，详见下文。在引言章节（第 1 章）中，讨论了 ICT 过程的基础知识，为接下来的五章（第 2~6 章）奠定了基础。第 2 章介绍了 ICT 过程和 ICT 分子这一概念相当长的演变历史，以便正确看待现代发展。研究 ICT 分子最常使用的是紫外-可见光范围内的稳态和时间分辨光谱技术；特别是时间相关单光子计数（TCSPC）和荧光上转换技术已被广泛用于 ICT 的时间分辨研究中。另外两种探测 ICT 的技术是飞秒瞬态吸收（TA）和共振拉曼光谱。跟踪 ICT 动力学的一个相对较新的和新颖的实验工具是太赫兹（THz）光谱。太赫兹光谱背后的原理很简单。ICT 过程涉及电子电荷从分子的一端到另一端的运动。如果电荷加速，就会发出电磁辐射。假设 ICT 发生在皮秒时间尺度上，电磁辐射的频率将在太赫兹范围内可以被检测和监测。就好像移动的电荷"广播"了它自己的动态，开辟了一条跟随 ICT 动态的直接途径。我们为这种研究 ICT 过程的新模式——所谓的太赫兹光谱——投入了一些篇幅。

目前，文献中已经有了大量关于 ICT 分子的理论计算（建模以及计算）报道。这些计算大多是在 Hartree-Fock（HF）水平上完成的，最近越来越多的计算是在使用完全活性空间自洽场（CASSCF）方法或结合二阶校正的 CASSCF（CASPT2），以及密度泛函理论（DFT）和含时密度泛函理论（TDDFT）方法的变体水平上进行的。尽管大多数此类计算是在绝热水平上进行的，但从某种意义上说，理论家们越来越多地关注非绝热因素在塑造 ICT 过程中所起的非常重要的作用，因此出现了"范式转变"。第 3 章专门讨论了一些用于揭开 ICT 过程神秘面纱的方法，以及建立 ICT 速率模型的相对较新的理论和实验技术。

现在已经确定 ICT 过程受到其所在介质特性的严重影响。ICT 分子的光谱特征不仅受溶剂的极性和氢键能力调节，ICT 速率还受热效应（温度）和摩擦（溶剂黏度）的影响。因此，几种 ICT 分子已被用作极性和黏度传感器。此类介质对 ICT 过程的影响已在第 4 章中详细介绍。如前所述，ICT 分子具有技术相关性，正在探索制造基于新分子的 NLO 或卤致变色材料、太阳能电池材料、OLED 材料、黏度和极性传感器材料等。鉴于该领域的重要性和问题的多样性，我们用了两个连续的章节来讨论 ICT 分子的技术应用(第 5 章和第 6 章)。第 5 章讨论了 NLO 现象，重点是 ICT 分子所具有的超极化率，以及 ICT 基双光子吸收材料的几个方面。第 6 章讨论了 ICT 分子在传感器、OLED 等方面的技术应用问题。第 7 章专门讨论了在当前的重要发展背景下，ICT 研究的未来预测。

本书是对 ICT 过程和相关现象研究的综述。我们报告了当前文献中的成果。我们已经从版权所有者处正式获得对受版权保护的材料的许可。本书主要面向化学和化学物理专业的硕士和博士研究生。我们希望更多的专业人员也能发现这本书的作用。我们试图在实验和理论方面取得平衡，希望它能满足理论家和实验家的需要。尽管我们尽了最大的努力使这本书避免错误，但仍可能出现一些遗漏，我们对所有这样的瑕疵表示诚挚的歉意。

感谢同事和朋友们的帮助和不断的鼓励，没有他们的帮助，这本书可能不会问世。本书的大部分内容是作者在印度科学培育协会(IACS)工作时编写的。感谢 IACS 物理化学系的所有同事为我们提供了开展该项目的知识氛围。特别感谢 D. S. Ray 教授和 S. Adhikari 教授给予我们的所有帮助和鼓励。作者之一(RM)希望感谢他现在的导师魏兹曼科学研究所的 M. Sheves 教授的一贯支持。RM 非常感谢他的父母、妻子(Piyali)和其他家庭成员的不懈支持和鼓励。SPB 希望表达对 Bharati(妻子)、Rupsha(女儿)和 Sayan(儿子)的感激之情，并感谢印度理工学院孟买分校化学系的同事，他在该系担任 Raja Ramanna Fellow (DAE)期间(2012~2015 年)收获颇丰。

Ramprasad Misra
S. P. Bhattacharyya
加尔各答，印度
2017 年 8 月 21 日

目录

CONTENTS

1 引　言

1.1　ICT 过程概述

　　电荷转移是许多化学和生物过程中的基本步骤，包括光合作用和新陈代谢[1-4]。电荷转移型材料的最新技术应用包括有机发光二极管（OLEDs）、太阳能转换、荧光传感、非线性光学（NLO）材料等[5-7]。电荷转移过程可分为两大类，电荷从富电子的供体基团转移到位于不同分子中的缺电子受体部分，称为分子间电荷转移过程。但如果供体和受体属于同一分子，则称为分子内电荷转移（ICT）过程。ICT 过程一般在分子由于吸收适当波长的光而达到光激发状态时发生。光激发有利于电子从分子/离子的一部分转移到处于激发态的另一部分，使得激发态的电荷分布与基态的电荷分布明显不同。跨键 ICT 发生在分子中，其中供体和受体基团通过 π 电子桥连接（图 1.1）。在一些罕见的情况下，可以观察到分子内跨空间电荷转移，这时电荷不能通过共轭路径转移，但供体和受体基团处于电荷转移的有利位置。尽管由跨空间电荷转移介导的分子间相互作用决定了许多 π 堆叠分子系统的性质，但分子内通过跨空间电荷转移的研究很少。由于其在有机电子和光伏领域的巨大技术意义，由电子供体（D）和受体（A）单元组成的 π 共轭有机分子中的 ICT 过程引起了人们的广泛关注[5-14]。基于这种有机分子的材料是 OLEDs、场效应晶体管、染料敏化太阳能电池等潜在候选材料。在本书中，我们主要关注稳定的有机分子以及无机复合物中的激发态 ICT，并讨论生物分子中电子转移过程的一些例子。另外还涉及 ICT 的特征、光谱技术和研究这一过程的理论工具。

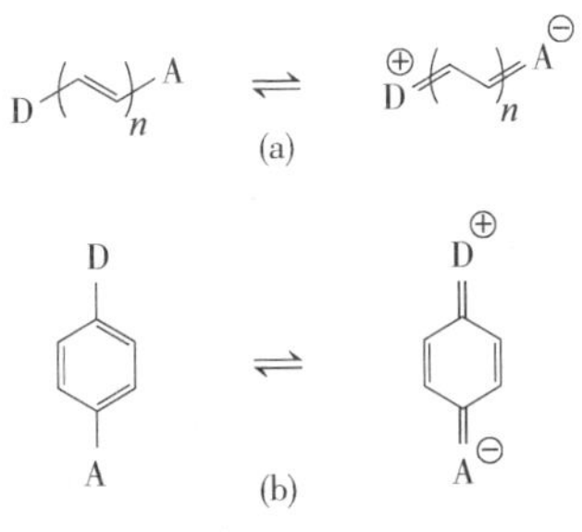

图 1.1　分子内电荷转移过程：（a）在（多）烯体系中；（b）在芳香族供体–受体分子中。激发态下供体（D）到受体（A）通过 π 电子桥电荷转移形成具有较高偶极矩的 ICT 态

　　众所周知，有机分子中激发态 ICT 可能在其电子光谱中产生双发射。一般认为，在发射光谱蓝端看到的峰是由分子的局部激发（LE）态产生的，而红端的峰一般被认为是激发态形成的 ICT 物种的特征。ICT 过程一般发生在极性溶剂中，同时由于溶剂稳定在激发

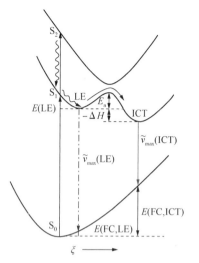

图 1.2　模型系统中分子内电荷转移(ICT)过程的示意图。在给定的方案中，激发将使分子达到 S_2 态，S_2 态通过内部转换成为 S_1-LE 态。可以通过 S_1-LE 态到 ICT 态，LE 态和 ICT 态的发射导致分子的双发射(Druzhinin 等人 2010[15]，经美国化学会许可转载)

态从而可以观察到斯托克斯位移的 ICT 荧光[15]。在图 1.2 中，描绘了基态 S_0 和前两个激发态(S_1，S_2)的势能面(PES)以及 LE 态和 ICT 态。纵坐标代表能量，而横坐标(ξ)包括伴随 LE→ICT 反应的所有分子变化，如键长和键角的变化。在给定的例子中，分子的激发使其进入 S_2 态，通过内部转换松弛到平衡的 LE 态。ICT 反应从 LE 态进行到 ICT 态，其反应能垒为 E_a，焓差为 ΔH。来自 LE 态和 ICT 态的荧光到达相应的 Franck-Condon 态 E(FC，LE)和 E(FC，ICT)。这就产生发射最大值分别为 $\tilde{v}_{max}$(LE)和 $\tilde{v}_{max}$(ICT)的双荧光。

Lippert 及其同事在 1962 年首次报道了 4-N,N-二甲氨基苯腈(DMABN)的双荧光[16]。关于 DMABN 双发射的来源争论了好些年，大多数研究都认为 DMABN 的双发射归因于二甲胺通过 π 电子桥向氰基基团的激发态 ICT 发射。后来，许多 DMABN 的同系物都被置于扫描仪下，以破译或解读 ICT 过程的性质及其动力学。为探索不同有机分子中的电荷转移机制，开展了许多实验、理论或两者结合的研究。对 ICT 过程的早期实验和理论结果提出了扭曲的分子内电荷转移态模型(TICT 态)[16]。在 TICT 模型的框架下，ICT 探针的双发射来自初级激发态(称为 LE 态)和 ICT 态。ICT 态只能通过来自 LE 态的绝热光反应进行，包括围绕连接供体和受体基团的键的旋转运动。如果在 LE 态和 ICT 态之间没有能量势垒，则激发态可以极快地发生松弛，从而导致只从 ICT 态发射。虽然迄今为止，TICT 机制是描述激发态结构最流行的概念，但这一模型受到了一些小组的挑战。一些其他模型，如平面分子内电荷转移(PICT)、重杂化分子内电荷转移(RICT)和摇摆分子内电荷转移(WICT)，被几个小组提出来解释他们的实验结果。例如，Domcke 和同事提出了 RICT 模型来解释 DMABN 及其类似物 ICT 态的形成。后来，从刚性分子 N-苯基吡咯(PP)及其游离类似物氟苯吡咯(FPP)形成的电荷转移态给 TICT 模型的有效性打上了一个问号。这些分子光谱信号的相似性不能用 TICT 模型来解释，从而提出了 PICT 机制，以解释上述分子的光谱反应。还有其他一些案例认为分子的 ICT 状态不需要扭曲，其中一些模型的起源和缺点将在第 2 章中讲述。

关于 ICT 态的形成，目前仍在激烈争论的另一点是电荷转移过程的途径，即分子中 ICT 过程发生的机制。一些高水平的计算和最先进的实验技术已经被用来解决这个问题。尽管有一些研究对 ICT 过程的 PES 进行了描述，但这个问题还没有得到很好的解决，第 2 章将会简要介绍这一主题的最新进展。其他一些分子，包括罗丹明衍生物、香豆素、噁嗪、黄素、尼罗红等的电荷转移研究，也都将在第 2 章中进行讨论。

1.2 ICT 过程的实验和理论研究

如前所述，已有多项研究致力于探索 ICT 态的结构和形成机制。因为双荧光是 ICT 过程的主要观察指标，所以最初稳态紫外可见吸收和发射光谱被广泛用于研究有机分子中的 ICT 现象。后来，时间分辨光谱技术，包括皮秒(ps)时间分辨荧光、飞秒瞬态吸收(TA)和荧光上转换光谱都被用于研究 ICT 过程。最近，Fleming 及其同事[17]采用将超快电子泵和红外(IR)探针光谱相结合的方式来研究激发态 CT。Gaffney 与其合作者[18]利用极化分辨紫外泵浦–中红外探针光谱，结合含时密度泛函理论(TD-DFT)计算，使用 ICT 探针研究朱烯醇丙二腈(JDMN)中电荷转移诱导的分子内旋转动力学。最近，太赫兹(THz)光谱[19]被用来直接测量分子中的 ICT。当分子中发生 ICT 过程时，电子电荷从一端移动到另一端，将经历加速，从而产生电磁(EM)脉冲辐射。如果电荷转移过程发生在 ps 时间尺度上，辐射的电磁脉冲将落在频谱的 THz 区域。有一些类似于 ICT 的现象，如能量转移、分子内质子转移(IPT)等，与这个过程有相似之处，但性质不同。在进行激发态分子内质子转移(ESIPT)的分子中也观察到了双荧光。虽然 ESIPT 也是一种电荷转移过程，但有时有必要区分分子中发生的 ICT 和 IPT 过程。已经看到，与 ICT 过程相比，IPT 过程发生的时间尺度要快得多。另外，在 ESIPT 过程中，质子供体和受体基团必须存在于彼此一定的距离内；而在 ICT 过程中，即使分子中供体和受体基团相距较远，也可以通过 π 电子桥介导的"跨键"过程或"跨空间"相互作用而发生。现在已经知道，ICT 和 ESIPT 过程都依赖于溶剂。因此，人们可以通过改变介质来区分这两个过程，但它们的光谱特性也会受到影响。

在 ICT 过程中，分子的电子电荷分布发生变化，通常会形成一个与基态物质相比具有较高偶极矩的对应 ICT 物质。在极性溶剂中，由于极性介质中极性 ICT 物种的稳定性更好，ICT 反应变得更快，这也支持形成更高偶极矩物种的概念。

分子中 ICT 过程的形成也是能够通过从非极性溶剂到极性溶剂的红移发射来表明。虽然许多 ICT 分子在极性溶剂中表现出双发射，但并非所有的 ICT 分子都会表现出双发射。由于 ICT 的非辐射性，失活通道(如溶剂弛豫)变得活跃，最终降低了发射量子产率。介质的特性在决定 ICT 态的形成速度及其结构方面起着至

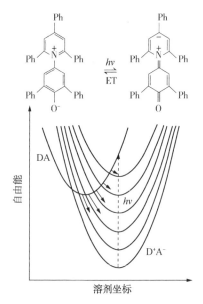

图 1.3 betaine-30 的基态(S_0)和第一激发态(S_1)的自由能曲线,并给出了第一激发态自由能变动水平和可能的 ET 机制(Kumpulainen 等人 2017[20],美国化学会许可转载)

关重要的作用。

值得一提的是,并不是所有的 ICT 分子在光激发后都会出现红移发射的最大值。具有两性离子基态的分子在激发态下会发生电荷转移,通常会产生比基态更低偶极矩的物质,这可能会导致其发射最大值出现蓝移。例如,betaine-30,也称为 Reichardt 染料(图 1.3),显示负溶剂化变色[20],这可以用基态到激发态的偶极矩的变化来解释。该分子在基态中保持电荷转移的两性离子(D^+-A^-)态,在光激发后变为 D-A 态。据报道,betaine-30 在基态和激发态的偶极矩分别约为 15D 和 6.2D。

一些理论计算被用来研究 ICT 进程。最初,几个小组使用半经验方法来探索 ICT 状态的结构。后来,哈特里-福克(Hartree-Fock,HF)、密度泛函理论(DFT)、完全活动空间自洽场(CASSCF)方法和 CASSCF 的二阶修正(CASPT2)等理论被单独或与实验研究结合使用,以探索受激态的 ICT 过程。现在许多理论都能准确地重现关于 ICT 过程的实验结果。现在已知,在许多情况下,像 B3LYP 这样的标准 DFT 功能无法再现基于电荷转移的分子光谱特性。因此,一些研究致力于提出新的 DFT 泛函和基组来研究 ICT 过程。

本书以下各章将讨论其中的一些研究。初步的理论研究涉及基态的优化,然后是使用具有一定近似值的基态结构计算光谱特性。最近,使用单组态相互作用(CIS)、TDDFT 和 CASSCF 水平的理论优化激发态几何构型,以了解特定有机分子中电荷转移的物理性质。显然,在分子中,从 LE 态转化为 ICT 态是与辐射失活过程相竞争的,这些状态占据分子 PES 的不同区域。为了清楚地理解和解释这一现象,了解这些分子在基态和激发态的 PES 细节是必要的。最近,CIS、TDDFT、CASSCF 和 CASPT2 水平的理论计算和飞秒泵浦探针光谱已成为此类工作的基本工具。关于 ICT 理论研究的详细说明见第 3 章。

电子转移(ET)反应可以说是自然界中发生的最简单的化学反应之一。最初,20 世纪 50 年代中期提出的经典 Marcus 理论非常流行,在 Marcus 理论描述的模型中,反应物(R)和产物(P)的自由能沿着反应坐标行进,包括溶剂模式和分子内模式[21]。如图 1.4 所示,水平位移解释了反应物和产物状态的平衡几何结构差异，并通过重组能（λ）进行量化。另外，垂直位移代表反应的驱动力，表示为 $-\Delta G_{ET}$。重组能可进一步分为溶剂模式和分子内模式的贡献，在经典的 Marcus 理论中，ET 反应被认为是一个热活化过程，该反应的速率（k_{ET}）可以用 Arrhenius 式方程表示，如式 1.1 所示。

$$k_{ET} = A\exp\left[-\frac{(\Delta G_{ET}+\lambda)^2}{4\lambda k_B T}\right] \qquad (1.1)$$

其中 k_B 为玻尔兹曼常数，T 为绝对温度。

由公式 1.1 可知，可能出现三种情况：（i）在正常区域，$-\Delta G_{ET} < \lambda$，k_{ET} 的值随驱动力的增加而增加；（ii）在无障碍区域，$-\Delta G_{ET}$ 几乎等于 λ，k_{ET} 值达到最大值；（iii）在倒置区域，$-\Delta G_{ET} > \lambda$，k_{ET} 的值随驱动力的增大而减小。

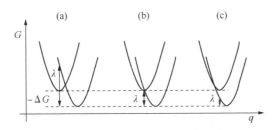

图 1.4　反应物和产物沿反应坐标 q 的势能曲线，曲线（a）、（b）、（c）分别代表在正常、无障碍和倒置 Marcus 区域时的态势（详见正文）（Pelzer and Darling 2016[22]，经英国皇家化学会许可转载）

后来，人们考虑了几种半经典和量子力学对 ET 过程的描述[20,22]，其中费米黄金法则[23]是研究 ET 过程的流行模型之一。ET 的 Sumi-Marcus 理论[24]通过将反应坐标分为快坐标和慢坐标，将它们分别与分子内松弛模式和溶剂模式相关联，来考虑 ET 过程比溶剂弛豫发生得更快的可能性。第 3 章中讨论了一些确定电子转移过程速率的方法。最近，Manna 和 Dunietz[25]研究了由卟啉衍生物组成的二元组内的光致电荷转移过程的速率，其中一个环连接锌（Zn）金属中心，并且环的共轭程度不同。

ICT 过程后的电荷分离通常会增强激发态系统的偶极矩，但也有一些例外，如 betaine-30（本章讨论）。因此，ICT 物质很可能随着介质极性的增加而逐渐稳定，因为极性溶剂包围着极性探针分子，从而使探针分子具有稳定性。因此预期 ICT 过程的特征在强极性溶剂中更加突出。溶质（探针分子）以不同的方式与溶剂相互作用。在适当的条件下，它可以通过与溶剂分子的特定相互作用（主要是通过氢键）形成具有一定大小和化学计量的分子团簇。另外，溶质分子可以通过溶剂的介电性质而溶解。这个过程被称为宏观溶剂化或本体溶剂化。介电连续介质中的特定或微观溶剂化和宏观溶剂化都可以塑造溶质的光物理性质。因此，科学界进行了许多实验、量子化学研究和模拟，以揭示溶剂对 ICT 过程微观细节的影响[26-38]。目前已知，对氢键分子团簇的结构和动力学的研究，为我们提供了系统了解本体溶剂化效应的机会。对溶剂和溶质分子之间团簇形成的研究也使人们能够从分子的角度理解许多复杂的物理和化学过程，这在研究本体溶剂化时是不可能的。由于诸如质量选择共振双光子电离（R2PI）、旋转相干光谱（RCS）、双光子电离和红外离子耗尽（IR/R2PI）光谱等实验方法的出现，促进了对分子团簇形成的研究[39]。大量的研究致力于探索基态的分子团簇，近年来，许多先进的时间分辨光谱技术的发明，如飞秒 TA 光谱、飞秒时间分辨荧光光谱、时间分辨振动光谱等，使科学界能够研究激发态中的氢键。第 4 章中讨论了介质极性和氢键能力对某些分子上 ICT 过程的影响。ICT 过程的研究一般在溶液中进行，然而，文献中报道了一些在气相或固态中 ICT 过程的研究。在第 2 章和第 4 章中可以找到一些在气态和固态下进行 ICT 过程研究的代表性案例。

如前所述，文献中报道了几种新的 ICT 分子，以详细了解 ICT 过程，这可能有助于将它们用于技术应用。Zhao 等[40]报道了噻吩-π-共轭供体-受体化合物中的光诱导 ICT 过程。由于噻吩的离域能比苯低，作者希望前者可以成为 ICT 分子中 π 共轭的更好间隔基。事实上，一些含有噻吩环的化合物已被研究用于光电器件，如 NLO、OLED 和染料敏化太阳能电池[41-43]。为了验证他们的设想，作者比较了 QTCP 和其苯桥类似物 QBTP 的化学结构（图 1.5）。他们将这些分子的大斯托克斯位移和强溶剂化变色归因于 ICT 态的形成。他们还发现，噻吩 2 位取代基的吸电子能力影响了所研究分子的 ICT 过程。除此之外，他们还观察到这些分子的 S_2 态发射，并通过荧光激发光谱证实了这一点。

对 ICT 过程的研究产生了一些理论模型，这些模型主要用于预测 ICT 过程的速率。这些模型中的一部分将在第 3 章中讨论。最近，Ivanov 及其同事[44]报道了他们根据自由能隙定律，对通过分子内电子转移过程形成的离子对中超快电荷重组的模拟研究。他们在多通道随机模型的框架内模拟了电荷转移和随之而来的超快电荷重组动力学，该模型考虑了溶剂和许多分子内高频振动模式的重组。他们用了两种弛豫模式描述溶剂的弛豫。作者发现，对于超快电荷重组，自由能隙定律强烈依赖于电子耦合、分子内高频振动模式的重组能以及振动和溶剂弛豫时间等参数。他们还发现，电荷重组速率常数对自由能隙的半对数依赖性从抛物线形状变为接近线性，而电子耦合增加，振动弛豫时间减少。作者预测电荷重组中的动态溶剂效应在强反应区域较大，而在弱反应区域效果较小。

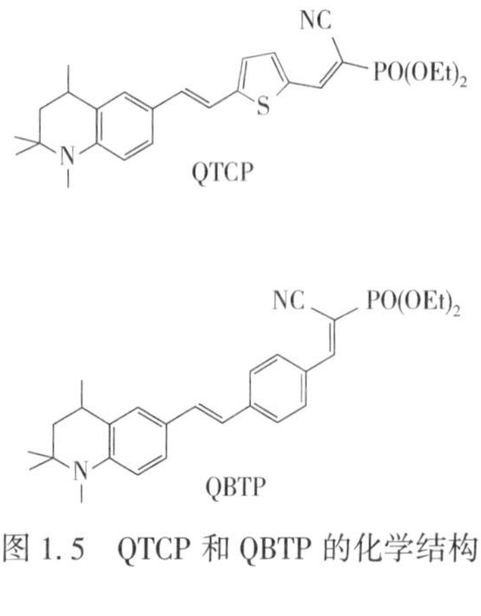

如前所述，介质性质在决定 ICT 分子的特性方面起着至关重要的作用。Dube 等人[45]曾报道，半靛蓝（HTI）光开关的内部运动可以通过改

图 1.5　QTCP 和 QBTP 的化学结构

变溶剂来控制。利用外界刺激控制分子的内部运动，对于产生响应性以及复杂的分子行为和功能非常重要。以特定方式对光作出可逆反应的光开关被用作"引擎"单元，以触发特定运动以及功能分子和生物系统中的事件[46-48]。HTI 衍生物通常由一个中心双键组成，该双键通过一个额外的单键作为硫代靛蓝片段和二苯乙烯片段之间的桥梁。

在光激发后，未取代的 HTI 衍生物经历退激发，其中双键发生旋转，相应的碳原子发生额外的金字塔化。这些分子中 C—C 单键的存在提高了该键在退激发过程中旋转的可能性。单键和双键的同时旋转，称为呼啦扭转，通常认为不会在未取代 HTI 衍生物的退激发过程中会发生。

为了检测 TICT 态可能形成的情况，作者考虑了四种 HTI 衍生物，缩写为 Z-1 至 Z-4(图 1.6)。HTI 衍生物 Z-1 至 Z-3 在二苯乙烯片段的两个邻位中具有取代基。他们使用平面衍生物 HTI Z-4 作为控制，其在激发态下不发生 TICT 过程。所有四种衍生物都具有强电子供体二烷基氨基取代基(Z-1 至 Z-3 中附加烷基取代基的电子效应并不大)。Z-1 到 Z-3 的双重正交取代导致沿单键轴的显著扭曲，可以使用晶体结构分析进行测量。作者发现，Z-1 围绕可旋转单键的二面角最大，数值为 75°，Z-2 和 Z-3 的上述二面角分别为 60°和 32°。它们的平面类似物 Z-4 的晶体结构分析显示其二面角为 7°。作者研究了 Z-1 至 Z-3 的 ^{1}H 核磁共振谱中指示性质子信号的化学位移，显示这些分子在溶液相中也有类似的扭曲。正如预期的那样，平面分子 HTI Z-4 在吸收和荧光方面都表现出中等的溶剂化变色。HTI Z-1 至 Z-3 的吸收光谱也显示出中等的溶剂化变色，尽管比其平面类型 Z-4 稍宽。

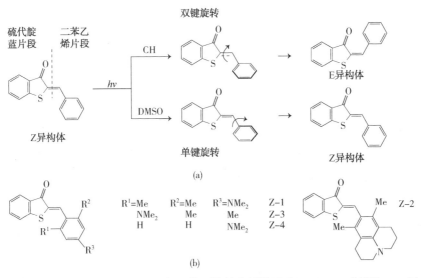

图 1.6　(a)Dube 等提出的 HTI 衍生物可能的光诱导运动；(b)HTI 光开关 Z-1 至 Z-4 的化学结构(Wiedbrauk 等人 2016[45]，经美国化学会许可转载)

HTI Z-1 和 Z-2 的荧光光谱受介质极性变化的影响很大，在极性溶剂中，这些分子显示出超过 200nm 的斯托克斯位移。在二甲基甲酰胺（DMF）、二甲基亚砜（DMSO）和乙腈等极性溶剂中观察到 Z-1 和 Z-2 的双重发射。同时，HTI Z-3 的稳态吸收和发射行为与 HTI Z-1 和 Z-2 也非常相似，但作者没有发现该探针有任何明确的双发射迹象。作者通过时间分辨吸收、时间分辨发射和量子产率测量，以详细地了解上述分子的光物理原理。他们采用具有 150fs 分辨率的 TA 光谱研究了 HTI Z-1 到 Z-4 在不同介质中 22℃ 下光激发后发生的超快动力学。虽然 HTI Z-4 的时间分辨吸收曲线的拟合产生了几个时间尺度，但作者确定了描述这些分子激发态动力学的重要过程。对于该分子，在达到弛豫第一激发态（S_{1Min}）之前，由于对 Franck-Condon（FC）区域的光激发，观察到非常快的核运动和溶剂重组。通过基态漂白剂和模拟发射的小红移，在所有研究的溶剂中都发现了 S_{1Min}。红移随着溶剂极性的增加而增加。作者认为，这种电子激发态的衰变与该分子（HTI Z-4）的 Z/E 光异构化有关。研究发现 HTI Z-4 的光异构化速率具有溶剂依赖性，随着溶剂极性的增加而降低。随着溶剂极性的增加，光异构化速度减慢，这归因于 S_{1Min} 的显著极性。然而，在 HTI Z-4 中没有观察到 TICT 态形成的迹象。对于扭曲的 HTI 衍生物 Z-1，其在环己烷等非极性溶剂的初始吸收行为与其平面对应物 HTI Z-4 非常相似，尽管发现该分子中激发态特征的衰变和 E 异构体吸收的出现比在 HTI Z-4 中更快。作者认为，HTI Z-1 中邻位取代基施加的空间位阻相互作用可能是该分子在非极性溶剂中快速异构化的原因。在温和的极性溶剂如二氯甲烷（CH_2Cl_2）中，HTI Z-1 的时间分辨吸收谱与其平面对应物有明显的不同。在 DMF、DMSO 和乙腈等极性溶剂中观察到 Z-1 和 Z-2 的双重发射，并发现激发电子态具有红移模拟发射和新的激发态吸收（ESA）特征。在用于研究的每种极性溶剂中，HTI Z-1 都表现出了这种新的激发态，并且其相对较长寿命状态的时间常数与 S_{1Min} 的衰变有关，而振幅则由溶剂的性质和特定的衰变时间决定。作者发现，随着溶剂极性的增加，新的激发态（他们称为 T，因为它仅在扭曲的 HTI 衍生物中观察得到）显著稳定。这表明，新的激发态是高度极性的，并且可能具有明显的电荷转移特性，这是 TICT 态的一个特征。作者对 HTI Z-2 和 Z-3 进行了同样的研究，结果显示在这些分子中也形成了 TICT 态。

探针的稳态吸收和发射、时间分辨吸收和发射光谱研究以及量子产率测量使作者得出以下结论。对于 HTI 平面衍生物 Z-4，退激发是通过利用第二激发态（S_2）和基态（S_0）之间的锥形交叉点（$CoIns_{S_2}$）进行双键的光异构化。被激发的电子离开初始态达到 S_{1Min} 态并跨越障碍到达 S_2 超电势表面。最后，它到达了 $CoIns_{S_2}$，从那里开始转换到 S_0 态。HTI Z-4 的行为与溶剂无关。在扭曲的 HTI 衍生物 Z-1 中，激发态行为取决于溶剂，在非极性溶剂环己烷中，激发态的 TICT 是不可获得的，退激发通过双键光异构化途径进行，这导致 HTI Z-1 在环己烷中从该分子

的 S_{1Min} 发出荧光。在中等极性溶剂（CH_2Cl_2）中，HTI Z-1 的 TICT 态显著稳定，并在光激发时被填充，因此该分子从 TICT 态发出强荧光。进一步增加溶剂极性（例如 DMSO）可以使 TICT 态更加稳定，从而通过围绕单键旋转打开另一个无辐射的退激发途径。DMSO 中 TICT 态的减少变得迅速，可以在该溶剂中观察到来自 S_{1Min} 的另一个蓝移发射。所有这些结果如图 1.7 所示。作者提出的结果表明，通过改变溶剂极性，HTI 光开关可以实现对光致分子内旋转前所未有的控制。

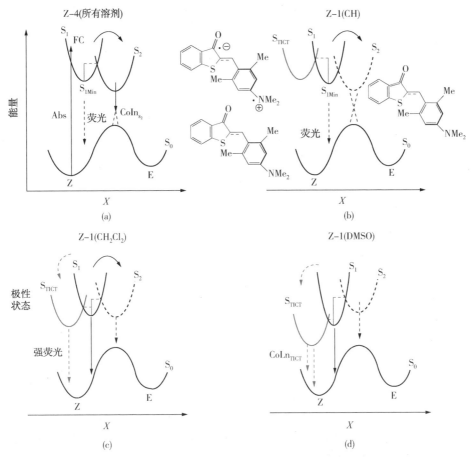

图 1.7　HTI 衍生物的激发态失活机制示意图：（a）Z-4（在所有溶剂中）和（b~d）Z-1（在环己烷、CH_2Cl_2 和 DMSO 中）（Wiedbrauk 等人 2016[45]，经美国化学会许可转载）

值得注意的是，仅仅通过分子中的 π-电子桥连接供体和受体部分不足以使 ICT 在激发态下发生。Dube 及其同事[49]研究了在一系列 HTI 染料中形成激发 ICT 态所需的结构和电子因素（图 1.8）。这些染料已被广泛研究，可能用作具有高热双稳态、抗疲劳切换和可见光响应等优点的光开关。据报道，TICT 过程是第二种退激发途径，与这些分子中的光异构化相辅相成。Dube 及其同事考虑了八种具有不同结构和电子性质的 HTI 衍生物，以揭示促进激发态 ICT 过程所需的参数。

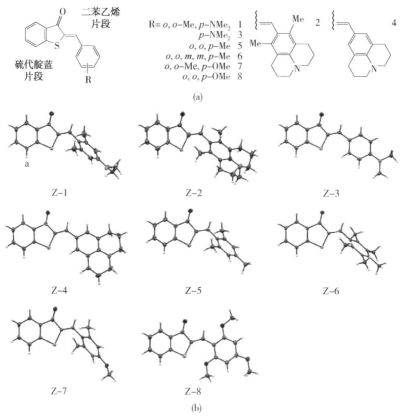

(a)

(b)

图 1.8 （a）Dube 及其同事研究的 HTI 衍生物 Z-1 至 Z-8 的化学结构；
（b）Z-1 至 Z-8 的晶体结构（Wiedbrauk 等人 2017[49]，经美国化学会授权转载）

　　HTI 衍生物在二苯乙烯片段上具有不同的取代，并且连接二苯乙烯部分和光异构化双键的可旋转单键周围的扭转角也不同。简写为 Z-1 和 Z-2 的 HTI 衍生物具有与光异构化双键共轭的强供体单元，在基态下它们的二苯乙烯片段也呈现大扭曲。在本研究中使用的所有 HTI 分子中，具有强吸电子羰基的硫靛蓝片段被用作电子受体。HTI 衍生物 Z-3 和 Z-4 具有强供电子基团，但它们在基态下是平面的。尽管 Z-5 和 Z-6 在各自的基态下围绕可旋转的单键发生了严重扭曲，但它们却不具有强的电子供体基团。HTI 衍生物 Z-7 和 Z-8 具有中等供体强度的取代基，它们在基态下是扭曲的。作者认为，所研究分子的不同供体强度可以改变分子的推拉特性，这是形成 ICT 态的重要因素。Z-1 和 Z-2 的稳态电子吸收光谱显示，随着介质极性的增加，它们的吸收最大值出现红移，尽管该效应远小于它们相应的发射光谱。这些衍生物的稳态发射光谱显示，随着溶剂极性的增加，出现了强烈的红色位移，并且在极性较大的溶剂中出现了双发射。平面衍生物 Z-3

和 Z-4 表现出明显的溶剂响应，但与 Z-1 和 Z-2 相比要小得多。作者发现，溶剂极性对 Z-5 和 Z-6 的吸收和发射最大值的影响甚至小于 Z-3 和 Z-4。尽管具有扭曲的基态结构和中等强度的供体基团，但 Z-7 和 Z-8 的溶剂变色响应不是很强。由于溶剂极性对发射能量的影响大于所研究分子的相应吸收能量，作者认为发生荧光的激发态极小值比 FC 区域更为极性。由于 TICT 过程是 Z/E 异构化过程中一种替代但独立的退激发途径，并且 TICT 过程高度依赖于溶剂的极性，因此预计 Z/E 光异构化的量子产率将随着溶剂极性的增加而显著降低。事实上，作者使用了 Z/E 光异构化的量子产率($\phi_{Z/E}$)作为识别 TICT 过程的工具。

HTI 衍生物 Z-1 和 Z-2 在环己烷等非极性溶剂中显示出较高的 $\phi_{Z/E}$ 值，不会发生 TICT 过程。这两种化合物的 $\phi_{Z/E}$ 值随着溶剂极性的增加而减小，表明 TICT 态的形成。HTI Z-3 和 Z-4 的 $\phi_{Z/E}$ 值也随着溶剂极性的增加而降低，尽管其变化远低于 Z-1 和 Z-2。作者发现，Z-5 至 Z-8 的 $\phi_{Z/E}$ 值几乎与溶剂极性无关。据报道，无论溶剂极性如何，这些衍生物的荧光量子产率都很低。为了探索 HTI 衍生物中 TICT 态的形成，作者进行了时间分辨吸收光谱测量。他们注意到，HTI 化合物中的 TICT 态的特征是红移 ESA 和刺激发射，其衰减速度明显慢于最初填充的激发态最小值。此外，TICT 态的寿命随着溶剂极性的增加而缩短。Z-1 和 Z-2 的时间分辨光谱数据清楚地表明了这些化合物中 TICT 的形成，而在 HTI 衍生物 Z-3 至 Z-8 中没有观察到 TICT 形成的证据。因此，从他们的研究中，作者得出结论，尽管 HTI 衍生物 Z-3 和 Z-4 显示出一些 TICT 形成的迹象，表现为代表溶剂极性的 $\phi_{Z/E}$ 值的递减，但完整的研究排除了这些分子中 TICT 的形成。在其他 HTI(Z-5 至 Z-8)中也没有观察到 TICT 形成的证据。因此，作者得出结论，在他们的研究中所报告的 HTI 衍生物中发生 TICT 过程需要相当大的二苯乙烯片段的预扭曲以及非常强的供体基团。从 Z-1 和 Z-2 以外的 HTI 衍生物中没有出现 TICT 过程，虽然其中一些具有预扭曲的基态和中等强度的供体基团，但作者推断，上述任何一个条件都不足以在这些分子中形成 TICT。

Turro 及其同事[50]对 2-芳基苯并三唑中 ICT 的研究(图 1.9)也强调了需要扭转供体/受体基团以形成激发态 TICT。作者探讨了上述分子作为紫外吸收剂(UVAs)的能力，它可以在没有任何不可逆光化学的情况下迅速耗散激发态能量。UVAs 分解的量子产率极低(约为 10^{-6} 甚至更低)，这使得它们具有不寻常的光稳定性。2-(2-羟基-5-甲基苯基)苯并三唑，也称为 Tinuvin P，由于通过 ESIPT 工艺有效地使激发的单重态失活，表现出优异的光稳定性。在 2-芳基苯并三唑的 6'-位上取代一个甲基基团，赋予了激发分子另一种失活机制。作者进行了稳态吸收和发射以及时间分辨发射光谱研究，以揭示 6'-甲基-2-芳基苯并三唑的激发单子态失活机制，表明该新过程是 TICT 过程。他们的研究还表明，由于 6'-甲基基团的空间位阻需求，在苯基和三唑环非共面排列的分子中，TICT 过程更容易进行。

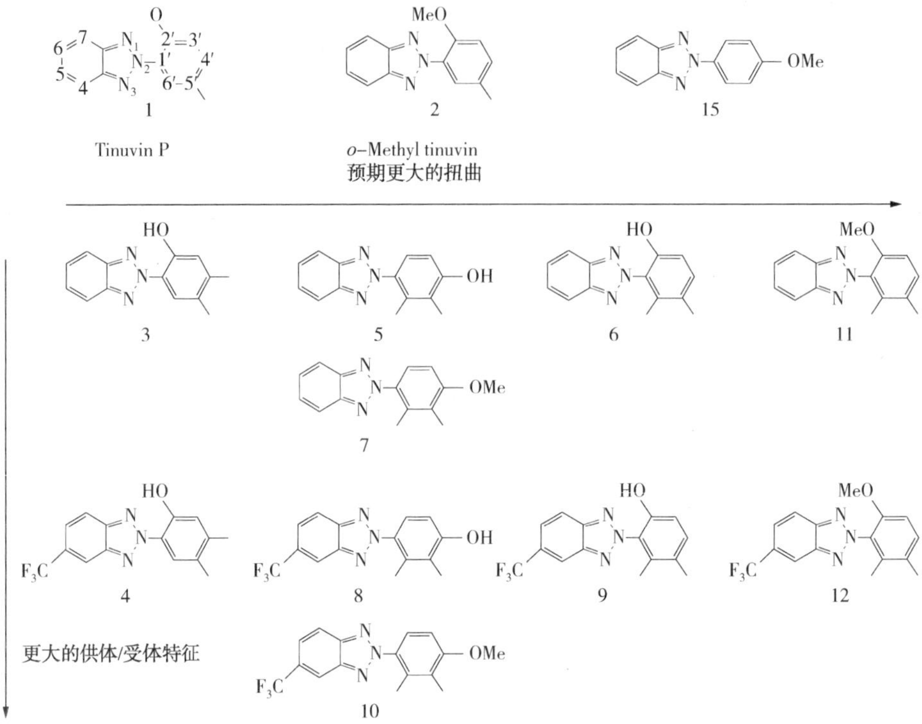

图 1.9　Turro 及其同事所研究分子的化学结构，根据沿 C—N 键的预期扭曲程度及其
供体/受体特征排序(Maliakal 等人 2002[50]，经美国化学会许可转载)

　　作者在 2-芳基苯并三唑化合物中加入了两个重要的特征，以提高形成受激
TICT 态的可能性。其中之一是在 6'-位置加入了甲基基团，为这些分子提供了额
外的扭转倾向，而另一个是在三唑环上加入了三氟甲基基团，以增强其整体的供
体/受体特性。他们还通过改变取代模式探索了 TICT 态形成的扭曲程度。他们的
研究表明，激发导致分子进入 LE 态(也是 FC 态)，该态迅速扭曲以经历 ICT 过
程，通过 ICT 过程形成 TICT 态。TICT 态的失活是通过内部转换发生的，通过接
近或通过与基态的锥形交叉点。在 TICT 的框架中，围绕连接供体和受体基团的键
的旋转，导致这两个基团的轨道解耦发生。这种轨道解耦可以促进分子中几乎完全
的电荷转移，从供体到受体基团，产生一个高度极性扭曲的激发态。

　　与平面 LE 对应物相比，这种极性激发态优先在高极性溶剂中得到稳定。由
于扭曲使分子在基态下能量不稳定，受激 TICT 态的形成使基态和激发态更加接
近，从而促进更好的内部转换。作者指出，虽然供体/受体的特性很重要，但这
些分子的扭曲程度是 TICT 失活的重要参数。几项光谱研究使作者得出结论，2-
(羟基或甲氧基-6'-甲基芳基) 苯并三唑可以形成激发的 TICT 态，通过电荷转移
途径的失活加速了从 TICT 态到基态的内部转换。他们发现，同时具有扭曲和强

供体/受体的化合物(化合物 12)显示出最有效的荧光淬灭。苯环上同时具有 6′-甲基和羟基的化合物在 DMSO 溶剂中表现出了扩散控制的淬灭。作者认为,淬灭过程可能是由于部分或完全的激发态质子转移到 DMSO 中引起的,从而通过 TICT 过程增强了单重态激发态的失活。

如前所述,关于 ICT 分子激发态结构一直是科学界激烈讨论的问题。文献中有报道称激发态也可以是平面的。例如,Ghosh 及其同事[51]报道了一个新概念,设计平面(他们称之为"零扭曲"供体-受体分子)ICT 分子,以获得溶液和固态的发射。作者借助于 DFT[B3LYP 泛函/6-31G(d)基组]理论水平上的量子化学计算。他们的目的是利用最高占据分子轨道-最低非占据分子轨道(HOMO-LUMO)电荷密度的有效分离,而无须扭曲供体和受体基团。

作者提到了早期的研究,该研究报告称,平面发射物质可能会发生聚集引起的淬灭(ACQ),主要是由于面对面的堆积以及分子内相互作用[52]。他们还指出,结构平面性、堆叠调制器和构象刚性是小分子双态(溶液和聚集)发射的主要要求。几种有机供体-受体体系产生的 TICT 态,在溶剂中可能呈弱荧光甚至无荧光,限制了其在溶液相的应用。

因此,为了避免形成"暗"的 TICT 态,作者设想了具有平面激发态的分子,该分子在溶液中以及在聚集态下都是发荧光的。通过量子化学研究,作者提出了一种以蝴蝶形吩噻嗪为电子供体,以噁唑为电子受体,通过共价键连接的 ICT 分子。由于该体系为零扭态($\Psi=0$),且没有额外的 π 间隔,因此作者将该体系称为 $D-\pi_0-\Psi_0-A$ 体系。作者发现,所研究的化合物中允许的轨道重叠是其溶液态荧光特性的原因。他们利用单晶分析进行分子水平的研究,指出了分子间短程力对化合物 1 的固态发射特性的不利影响。

因此,他们引入了一种苯甲醚基团,作为化合物 2 精细堆积的大体积替代物。通过在用于 OLED 应用的未优化器件中制备这些化合物的绿色发射器件,研究了上述化合物的固态发射特性。如前所述,作者进行了量子化学计算,以预测具有双态发射体的零扭曲分子。他们的理论计算表明,噁唑部分与吩噻嗪单元共享平面,并且这两个单元之间没有变形。在化合物 2 中,唯一的变形是由于苯甲醚基团的存在。作者设想,借助于苯甲醚基团的非平面性和吩噻嗪部分的蝴蝶形状,可以避免化合物 2 在固态下的 π 堆叠。他们发现,由于与吩噻嗪平面形成的高二面角(96.8°),两种化合物表现出相似的 HOMO 和 LUMO 能级分布,并且化合物 2 中苯甲醚基团的存在不影响分子的 HOMO 和 LUMO 水平。在上述化合物中,HOMO 和 LUMO 的最大贡献分别来自吩噻嗪和噁唑单元。因此,在光激发时可以观察到从吩噻嗪单元向噁唑单元的电荷转移。作者进行的自然传输轨道(NTO)分析显示出类似的空穴和粒子分布行为。在 DFT[B3LYP/6-31G(d)]理论水平上优化的激发态几何结构预测了化合物 1 和 2 的第一激发态(S_1)的平面化,其中吩噻嗪单元的蝴蝶状弯曲成为完全平面化(图 1.10)。

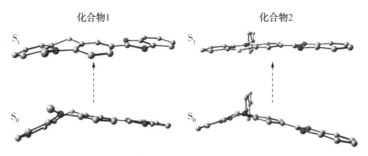

图 1.10 Ghosh 及其同事研究的化合物 1 和 2 的基态(S_0)和第一激发态(S_1)优化后结构

（Kumar 等人 2016[51]，经美国化学会许可转载）

　　根据上述结果，作者推断，激发态中激发能量耗散以达到更多的平面结构，从而使连接供体和受体单元的单键周围的扭曲变得不那么有利。发射量子产率测量也支持了平面激发态的形成。DMSO 中化合物 1 和 2 发射量子产率分别为 0.7 和 0.9，而在二氯甲烷（DCM）中的发射量子产率分别为 0.5 和 0.4。他们将量子产率的增加与溶剂极性的增加与构象的刚性化关联，后者导致振动运动的损失[53]。为了更广泛地了解化合物 1 和 2 的激发态性质，作者在乙腈介质中进行了飞秒 TA 测量。他们使用脉宽为 35fs 的 410nm 激光源，测量了这两种化合物在不同泵探头延迟下的 TA 光谱。

　　TA 测量结果显示，化合物 1 和 2 在 450~700nm 范围内有正的吸收带，峰值分别位于 550nm 和 525nm。他们将这些吸收带归因于这些化合物的 ESA。当泵浦探针脉冲的延迟增加到 3ps 时，观察到两种化合物的最大吸收带逐渐蓝移，而此后没有观察到这种偏移。上述行为（TA 带的蓝移）可能是 ICT 激发态通过溶剂化或几何弛豫而稳定化所致[54,55]。作者还测量了化合物在 ESA 最大值处的 TA 动力学，并为其拟合了由上升和衰减分量组成的双指数函数。他们将寿命为 667fs 的生长组分归因于激发态的溶剂弛豫，尽管他们不排除参与几何或振动（FC 状态）弛豫的可能性。将 376ps 的时间常数（衰变分量）分配给化合物 1 激发态到基态的衰变。作者认为，衰变分量相对较慢的性质可能是由于激发态的非扭曲性。因此，从 TA 研究中获得的结果支持了从量子化学研究中得出的观察结果，即这些化合物的激发态本质上是平面的。作者制造了多层荧光 OLED 器件，以评估这些化合物在发光方面的应用。他们将化合物 1 和 2 用作其未优化的初步装置中的发射层，并比较了它们的性能。研究了两种装置的电致发光光谱和电流-电压-发光（J-V-L）特性。与化合物 1 相比，使用化合物 2 的装置中的颜色纯度归因于相对较少的分子间相互作用。因此，从装置应用研究中作者推断，由化合物 2 制成的零扭曲 D-π_0-Ψ_0-A 发射器可用于设计 ACQ 系统开发的有机发射器。作者进行的分子水平研究还强调了空间位阻体积的作用，以避免与化合物 1 相比，化合物 2 中的堆叠增加了其发射量子产率。

1.3 ICT 分子的应用

基于 ICT 的分子已被研究用于 OLED、通过聚集诱导发射(AIE)的生物成像、极性和黏度传感器等方面的潜在应用。如前所述，ICT 过程是一个荧光失活过程，这使得这些分子可以作为 UVAs 使用。UVAs 无需任何不可逆的光化学反应，即可迅速消散激发态能量。因此，文献中报道了几项利用 ICT 分子设计 UVAs 的研究[56-58]。与传统 LED 相比，OLED 在功耗、大面积制造兼容性、宽视角、精致的架构、轻巧、更高的亮度和更清晰的图像等方面具有优势，因此激发了人们对 OLED 的研究兴趣[59]。通过 ICT 过程可使激发分子发生超快失活，已被用作锁模激光器中的激光染料吸收剂[60]。

Teran 和 Reynolds[61] 报告了在中性和氧化态下将供体-受体共轭体系用于高对比度电致变色的设计策略。他们提到，共轭分子和聚合物可用于多种技术应用，因为可以使用无数的合成有机化学技术轻松调节这些材料的结构和性能。众所周知的方法之一是将富电子和缺电子杂环共价连接，以制备多环分子或共聚，从而诱导 ICT 相互作用。上述技术已被几个研究小组用于设计用于太阳能电池中光吸收的低能隙材料[62,63]，开发具有双波段吸收的材料[64]等。在电致变色学中，共轭体系中性和带电物质的吸收/透射特性的差异可通过施加电压和足够对比度的化合物来实现，可用于显示器和智能窗口应用。值得注意的是，对于一些电子应用，中性和带电态的吸收特性应该位于 EM 光谱的特定区域。Teran 等人报道了一类基于富电子的二氧噻吩(DOTs)、缺电子的 2,1,3-苯并噻唑(BTD)和作为电致变色材料构件的杂环给体-受体-给体(D-A-D)分子的中性、氧化态吸收和自旋性质。他们还研究了由上述单元得到的离散 D-A-D 共轭体系的聚合物。他们研究了设计高对比度电致变色器件的空间位阻和电子结构要求，并提出了一种将小共轭分子转化为聚合物材料的方法，这些材料在实际应用中保留了其明确定义的特性。作者基于 DOT 和 BTD 单元合成了三环、五环和七环共轭分子。他们发现，所有材料在中性状态下都表现出良好的双波段吸收，源于电荷转移相互作用和 π-π* 高能激发。通过化学和电化学掺杂产生的氧化态具有正电荷定位于供体单元且受体环作为共轭断裂的结构。在五杂环(EPBPE)中，这导致极子对及其 π-二聚体在低氧化态和高氧化态中成为主要的载流子。在七杂环(EPBPPE)中，较长的供体段产生的极子对，吸收峰明显红移，位于可见光区外。作者发现，扩展的结构在较高掺杂水平下会形成双极子。两种电荷载流子的吸收最大值都在近红外区。他们通过脂肪族链连接单元，设计了上述 D-A 材料的聚合物。尽管聚 EPBPE 在其吸收光谱中表现出明确的窄跃迁，但在较高的氧化态下，π-π 相互作用的效应显著增强。这使得作者提出，需要仔细设计连接基团(比如空间大的脂肪族基团)，以开发聚合物材料，使其没有来自离散发色团的不希望的相互作用。

最近，一些基于 ICT 的分子被用作荧光和比色传感器以及 NLO 开关。基于 ICT 的新型分子正在被设计用于检测溶液和活细胞中的离子和分子。ICT 探针在 AIE、染料敏化太阳能电池和 OLED 中的应用也有报道。其中一些应用将在第 5 章和第 6 章中进行介绍。我们已经提到，电荷转移分子的偶极矩在激发态时可能比在基态时更高，导致其电子吸收光谱发生变色位移。Ouder[65,66] 提出的一个简单的双态模型表明，ICT 分子可能具有较高的二次第一超极化率，这被用于量化一阶 NLO 响应。材料的 NLO 响应特性最终由单个发色团的 NLO 响应决定，有时被称为构件。来自单个发色团的高第一超极化率通常被视为构件中低 ICT 态的标志。因此，调整分子的 ICT 过程是设计具有高 NLO 响应材料的一个重要因素。许多研究小组已经报道了具有 ICT 的有机分子可能是 NLO 材料的发色团。根据 Ouder 提出的双态模型[65,66]，系统的静态或场无关的第一超极化率(β_0)可由式 1.2 计算。

$$\beta_0 = \frac{3}{2}\left[\frac{\Delta\mu f_0}{(\Delta E)^3}\right] \qquad (1.2)$$

其中 ΔE 是分子的基态和激发态之间的能量差，而 f_0 代表过渡的振子强度。$\Delta\mu$ 代表分子的基态和激发态之间的偶极矩之差。

因此，从 Ouder 的模型可以预见，具有高 HOMO-LUMO 能隙和大 $\Delta\mu$ 的分子可以产生高二阶 NLO 响应。虽然材料的 NLO 响应是用电场诱导二次谐波产生(EFISH)、Z 扫描、超瑞利散射(HRS)等实验技术来测量的，但极化率和超极化率(β_0)是自由分子的特性。极化率(α)和超极化率(β，γ，…)的值与材料无关，可以用量子化学方法计算。基于大量相关文献，我们将 ICT 分子用于 NLO 响应的应用与其他应用区分开来，并在第 5 章中稍微详细地介绍了它。双光子吸收(TPA)是另一种非线性现象，它引起了科学界对 TPA 材料可能的技术应用的兴趣。近年来，一些基于 ICT 的分子被用来制备具有高 TPA 活性的材料。计算分子的极化率和超极化率的基本理论也在同一章中介绍(第 5 章)。对硝基苯胺(PNA)是最早表现出非常高 NLO 响应的有机分子之一。后来，一些具有 ICT 的分子被探索用于设计可能的 NLO 材料[67-78]。到目前为止，大多数的 NLO 研究都是关于二阶 NLO 响应的，而很少有文献报道三阶 NLO 响应。在第 5 章中介绍了一些有代表性的基于 ICT 分子的二阶和三阶 NLO 响应和 TPA 特性的研究实例。值得一提的是，理论方法的选择对于准确计算分子的极化率和超极化率非常重要[79-85]。据报道，电子相关性是计算分子线性和 NLO 响应特性的重要参数[86,87]，介质的振动贡献和影响是 NLO 响应研究的另外两个有趣的主题[88]。正如预期的那样，文献中已经报道了一些关于这些问题的研究。单重和双重(CCSD)以及微扰估计的三重[CCSD(T)]耦合团簇理论水平已被用于计算几个相对较小分子的极化率和超极化率，而将这些理论用于较大分子则成本高昂[85]。因此，科学界采用了几种替代方法，以一些近似值来重现 α、β 和 γ 的实验值。对于基于 ICT 的分子，使用 MP2 理论似乎是最流行的选择之一。几种 DFT 泛函和基组已经被设计用来计算共轭分子的 α、β 和 γ 值[85]。

　　Champagne 及其同事[81]研究了电子相关性对一些推拉 π 连接分子第一超极化率的影响(图 1.11)。他们发现 6-31+G(d，p)基组在多烯连接体的计算资源和准确性之间取得了平衡。作者报告说，由于高阶贡献之间的抵消，MP2 方法在预测推拉式多烯分子的 β 值是最准确的，与通过 CCSD(T)计算得到的值非常接近。对于交换相关 DFT 泛函，作者发现 LC-BLYP 在预测扩大的 π 共轭网络或将多烯连接物改为多烯段时 β 的变化是可靠的，尽管据报道其可靠性接近 HF 方法，但 MP2 方法远优于 HF 方法。

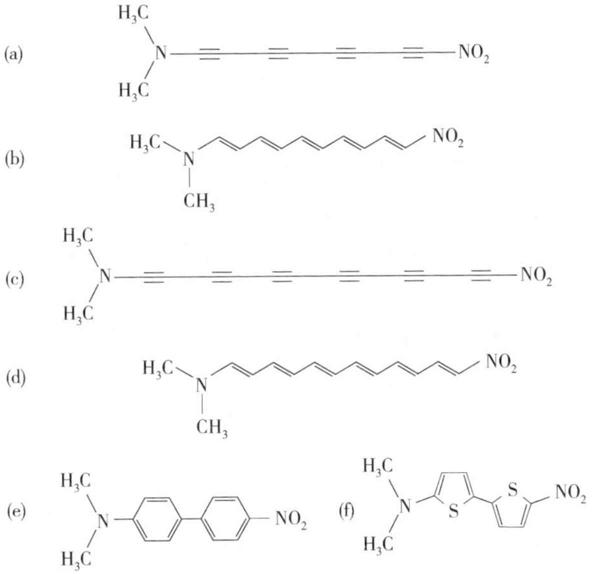

图 1.11　Champagne 及其同事研究的 π 共轭供体–受体分子的化学结构
(de Wergifosse and Champagne 2011[81]，经美国物理学会许可转载)

　　Luthi 及其同事[86]报道了他们对尺寸增加至 $C_{24}H_{26}$ 的聚乙炔低聚物链的极化率和第二超极化率的理论研究。这些聚乙炔是用于在线性框架中研究 π 共轭的典型系统，并且可以通过在两端加入电子供体和受体基团来调整相邻双键之间的相互作用。作者利用长程修正的 CAM-B3LYP 函数计算了一系列聚乙炔的 α 和 γ，并将理论估计值与实验值进行了比较。他们发现，这种泛函可以消除通常使用标准 DFT 方法计算的大部分高估，甚至在某些情况下，其值接近耦合簇计算。他们发现 CAM-B3LYP 再现了实验中发现的分子结构，并且比标准的 B3LYP 泛函和 MP2 方法更好。作者报告说，可以重现乙烯、丁二烯和己三烯二阶超极化率的实验值，不过他们发现 CAM-B3LYP 和 CCSD 一般分别高估了 25% 和 10%。

一些分子在外界刺激下表现出结构变化，如改变介质的极性和酸碱度(pH值)、用特定频率的光照射样品、系统的温度、氧化还原电位等[87-89]。如果这些变化导致光谱变化(通常在可见光区域，但并非总是如此)，那么当变化分别由照射、温度变化和介质的酸度引起时，分子被称为光致变色、热致变色和酸变色。这些化合物的某些特性可以可逆地调整，以实现在传感器、致动器、存储器等设备中"开"和"关"状态。与探针线性吸收和发射最大值的变化类似，外部刺激也可以改变分子的 NLO 性质，例如二次谐波产生(SHG)、三次谐波产生和 TPA[90,91]。其中由结构变化触发 NLO 响应特性变化的分子称为 NLO 开关。绝大多数 NLO 开关都表现出其第一超极化率(β)的变化，这是 SHG 的分子性质。尽管在偶氮苯、硝基苄啶、二烯基苯乙烯、N-水杨酸-苯胺和螺旋吡喃等几种分子中观察到了 β 随结构变化而变化，但具有 Fe、Ru、Zn 和 Pt 过渡金属原子的几种有机金属配合物，以及吲哚噁唑烷和螺吡喃衍生物被证明表现为高效的 NLO 开关，因为这些分子通过外部刺激诱导的结构变化，它们的 NLO 响应显示出很大差异[89]。

OLEDs 通常由柔软的非晶有机半导体超薄层组成[92]。由于 OLED 具有低驱动电压、高亮度和高效率的特点，被认为是下一代显示器和固态照明的潜在候选组件。这些组件还可以实现极宽的视角和高色彩质量。与生产工艺的兼容性使这些组件对科学界具有吸引力。溶液加工被认为是低成本、大面积应用的 OLED 组件最有利的制造方法[93]。一旦荧光打开，空穴和电子就会被送入有机半导体中，在那里它们结合在一起形成激子[92]。这些激子通常位于单个分子上，并具有独特的自旋特性。它既可以是发光的单重态，也可以是无辐射的三重态。据报道，由于不利的自旋统计，每产生 1 个单重态，就会产生 3 个三重态。也就是说，单重态和三重态的数量将分别为 25% 和 75%。由于这些三重态是非消散的，这将导致约三分之二总能量的损失，从而限制了有机半导体在 OLED 中的使用。使用基于磷光的分子作为发射器，解决了不利的自旋统计问题。在这些器件中，引入了铱和铂等重金属离子，从而在分子内产生强自旋轨道耦合(SOC)。SOC 过程导致从单重态到三重态(称为系统间交叉)的快速有效转换，并增强从三重态到基态(称为磷光)的转换。这种方法迫使系统从三重态发光，而不管激子的初始自旋状态如何，理论上内部量子效率为 100%。然而，由于使用贵金属，磷光材料的应用受到高成本的限制。Adachi 和同事提出了热激活延迟荧光(TADF)的概念，以克服有机材料中不利的自旋统计[94]。TADF 方法依赖于从三重态到辐射单重态的反向系统间交叉。他们已经证明，当单重态和三重态的能量接近时，利用室温下的热能，三重态可以过渡到单重态，从而使系统的内部量子效率达到 100%。设计单重态和三重态之间间隙非常小的体系(ΔE_{ST})的关键规则之一是尽量减少

分子在 HOMO 和 LUMO 之间的空间重叠。ICT 分子中电子供体和受体基团通过 π
电子桥连接，可以用于制备 OLED 应用的 TADF 分子[95]。这是由于在 ICT 分子
中，π 电子的离域化导致 HOMO 和 LUMO 的分离，从而产生较小的 ΔE_{ST} 值。
Adachi 等人已经证明，在分子间电荷转移复合物中，可以通过在形成复合物的分
子之间的异质界面上分离波函数来观察 TADF 过程。图 1.12 中给出了基于磷光
和 TADF 的发射器之间的区别。

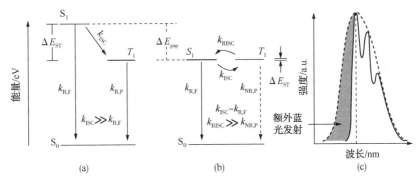

图 1.12　基于(a)磷光和(b)TADF 发射器的简化 Jablonski 图。磷光光谱分布(虚
线)和 TADF 发射光谱分布(实线)的差异如(c)所示。重要的速率过程用箭头表
示。图中 R、NR、F、P、ISC、RISC 和 ΔE_{ST} 分别代表辐射能、非辐射能、荧光
能、磷光能、系统内交叉能、反向 ISC 和单线–三重态分裂能(Reineke 2014 [92]，
经 Macmillian Publishers Limited 许可转载)

　　从前面的讨论中可以明显看出，基于 ICT 的分子已被用于设计应用于分子开
关、非线性光学、OLED 等的材料。第 6 章中详细介绍了其中一些应用。第 7 章
总结了本书中介绍的研究。还介绍了有关 ICT 工艺的一些未解决问题。

参 考 文 献

1　Sedghi, G., Sawada, K., Esdaile, L.J., Hoffmann, M., Anderson, H.L.,
Bethell, D., Haiss, W., Higgins, S.J., and Nichols, R.J. (2008) *J. Am. Chem.
Soc.*, **130**, 8582.

2　Closs, G.L. and Miller, J.R. (1988) *Science*, **240**, 440.

3　Bredas, J.L., Calbert, J.P., da Silva Filho, D.A., and Cornil, J. (2002) *Proc. Natl.
Acad. Sci. U.S.A.*, **99**, 5804.

4　Barbara, P.F., Walker, G.C., and Smith, T.P. (1992) *Science*, **256**, 975.

5　Kobori, Y., Yamauchi, S., Akiyama, K., Tero-Kubota, S., Imahori, H.,
Fukuzumi, S., and Norris, J.R. (2005) *Proc. Natl. Acad. Sci. U.S.A.*, **102**, 10017.

6　Zhao, G.-J., Liu, J.-Y., Zhou, L.-C., and Han, K.-L. (2007) *J. Phys. Chem. B*,
111, 8940.

7　Bulheller, B.M., Miles, A.J., Wallace, B.A., and Hirst, J.D. (2008) *J. Phys. Chem.
B*, **112**, 1866.

8 Li, G., Josowicz, M., Janata, J., and Semancik, S. (2004) *Appl. Phys. Lett.*, **85**, 1187.

9 Arzhantsev, S., Zachariasse, K.A., and Maroncelli, M. (2006) *J. Phys. Chem. A*, **110**, 3454.

10 Cao, X., Tolbert, R.W., McHale, J.L., and Edwards, W.D. (1998) *J. Phys. Chem. A*, **102**, 2739.

11 Thar, J., Zahn, S., and Kirchner, B. (2008) *J. Phys. Chem. B*, **112**, 1456.

12 Akemann, W., Laage, D., Plaza, P., Martin, M.M., and Blanchard-Desce, M. (2008) *J. Phys. Chem. B*, **112**, 358.

13 Zyss, J., Ledoux, I., Volkov, S., Chernyak, V., Mukamel, S., Bartholomew, G.P., and Bazan, G.C. (2000) *J. Am. Chem. Soc.*, **122**, 11956.

14 Zachariasse, K.A. (2000) *Chem. Phys. Lett.*, **320**, 8.

15 Druzhinin, S.I. *et al.* (2010) *J. Am. Chem. Soc.*, **132**, 7730.

16 Grabowski, Z.R., Rotkiewicz, K., and Rettig, W. (2003) *Chem. Rev.*, **103**, 3899.

17 Tassel, A.J.V., Prantil, M.A., and Fleming, G.A. (2006) *J. Phys. Chem. B*, **110**, 18989.

18 Zhang, W., Lan, Z., Sun, Z., and Gaffney, K.J. (2012) *J. Phys. Chem. B*, **116**, 11527.

19 Schmuttenmaer, C.A. (2004) *Chem. Rev.*, **104**, 1759.

20 Kumpulainen, T., Lang, B., Rosspeintner, A., and Vauthey, E. (2017) *Chem. Rev.* doi: 10.1021/acs.chemrev.6b00491

21 Marcus, R.A. (1993) *Rev. Mod. Phys.*, **65**, 599.

22 Pelzer, K.M. and Darling, S.B. (2016) *Mol. Syst. Des. Eng.*, **1**, 10.

23 Paddon-Row, M.N. (2001) in *Electron Transfer in Chemistry* (ed. V. Balzani), Wiley-VCH Verlag GmbH & Co. KGaA, Weinheim.

24 Sumi, H. and Marcus, R.A. (1986) *J. Chem. Phys.*, **84**, 4894.

25 Manna, A.K. and Dunietz, B.D. (2014) *J. Chem. Phys.*, **141**, 121102.

26 Rettig, W., Bliss, B., and Dirnberger, K. (1999) *Chem. Phys. Lett.*, **305**, 8.

27 Rettig, W. (1986) *Angew. Chem. Int. Ed. Engl.*, **25**, 971.

28 Zilberg, S. and Haas, Y. (2002) *J. Phys. Chem. A*, **106**, 1.

29 Yoshihara, T., Druzhinin, S.I., and Zachariasse, K.A. (2004) *J. Am. Chem. Soc.*, **126**, 8535.

30 Gomez, I., Reguero, M., Boggio-Pasqua, M., and Robb, M.A. (2005) *J. Am. Chem. Soc.*, **127**, 7119.

31 Cogan, S., Zilberg, S., and Haas, Y. (2006) *J. Am. Chem. Soc.*, **128**, 3335.

32 Chu, G. and Yangbo, F. (1987) *J. Chem. Soc., Faraday Trans.*, **83**, 2533.

33 Sobolewski, A.J. and Domcke, W. (1996) *Chem. Phys. Lett.*, **259**, 119.

34 Barbara, P.F. and Jarzeba, W. (1988) *Acc. Chem. Res.*, **21**, 195.

35 Tavernier, H.L., Barzykin, A.V., Tachiya, M., and Fayer, M.D. (1998) *J. Phys. Chem. B*, **102**, 6078.

36 Kosower, E.M. and Huppert, D. (1983) *Chem. Phys. Lett.*, **96**, 433.

37 Li, X. and Maroncelli, M. (2011) *J. Phys. Chem. A*, **115**, 3746.

38 Samanta, A., Paul, B.K., and Guchhait, N. (2012) *J. Lumin.*, **132**, 517.

39 Brutschy, B. (2000) *Chem. Rev.*, **100**, 3891.

40 Zhao, G.-J., Chem, R.-K., Sun, M.-T., Liu, J.-Y., Li, G.-Y., Gao, Y.-L., Han, K.-L., Yang, X.-C., and Sun, L. (2008) *Chem. Eur. J.*, **14**, 6935.

41 Wasielewski, M.R. (1992) *Chem. Rev.*, **92**, 435.

42 Zhang, J., Xu, Q., Feng, Z., Li, M., and Li, C. (2008) *Angew. Chem.*, **120**, 1790.

43 Hara, K., Dan-oh, Y., Kasada, C., Yasuyo, O., Shinpo, A., Suga, S., Sayama, K., and Arakawa, H. (2004) *Langmuir*, **20**, 4205.

44 Nazarov, A.E., Malykhin, R., and Ivanov, A.I. (2017) *J. Phys. Chem. B*, **121**, 589.

45 Wiedbrauk, S., Maerz, B., Samoylova, E., Reiner, A., Trommer, F., Mayer, P., Zinth, W., and Dube, H. (2016) *J. Am. Chem. Soc.*, **138**, 12219.

46 Muraoka, T., Kinbara, K., and Aida, T. (2006) *Nature*, **440**, 512.

47 Gostl, R., Senf, A., and Hecht, S. (2014) *Chem. Soc. Rev.*, **43**, 1982.

48 Samanta, S., Qin, C., Lough, A.J., and Wolley, G.A. (2012) *Angew. Chem. Int. Ed.*, **51**, 6452.

49 Wiedbrauk, S., Maerz, B., Samoylova, E., Mayer, P., Zinth, W., and Dube, H. (2017) *J. Phys. Chem. Lett.*, **8**, 1585.

50 Maliakal, A., Lem, G., Turro, N.J., Ravichandran, R., Suhadolnik, J.C., DeBellis, A.D., Wood, M.G., and Lau, J. (2002) *J. Phys. Chem. A*, **106**, 7680.

51 Kumar, S., Singh, P., Kumar, P., Srivastava, R., Pal, S.K., and Ghosh, S. (2016) *J. Phys. Chem. C*, **120**, 12723.

52 Saigusa, H. and Lim, E.C. (1995) *J. Phys. Chem.*, **99**, 15738.

53 Chen, G., Li, W., Zhou, T. *et al* (2015) *Adv. Mater.*, **27**, 4496.

54 Fakis, M., Hrobarik, P., Yuschenko, O. *et al* (2014) *J. Phys. Chem. C*, **118**, 28509.

55 Bredas, J.L., Calbert, J.P., da Silva Filho, D.A., and Cornil, J. (2002) *Proc. Natl. Acad. Sci. U.S.A.*, **99**, 5809.

56 Paterson, M.J., Robb, M.A., Blancafort, L., and DeBellis, A.D. (2004) *J. Am. Chem. Soc.*, **126**, 2912.

57 Elbe, F., Keck, J., Fluegge, A. *et al* (2000) *J. Phys. Chem. A*, **104**, 8296.

58 Keck, J., Roesller, M., Schroeder, C. *et al* (1998) *J. Phys. Chem. B*, **102**, 6975.

59 Liang, J., Li, L., Niu, X., Yu, Z., and Pei, Q. (2013) *Nat. Photonics*, **7**, 817.

60 Vogel, M. and Rettig, W. (1985) *Ber. Bunsen Ges. Phys. Chem.*, **89**, 962.

61 Teran, N. and Reynolds, J.R. (2017) *Chem. Mater.*, **29**, 1290.

62 Zhou, H., Yang, L., and You, W. (2012) *Macromolecules*, **45**, 607.

63 Dow, L., Liu, Y., Hong, Z., Li, G., and Yang, Y. (2015) *Chem. Rev.*, **115**, 12633.

64 Baeujuge, P.M., Amb, C.M., and Reynolds, J.R. (2010) *Acc. Chem. Res.*, **43**, 1396.

65 Ouder, J.L. (1977) *J. Chem. Phys.*, **67**, 446.

66 Ouder, J.L. (1977) *J. Chem. Phys.*, **67**, 2664.

67 Albert, I.D.L., Marks, T.J., and Ratner, M.A. (1998) *J. Am. Chem. Soc.*, **120**, 11174.

68 Yang, G. and Su, Z. (2009) *Int. J. Quantum Chem.*, **109**, 1553.

69 Nandi, P.K., Panja, N., Ghanty, T.K., and Kar, T. (2009) *J. Phys. Chem. A*, **113**, 2623.

70 Ishow, E., Bellaiche, C., Bouteiller, L., Nakatani, K., and Delaire, J.A. (2003) *J. Am. Chem. Soc.*, **125**, 15744.

71 Wang, C.-K. and Yang, W.-H. (2003) *J. Chem. Phys.*, **119**, 4409.

72 Geskin, V.M., Lambert, C., and Bredas, J.L. (2003) *J. Am. Chem. Soc.*, **125**, 15651.

73 Albert, I.D.L., Marks, T.J., and Ratner, M.A. (1997) *J. Am. Chem. Soc.*, **119**, 6575.

74 Zyss, J. (1979) *J. Chem. Phys.*, **71**, 909.

75 Lacroix, P.G., Padilla-Martinez, I.I., Sandoval, H.L., and Nakatai, K.N. (2004) *New J. Chem.*, **28**, 542.

76 Marder, S.R. and Perry, J.W. (1993) *Adv. Mater.*, **5**, 804.

77 Kang, H., Facchetti, A., Jiang, H., Cariati, E., Rietto, S., Ugo, R., Zuccaccia, C., Macchioni, A., Stern, C.L., Liu, Z., Ho, S.-T., Brown, E.C., Ratner, M.A., and Marks, T.J. (2007) *J. Am. Chem. Soc.*, **127**, 3267.

78 Dehu, C., Meyers, F., Hendrickx, E., Clays, K., Persoons, A., Marder, S.R., and Bredas, J.L. (1995) *J. Am. Chem. Soc.*, **117**, 10127.

79 Champgne, B. (2009) in *Polarizabilities and Hyperpolarizabilities in Chemical Modeling*, vol. **6** (ed. M. Springborg), Royal Society of Chemistry, London.

80 Maroulis, G., Bancewicz, T., and Champagne, B. (eds) (2011) *Atomic and Molecular Nonlinear Optics: Theory, Experiment and Computation: A Homage to the Pioneering Work of Stanisław Kielich (1925–1993)*, IOS Press, Amsterdam.

81 de Wergifosse, M. and Champagne, B. (2011) *J. Chem. Phys.*, **134**, 074113.

82 Zhang, L., Qi, D., Zhao, L., Chen, C., Bian, Y., and Li, W. (2012) *J. Phys. Chem. A*, **116**, 10249.

83 Bai, Y., Zhou, Z.J., Wang, J.J., Li, Y., Wu, D., Chen, W., Li, Z.R., and Sun, C.C. (2013) *J. Phys. Chem. A*, **117**, 2835.

84 Karamanis, P. and Maroulis, G. (2011) *J. Phys. Org. Chem.*, **24**, 588.

85 Alparone, A. (2013) *Chem. Phys. Lett.*, **563**, 88.

86 Limacher, P.A., Mikkelsen, K.V., and Luthi, H.P. (2009) *J. Chem. Phys.*, **130**, 194114.

87 Berkovic, G., Krongauz, V., and Weiss, V. (2000) *Chem. Rev.*, **100**, 1741.

88 Zhang, J., Zou, Q., and Tian, H. (2013) *Adv. Mater.*, **25**, 378.

89 Beaujean, P., Bondu, F., Plaquet, A., Garcia-Amoros, J., Cusido, J., Raymo, F.M., Castet, F., Rodriguez, V., and Champagne, B. (2016) *J. Am. Chem. Soc.*, **138**, 5052.

90 Castet, F., Rodriguez, V., Pozzo, J.-L., Ducasse, L., Plaquet, A., and Champagne, B. (2013) *Acc. Chem. Res.*, **46**, 2656.

91 Delaire, J.A. and Nakatani, K. (2000) *Chem. Rev.*, **100**, 1817.

92 Reineke, S. (2014) *Nat. Photonics*, **8**, 269.

93 Burroughes, J.H., Bradley, D.D.C., Brown, A.R., Mackay, R.N., Marks, K., Friend, R.H., Burns, P.L., and Holmes, A.B. (1990) *Nature*, **347**, 539.

94 Nakanotani, H., Masui, K., Nishide, J., Shibata, T., and Adachi, C. (2013) *Sci. Rep.*, **3**, 2127.

95 Endo, A. *et al* (2009) *Adv. Mater.*, **21**, 4802.

2 ICT 分子的简史

2.1 引言

分子内电荷转移(ICT)涉及电子电荷从同一分子中富电子的供体向缺电子的受体转移。如第 1 章所述，一些 ICT 分子在其稳态发射光谱中显示出双重发射。其中一个产生于 $\pi\pi^*$ 态(根据 Platt 符号，L_b 型)，通常被称为局部激发(LE)态，而红移的荧光带则归因于激发态中形成的 ICT 态(L_a 型)。4-N,N-二甲氨基苯腈(DMABN)是电子供体-受体(D-A)ICT 分子的原型，其电荷转移(CT)特性已通过一些最先进的光谱技术以及量子化学计算得到广泛研究[1]。CT 过程的研究引起了科学界的关注，因为它是化学和生物学中最基本的过程之一[2-15]。CT 是许多重要生物过程的关键步骤，包括光合作用和新陈代谢。最近，基于 ICT 的有机分子正被用于多种技术应用，包括有机发光二极管(OLED)、染料敏化太阳能电池、非线性光学(NLO)材料等[16,17]。由于 CT 有助于我们理解许多复杂生物过程的机理，因此 CT 在小分子中的研究得到了推动。如果供体(D)和受体(A)是两个不同分子、原子或簇的一部分，这个过程称为分子间 CT。供体-受体取代的芳香族体系是研究 ICT 过程的流行体系之一(本章将详细介绍)。研究 ICT 过程和 NLO 响应的另一个流行体系是供体-受体取代的多烯体系[18,19]。在一个 D-A 有机分子中，ICT 过程可以通过两种不同的方式进行[20,21]。如果电子通过 π 电子桥从供体传递到受体基团，则称为跨键电荷转移。除非另有说明，在本书中提到 ICT 时，我们指的是跨键电荷转移。另外，如果供体和受体不通过 π 电子桥连接，CT 仍然可以通过一种称为跨空间电荷转移的机制进行[22]。虽然跨空间 CT 过程相对来说不太为人所知，但它可以用于描述许多 CT 驱动的过程。

光与物质相互作用的研究构成了科学领域的一大研究内容[23,24]。当波长范围很宽的含光辐射(如白光)落在某一物质上时，部分辐射被吸收，其余的辐射被该物质透射或反射，这说明该物质并不吸收任何任意波长的辐射。众所周知，一种物质只吸收特定波长的光，这种现象是由量子力学原理引导的。这一原理对原子和分子同样适用。吸收辐射后，可能会发生几个光物理和/或光化学过程[25-27]。例如，在光吸收之后，一个分子可以分解成片段，这些片段可以反应生成不同的产物。否则，可能发生以下光物理过程，这些过程可以用简化版的

Jablonski 图[28-30]来概括，如图 2.1 所示。

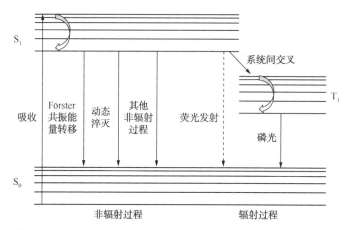

图 2.1　简化版 Jablonski 图，显示了一个分子在光激发后经历的不同光物理过程。
光物理过程将在文中介绍

在图 2.1 所示的示例中，吸收(Abs)适当波长的辐射可以将分子从零振动水平的基态(S₀)激发到较高振动水平的第一激发态(S₁)。很快地，它从更高振动水平的 S₁ 态松弛到它的零振动水平。现在，分子可以通过辐射或非辐射过程或两者兼而有之来释放这种能量。荧光共振能量转移或 Förster 共振能量转移(FRET)可以通过偶极–偶极耦合发生。激发的分子也可以通过与其他分子碰撞的动态淬灭(DQ)来释放这种能量。它可能会经历一些其他非辐射过程(Qu)。分子可以通过辐射过程松弛，因为它会产生荧光发射(Fl)。通过系统间交叉(ISC)转移和随后的磷光(Ph)，也可能发生能量从 S₁ 态转移到三重态(本例中为 T₁)，这也是一个辐射过程。

这些辐射过程(k_R)和非辐射过程(k_{NR})的速率与分子的量子产率(ϕ)和激发态寿命(τ)有关[28]。

$$\phi = \frac{k_R}{k_R + k_{NR}} \tag{2.1}$$

$$\tau = \frac{1}{k_R + k_{NR}} \tag{2.2}$$

如果像 ICT 或分子内质子转移(IPT)这样的超快过程发生在分子中，则光物理过程比图 2.1 所示的要复杂得多[9,31-35]。在这些情况下，形成了一种称为 ICT 态或 IPT 态的新状态，其特征通常留在双发射中，如图 2.2 所示。因此，在研究分子的 ICT 过程时，必须考虑另一个重要的 CT 过程，即 IPT。IPT 过程与 ICT 过程形成鲜明的对比。分子中的质子转移也可以从其正常(N)和质子(T)转移状态产生双重荧光，有时分别称为酮态和烯醇态。在图 2.2 中，基态(GS)中的 N 态在光激发后被激发到 N* 态，然后激发态质子转移形成 T* 态。这两种状态，在很多情况下，会产生双发射。对于 ICT 以及 IPT，发射路径与非辐射路径竞争。分子中的 ICT 和 IPT 过程可以根据时间尺度和溶剂依赖性研究进行区分。IPT 过程比 ICT 过程快得多。ICT 过程中的双荧光通常发生在具有高极性的溶剂中，而在 IPT 过程中，由于激发时形成质子转移状态，可以在非极性溶剂中看到双重发射。

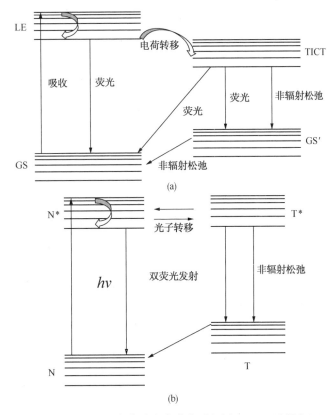

图 2.2　Jablonski 图显示了一个分子在光激发后经历(a)ICT 过程和(b)IPT 过程。
图中还显示了其他一些光物理过程

另一方面，要使分子中的 IPT 发生，质子供体和质子受体基团之间需要一个最小距离条件，而 ICT 过程可以发生在任意长的距离上。一些供体-受体系统可以经历能量转移过程，如 FRET 和 Dexter 能量转移(DET)，这些过程在光物理方面与 ICT 过程有一些相似之处[16]，不过对这些过程的详细讨论不在本书的范围内。

2.2　电荷转移的研究背景

据报道，由于激发态下分子原子上的电子电荷分布发生变化，分子的偶极矩

(μ) 在激发态下比在基态下大得多[9-11,36-39]。μ 的这种变化对于基于 D-A 的激发态 CT 分子(也称为 D-π-A)来说是非常常见的,它们以两种明显不同的形式存在于基态和激发态中。如图 2.3 所示,这两种形式可称为常态和醌形式。

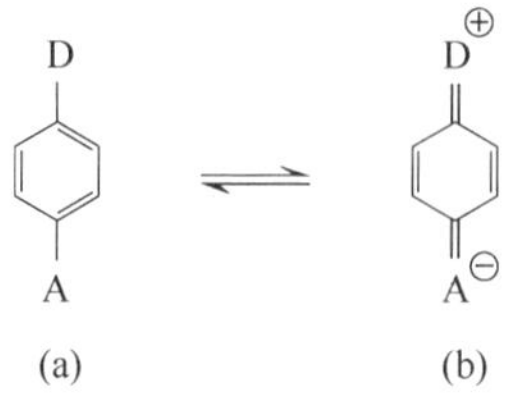

图 2.3　D-π-A 分子的常态(a)和醌形式(b),其中间隔物(π)为苯环

让分子的正常结构和醌类结构的波函数分别为 ψ_N 和 ψ_Q,描述分子在基态和激发态的波函数分别为 ψ_e 和 ψ_g。我们可以用公式 2.3 和 2.4 定义 ψ_e 和 ψ_g 为这两个状态函数的叠加[1]。

$$\psi_g = c_N\psi_N + c_Q\psi_Q \tag{2.3}$$

$$\psi_e = c_Q\psi_N - c_N\psi_Q \tag{2.4}$$

众所周知,电子电荷分布的变化会影响分子的反应性和酸碱性质。如果供体(D)和受体(A)是同一分子的一部分,但在基态下几乎不发生相互作用,只要在能量上可行,它们就可能在激发态下产生 CT[40-44]。在 D-π-A 分子中,分子的激发可以通过产生 CT 的两种方式之一进行。在第一种情况下,受激供体将其电子转移到受体上;而在第二种情况下,电荷从供体转移到受体上。因此,使用适当波长的辐射激发供体或受体,将导致一个电荷分离(CS)状态(D⁺-π-A⁻)。这种 D⁺-π-A⁻ 的电子结构将对应于由自由基阳离子(D⁺)和自由基阴离子(A⁻)组成的带相反电荷的自由基离子对的基态。我们可以把这种状态称为纯电子转移(ET)态,其零阶波函数可以描述为[1]:

$$\psi_{CT} = \psi_{D+}\psi_{A-} \tag{2.5}$$

为了促进受激态 ICT 过程,分子吸收特定能量的辐射,这种辐射适合将其激发到它的第一激发态(S_1)或更高的激发态(S_2,S_3,…)。在光激发后,它在激发态中的电子密度重新排列,从而产生一个具有较低能量和较高偶极矩的类型[1,37]。在一些特殊情况下,分子激发态的 μ 可能低于其基态对应物。正常的激发态被称为 LE 态,而在激发态中由于其电子结构的重排形成的新类型被称为 ICT 态。现在,由于激发态中存在两种不同类型(LE 和 ICT),探针可以显示双荧光。分子 ICT 过程的势能面(PES)如图 1.2 所示。

从 LE 态到 ICT 态的形成不是任意发生的。它遵循一些规则,这些规则用方程式 2.6 和 2.7 表示。

$$E_{LE} - E_{ICT} > 0 \tag{2.6}$$

其中 E_{LE} 和 E_{ICT} 是 LE 态和 ICT 态的能量。

$$E_{ICT} = IP(D) - EA(A) + C + E_{solv} \qquad (2.7)$$

IP(D)和 EA(A)分别是供体的电离势和受体的电子亲和能。C 代表连接供体和受体之间的相互库仑吸引力，而 E_{solv} 是溶剂化的能量。

因此，从公式 2.6 和公式 2.7 可以预测，LE 态的能量必须高于 ICT 态的能量，并且从 LE 态形成 ICT 态不仅受供体和受体性质的影响，而且还取决于介质的特性。介质性质对几种基于 ICT 探针光物理性质的影响将在第 4 章介绍。尽管一些基于 ICT 的有机分子在其电子光谱中显示出双重发射，但据报道，一些 ICT 分子仅显示来自 LE 或 ICT 类型的发射[40-44]。

2.3　常见有机分子的 ICT 过程简述

2.3.1　4-N,N-二甲氨基苯腈及相关分子中的 ICT

20 世纪 60 年代初，Lippert 和同事[43,45]首次观察到 DMABN 的双荧光，DMABN 是一种简单供体-受体取代的苯衍生物。

该化合物显示出两条荧光带，其中一条被称为"正常"，与苯的衍生物密切相关，另一条被称为"异常"的红移带，能量远低于正常发射波段。Lippert 及其同事通过考虑溶剂诱导的激发态反转，解释了 DMABN 的双重发射[1]。后来证明这种解释只适用于具有两个近激发态的分子。为了解释 DMABN 及其相关分子的双重发射，不同研究组[1]提出了其他几种共轭机制。逐渐发现，这些机制只有在某些情况下才有效。一些流行的解释及其缺点如下：

（1）据报道，与溶剂形成的激基复合物是双荧光的主要原因。该理论仅适用于具有合适能量的可用孤对电子的溶剂与分子形成的激发态络合物，因此无法解释在没有可用孤对电子的溶剂中 DMABN 的双重发射。

（2）在基态形成二聚体，或在受激的 DMABN 分子与其基态的对应物之间形成复合物。在这种情况下，由于二聚体的数量可能随着浓度的增加而增加，因此预计双发射会显示出浓度依赖性。对该分子的浓度依赖性研究不支持这一假设。

（3）水分子对 DMABN 的特定溶剂化被认为是 DMABN 双重发射的另一个原因。这需要在所用溶剂中含有痕量水。已在高极性但非质子溶剂中以及在气相中观察到 ICT 状态的形成不支持这一说法。

很明显，这些解释表明它们只在某些情况下有效。因此，尽管进行了多项研究，但迄今为止，发射 ICT 状态的几何结构以及从 DMABN 的 LE 状态形成 ICT 状态的途径仍然是一个激烈争论的问题。Grabowski 和同事[1]提出了扭曲的分子内电荷转移（TICT）模型来解释 DMABN 的发射行为，该模型称，在激发态下，

DMABN 的-NMe$_2$基团围绕垂直于苯环的平面扭曲了 90°，这样二甲氨基将与苯 π 体系发生电子解耦(图 2.4)。所以，在 TICT 结构中，二甲氨基与苯环是垂直或几乎垂直的。虽然这个模型有一定的局限性，但这是迄今为止 DMABN 及其相关分子中双荧光最流行的解释之一。在 Zachariasse[12] 提出的平面分子内电荷转移(PICT)模型中，二甲氨基与苯环保持在同一平面上。这种机制在几种 ICT 分子中均能够观察到，本章稍后将讨论。与 TICT 机制相反，PICT 模型不接受二甲氨基扭曲的必要性，并强调了 S$_2$ 至 S$_1$ 能量间隙和振动相互作用的重要性。

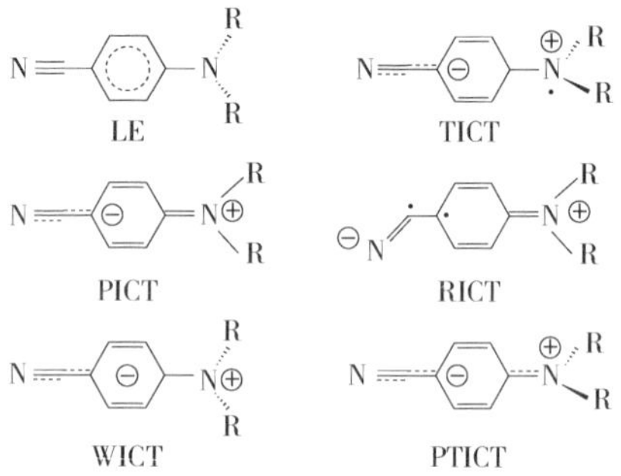

图 2.4　ABN 衍生物的局部激发(LE)态、TICT 态、PICT 态、RICT 态、WICT 态和部分扭曲
分子内电荷转移 ICT(PTICT)态)的化学结构。R=—H，ABN 和 R=—CH$_3$，DMABN
(版权所有© 2015 美国化学会，经 Gómez 等人许可改编[46])

Zachariasse 及其同事提出了摇摆分子内电荷转移(WICT)模型[47,48]，其中二甲氨基的氮原子发生了再杂化，从而从平面 sp^2 结构形成了金字塔形的 sp^3 结构。在所有提出的 ICT 态结构中，无论是理论上还是实验上，这种模型都是最不受支持的。重杂化 ICT 或 RICT 模型[49]涉及氰基碳原子的再杂化，其杂化从 sp 变为 sp^2。只有少数研究支持这一机制。最近 Lim 等人[50]基于实验和理论研究提出了部分扭曲分子内电荷转移(PTICT)状态的形成，而 Lasorne 等人的一些其他研究对 4-氨基苯甲腈和相关分子中稳定 PTICT 状态的形成提出了质疑[51]。TICT 机制得到了一些相关供体-受体取代苯衍生物的 CT 实验研究的支持，这些研究将在后面介绍。可以看到，供体基团或多或少固定的分子没有显示任何双荧光，实际上，在 DMABN 的"正常"带位置只观察到一个发射峰。例如，固定供体分子 1-甲基-5-氰基吲哚(MIN)(图 2.5)仅显示 LE 状态的"正常"发射。

另一方面，已经在平面上扭曲的分子在 DMABN 的"异常"带的位置显示出一个单一的荧光峰。四甲基氨基苯腈(TMABN)是这种分子的一个例子，其中—NMe$_2$基团已经在基态中被扭曲(图 2.5)。因此，最初，TICT 机制似乎是最可接受的机制，这也得到了其他理论和实

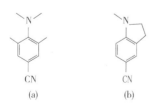

图 2.5　(a)TMABN 结构
和(b)MIN 的结构

验研究的支持[1]。

除了 ICT 态的结构外，仍未解决的问题是从 LE 态形成 ICT 态的途径[51,52]。ICT 分子仅涉及第一激发态(S_1)的 PESs 的简单图片如下：辐射吸收导致分子进入 S_1-LE 态，该态与 S_1-ICT 态绝热连接（图 2.6）。如果 S_1-ICT 态的能量低于 S_1-LE 态，则 LE 态的激发将填充 LE 态和 ICT 态。因此，如果两种状态都是荧光的，辐射的吸收将导致双重发射。然而，DMABN 的 PESs 与图 2.6 所示的不同。基于对 DMABN 及其相关分子中 ICT 过程的几项实验和理论研究，可以得出以下路径。

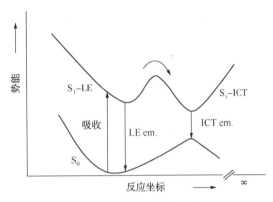

图 2.6　分子内电荷转移过程的势能面（PES），所涉及的光物理过程将在文中介绍

路径 1：辐射的吸收将导致分子进入较高的激发态(S_2)。然后系统通过附近的锥形交叉点（CI），通过内部转换松弛到 LE 态和 ICT 态的最小值所在的第一个激发态(S_1)。LE 态和 ICT 态是绝热连接的，因此 S_1-LE 态和 S_1-ICT 态的数量以及双荧光过程取决于连接最小值的绝热和非绝热路径[53,54]。

路径 2：ICT 态在 Frank-Condon（FC）几何体中的填充可以通过一个快速开关来完成，该开关导致明亮（荧光）LE 态和一个暗（非荧光）$\pi\sigma^*$ 态之间的分裂。$\pi\sigma^*$ 态填充了发射发生的 TICT 态。一些 ICT 发色团缺乏双荧光是由于这种暗 $\pi\sigma^*$ 态的存在[55]。

路径 3：在 FC 几何体中填充到 ICT 态后，系统分为明亮的 LE 态和暗 $\pi\sigma^*$ 态。LE 态依次填充荧光 PTICT 态，而暗 $\pi\sigma^*$ 态填充暗 TICT 态。因此，这种机制声称存在两个非通信的 ICT 态。PTICT 态的形成似乎有争议[51,52]，本章稍后讨论。

Fuβ 及其同事[56]研究了与 4-氨基苯腈（ABN）相关分子的超快弛豫和相干振荡，即 N-甲基-6-氰基-1,2,3,4-四氢喹啉（NMC6）以及气相中对应的 N-叔丁基衍生物 NTC6，并与之前研究的其他苯腈衍生物：ABN、DMABN、PIPBN、PYRBN 和 PBN 进行了比较[57-59]。

利用他们的结果，绘制出 DMABN 的 PES 如图 2.7 所示。在这类分子的两种发射态中，一种定位在苯环上（称为 L_b 态），并且由于取代而影响不大。另一种发射态具有供体对受体的 CT 特征，并且与气相中的 L_b 态相比，其能量通常较高。这种 CT 状态的能量可以使用适当的极性溶剂进行修饰，因为这种状态具有比 L_b 态更高的偶极矩。因此，在溶液中，可以建立 L_b 和 CT 态之间的平衡，并且如果总体具有可比性，则可以观察到双重发射。我们在这里要注意的是，即使 L_b 态和 CT 态的数量相等，也未必会产生双发射，因为 CT 态的量子产率比 L_b 态低得多。在之前的一篇文章中，他们已经报道了 DMABN 在气相中的光物理学[58]。利用钛蓝宝石激光系统的三倍频脉冲获得的 270nm 超短脉冲，在 $2\mu M$ 下使用飞秒时间分辨光离子化探针将 DMABN 激发到气相中的 S_2（或 L_a）态。他们的结果表明，S_2 通过 CI 弛豫到 S_1（或 L_b）状态，并沿着氨基扭曲和反转振动。他们还声称，CI 以及 CT 状态从 L_b 最小值偏移到包含扭曲的方向，并且可能还作为分量反转。

尽管 NMC6 在高极性溶剂中也不会出现双重发射（无 ICT 发射），但据报道，在 NTC6 中，NMC6 的甲基被叔丁基取代，会出现 CT 发射[60]。Fuβ 和同事使用微弱的 270nm 飞秒泵脉冲激光激发 NMC6 和 NTC6 分子至 L_a（S_2）状态（图 2.7），然后用强烈的红外（IR）脉冲作为探针，使这些分子电离[56]。他们使用飞行时间质谱仪选择性地测量离子产率质量，作为泵-探针延迟的函数。结合 Robb 及其同事的量子化学计算[54]，他们推断 DMABN 的 L_b 状态属于 c_{2v} 中的 $1B_2$ 类，这是该分子的理想对称群。与 S_0 到 L_b 的转变相反，S_0 到 L_a 的吸收和 CT 到 S_0 的发射是平行极化的，其中后者是垂直于长分子轴的极化。因此，L_a 和 CT 激发态属于 $2A_1$ 类型，并且具有相同的 PES。由于 L_a 态的部分 CT 特征，C—N 键具有部分双键特征，因此不太可能被扭曲。在光激发 DMABN 和相关分子的 S_2（L_a）态后，波包通过 CI 一部分从 CI 中直接滤出 L_b（S_1）状态，而另一部分暂时填充 CT 状态，从它绕过 CI 到 L_b。在 DMABN 中，粒子数从最初激发的 L_a 态在 5fs 内流出 FC 区域[56]。在 63fs 内，它到达 CI，其中一部分直接到达 L_b 最小值，而另一部分则进入 CT 状态。到达 CT 状态的部分在 1ps 内离开并到达 L_b。到达 L_b 态的波包直接沿着涉及氨基扭曲和摇摆或分子拱起和喹啉畸变的坐标振荡。作者得出结论，图 2.7 中所有分子的电势和动力学是相同的，除了时间尺度、振荡频率以及基态和激发态的相对能量。他们的研究从所有分子的 CT 态中检测到大的各向异性（图 2.7），除了各向异性很小的 NMC6。这导致他们得出结论，这些具有大各向异性的分子的 CI 存在实质性扭曲。在各向异性较小的 NMC6 中，CT 状态下 θ 值预计远小于 90°。事实上，他们认为这个分子在 CT 状态下的 θ 可能是 45° 左右，虽然氨基被整合在一个六元环中，这可能会阻碍它的扭曲，但它可以被这个分子调节。与 L_a 态相比，氨基基团扭转 45° 会降低该分子 CT 态的能量，尽管 CT 态的能量将高于其无阻碍的对应物。

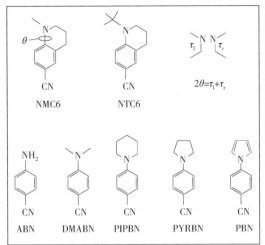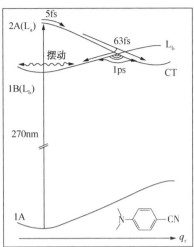

图 2.7　NMC6、NTC6、ABN、DMABN、PIPBN、PYRBN 和 PBN(左)的结构。
扭转角(θ)定义为左(τ_1)和右(τ_r)扭转角的平均值。DMABN(左)的势能
和动力学(Fuβ 等人 2007[56]，经英国皇家化学会许可转载)

Lim 及其同事[61]利用飞秒 TA 光谱和荧光实验，结合从头算多参考微扰理论 CASPT2/完全活动空间自洽场(CASSCF)方法计算，研究了 DMABN 中的 ICT 过程和双重发射。他们的结果表明，从初始激发到 L_a 态后，会发生超快分支过程。此开关导致 LE 和 πσ* 状态的填充。他们的时间分辨荧光光谱显示，LE 态的衰变时间与荧光 ICT 态的上升时间相关。另外，荧光 ICT 态的长期行为与 ICT 态的不同，这导致他们推断这些状态是不同的。根据计算结果预测，在这个过程中形成的两个 TICT 状态中，只有 pTICT 状态具有显著的振荡强度($f=0.230$)，与实验获得的振荡强度相当。TICT 态的振荡强度可以忽略不计($f=0.001$)。这使他们得出结论，pTICT 态负责 DMABN 的发射，而不是 TICT 态。图 2.8 描述了 DMABN 在极性溶剂中的光物理学。

πσ* 态形成的重要性后来受到 Reguero 及其同事的质疑，他们认为 pTICT 态的形成可能是计算方法的假象[52,62]。他们使用从头算 CASSCF/CASPT2 理论水平的量子化学计算来理解几种 ABN 衍生物的 ICT 途径，即 ABN、DMABN 及它们的 2,3,4,5-四氟衍生物，分别缩写为 ABN-4F 和 DMABN-4F。他们得出结论，虽然 πσ* 态[他们将其称为 ICT(CN)态]可能是填充亮态的中间态，但该状态参与 ICT 过程的可能性较小。他们进一步强调，TICT 态是在极性溶剂中研究的分子中最稳定的激发态类型。他们还考虑到了无辐射的失活过程，以解释这些分子的荧光特性。

因此，到目前为止的讨论表明，DMABN 及其同源物引起了科学界对 ICT 研究的极大关注。这主要是因为对这些分子中 ICT 过程的研究有助于揭示其他分子中 ICT 状态的性质，从而为 ICT 状态的形成提供前所未有的见解。其中 DMABN 的二甲氨基的甲基已被氢原子取代，被用于 ICT 研究[52]（图 2.8）。虽然 DMABN 和 ABN 在非极性溶剂中显示出 LE 状态的荧光，但与 DMABN 不同，ABN 即使在极性溶剂中也不会显示出双发射。Reguero 等人[52,62]在 CASSCF/CASPT2 理论水平上使用从头算计算研究了 ABN 及其 2,3,4,5-四氟衍生物（缩写为 ABN-4F）的激发态光物理学。

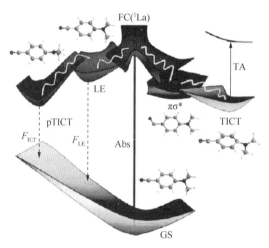

图 2.8　ICT 分子 DMABN 在极性溶剂中的光物理性质示意图
（Coto 等人 2011[61]，经英国皇家化学会许可转载）

Zachariasse 等[63]研究了氟原子取代对 ABN 及相关分子（XABN-4F）光物理性质的影响。这些分子根据其供体基团进行命名，ABN-4F 代表氨基，DMABN-4F 代表二甲氨基，DEABN-4F 代表二乙氨基，AZABN-4F 代表氮杂环丁烷基，MABN-4F 代表甲氨基（图 2.9）。作者发现，所有 XABN-4F 分子在室温下的极性溶剂乙腈以及非极性溶剂正己烷中经历 ICT 过程。在其无氟对应物 DMABN、DEABN 和 AZABN 中发生了 ICT 过程，但在 ABN 和 MABN 中没有发生。

作者估计 XABN-4F 分子的 ICT 态的偶极矩约为 14D，小于 DMABN 的偶极矩（17D），他们将其归因于氟取代基将电子从氰基拉回到苯环。XABN-4F 分子在光激发时形成 LE 态，从中形成激发态的 ICT 态。作者报道，在正己烷中，DMABN-4F 的 LE 到 ICT 反应在 0.35ps 内发生，而 DEABN-4F 和 AZABN-4F 分别需要 0.29ps 和 0.13ps。在该研究报告中的所有 XABN-4F 分子，在乙腈中从 LE 态到 ICT 态的过程约 90fs。乙腈的溶剂松弛时间约为 90fs，因此，作者得出结论，该溶剂中的 ICT 反应时间受到溶剂松弛时间的限制。作者认为，在这一超短

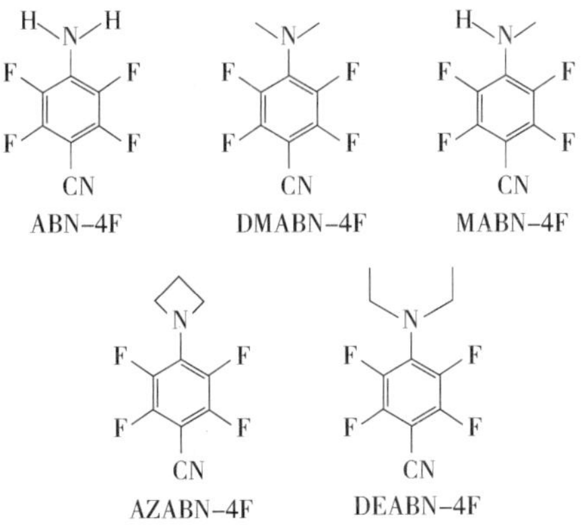

图 2.9　Zachariasse 和同事研究的 2,3,5,6-四氟-4 氨基苯腈的分子结构

时期，在 XABN-4F 分子的 ICT 过程中，不太可能发生大振幅运动，如氨基基团的全 90°扭曲。作者认为，在这个超短周期内，XABN-4F 分子的 ICT 过程中不太可能发生如氨基 90°完全扭曲的大振幅运动。XABN-4F 分子的 ICT 寿命（4～535ps）比乙腈中其相应的无氟对应物（DMABN 为 3～4ns）短得多。因此，他们假设由于氟取代而增加了内部转化过程，这可能会增强电子基态 CI 的可应用性。

Reguero 等人[52,62]从理论上研究了 ABN、DMABN 及其四氟衍生物，即 ABN-4F 和 DMABN-4F 的发射特性（图 2.9）。作者还考虑了其他作者提出的 πσ* 态存在的可能性，他们将其称为 ICT(CN) 态，作为负责 DMABN 的 ICT 发射的中间体。他们还考虑了这些分子中形成 pTICT 态的可能性。他们声称，要使这些分子的发射行为合理化，不仅需要激发态类型的相对能量，还需要了解连接它们的路径。由于无辐射失活与这些分子中的辐射过程（荧光）竞争，作者在解释这些分子的实验获得的发射行为时考虑了这些非辐射路径。据报道，DMABN 在非极性溶剂中主要表现为 LE 态的发射，其红移带的强度很低，来源于 ICT 类型。随着溶剂极性的增加，ICT 带变得更加突出，在极性溶剂中可以观察到 DMABN 的双重荧光。然而，ABN 在极性和非极性溶剂中都只显示出 LE 态的单一发射峰。相反，无论溶剂极性如何，ABN 和 DMABN 的四氟衍生物仅显示 ICT 发射，且未检测到 LE 带的迹象。这些结果表明，与未取代的衍生物相比，这些氟取代的衍生物的 CT 状态很容易被填充。作者使用后来总结的量子化学研究解释了这些结果（参见图 2.10 的图示）。作者首先考虑了 CT 过程中可能涉及的低洼态。他们的结果表明，LE 态是由位于环上的轨道的 ππ* 激发产生的。由于一个电子从氨基的孤对激发到醌和环的反醌反键，它们分别被称为 ICT(Q) 和 ICT(AQ)，有可能形成两种激发态。ICT(Q) 和 ICT(AQ) 状态的弛豫导致高能最小值，其中被研究的分子获得 PICT 结构。这个弛豫过程可以使分子达到低能最小值，其中氨基扭

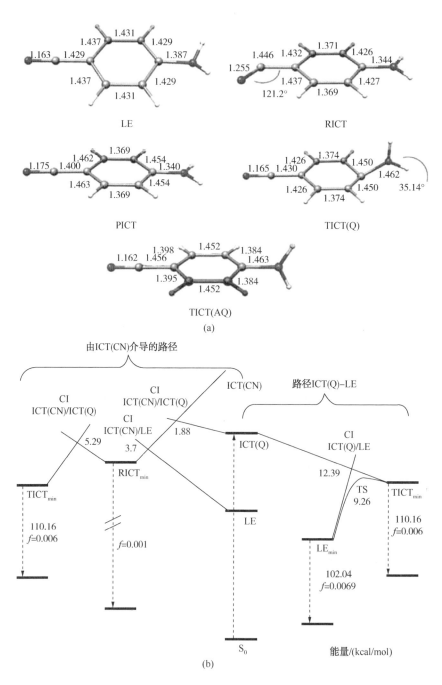

图 2.10 （a）ABN 最小激发态的优化结构，一些重要键长以 Å 为单位；（b）ABN 激发态
反应的示意图（相对能量）（Segado 等人 2016[52]，经英国皇家化学会许可转载）

曲，最后形成 TICT(Q)和 TICT(AQ)。作者发现，ICT(CN)态是由一个电子从氨基氮原子的孤对电子激发到氰基(—CN)的反键 π 轨道而形成的。这个过程导致了氮原子的再杂化，也导致了氰基的弯曲，这种状态被称为重杂化分子内电荷转移(RICT)态。在 ABN 中，激发使分子填充到 S_2-ICT(Q)态，吸收到具有 LE 特征的第一激发态也是可能的。作者发现，LE、TICT(Q)和 RICT 状态对应于最低激发态(S_1)PES 的最小值。作者考虑了激发的 ABN 从 S_2-ICT(Q)态失活的三种途径，即 S_2-ICT(Q)到 LE 路径，由 ICT(CN)类型介导的路径和 S_2-ICT(Q)到 S_2-ICT(AQ)路径。他们的研究结果表明，在 ABN 以及其他正在研究的分子中，ICT(AQ)态的能量高于 ICT(Q)态。因此，他们放弃了这一途径。作者发现，ABN、ABN-4F、DMABN 和 DMABN-4F 的 TICT(Q)和 RICT 类型之间的能量差分别为 5.5kcal/mol、14.5kcal/mol、22.7kcal/mol 和 40kcal/mol。由于 ICT(CN)介导路径的概率取决于 TICT(Q)和 RICT 态之间的能量差，因此从能量差异中可以明显看出，ABN-4F 情况下，采用该路径的可能性很低，且在 DMABN 和 DMABN-4F 中则非常低。尽管如此，作者还是考虑了这种途径来证实他们的假设。作者发现，在(S_2)PES 中，虽然最可能的过程是弛豫到 PICT 状态，但它会通过 CI 衰减到 S_1 表面。分子可以采取两种可能的途径——它可以继续处于 S_1-ICT(Q)态，或者最有可能的是进行内部转换到 S_1-LE 态。在 LE 表面，它可以填充引起辐射衰变(正常发射)的 LE 最小值，或者通过 S_1/S_0 CI 进行内部转换。为了提供内部转换过程，需要一些活化能，而分子只有在高温下才能获得。这就解释了高温下发射量子产率降低的原因。在 ABN 中，LE 类型比 TICT 类型更稳定，比 10kcal/mol 多一点。LE 类型的振子强度也大于 TICT 类型的振子强度。

这种分子(ABN)无辐射失活的势垒也很大，这使得其在中等温度下无法进行内部转换。因此，作者认为 LE 最小值是 ABN 中最可能的失活通道。作者考虑的另一种可能性是初始激发的 ICT(Q)态与 ICT(CN)表面形成交叉，尽管这种可能性较小。如果这一过程发生，它将最终填充 RICT 最小值。作者指出，如果在热力学和动力学上有利，RICT 最小值将迅速演化为 LE 最小值。他们还声称，在极性介质中，ICT(Q)和 ICT(CN)态将趋于稳定；但 LE 最小值将继续成为最稳定的类型，导致只有 LE 类型的发射。

在 DMABN[62]中，作者发现 LE 和 TICT 类型在能量上几乎相似，与 PICT 相比，该分子中的 TICT 结构是稳定的。由于 LE 态和 TICT 态之间的 CI 沿着扭曲坐标运行，并且连接这些类型的绝热路径势垒很低，因此这两个最小值都可以有利地填充。在气相中，LE 态的发射概率远大于 ICT 态。然而，在极性溶剂中，由于 TICT 态比 LE 态的偶极矩更高而相对更稳定，并且可以预期 DMABN 的双重发射具有更高的 ICT 发射强度。

在 ABN-4F[62]中，LE 最小值的能量略低于 TICT 类型（图 2.11）。当初始光激发将分子引入 ICT/LE CI 并沿两种状态弛豫时，两种状态都将被填充，尽管在热力学上有利于 LE 类型的形成。作者发现，该分子在 TICT 最小值（0.007）中的 ICT 态比在 LE 最小值（0.003）中的 LE 态，失活到基态的振子强度更高，并且可以从 LE 结构获得无辐射失活路径。因此，尽管在热力学上有利于 LE 最小值的分布，但在气相中该分子只观察到低强度的 ICT 发射。

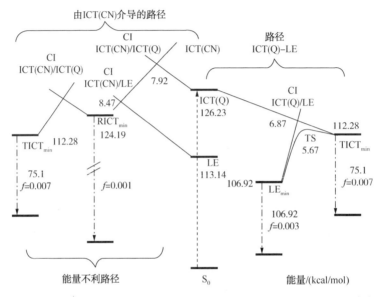

图 2.11　ABN-4F 的激发态反应示意图（相对能量）（Segado 等人 2016[62]，经英国皇家化学会许可转载）

对于 DMABN-4F[62]，发现 ICT 态是 FC 几何结构中能量最低的激发态。据报道，LE 态和 ICT 态之间的 CI 特征与 DMABN 相同。初始激发填充 ICT（Q）态，最后松弛到 TICT 最小值。虽然 LE 表面几乎随着 ICT 沿着反应路径退化，但 LE 最小值通过非辐射路径失活，导致 ICT 态出现单一发射峰。

2.3.2　一些常用有机分子中的 ICT

迄今为止，许多供体-受体（D-A）型分子已被报道显示出双荧光[64-66]。许多实验研究和理论计算被用来研究在这些分子中 ICT 的作用机理。D-A 或 D-π-A 型分子，其中 π 为间隔基团，如苯、二苯乙烯、乙烯等[1,67-69]，电子通过这些分子发生转移是研究 ICT 过程的热门选择，因为它们在长距离信号处理和传输、荧光传感器、有机半导体、NLO 特性等方面都有应用（详见第 6 章）。Lehn 及其同事[69]使用吸收和发射光谱研究了几种"推拉"多烯和类胡萝卜素的 ICT 过程（图 2.12）。通过将供体和受体单元锚定在多烯链两端获得分子中的快速 ICT 过程，对于设计用于长距离信号处理和传递的分子器件非常重要。这些分子中的 ICT 过程可以通过改变供体和受体的强度以及介质的性质来调节，并且可以将 ICT 发射推向近红外区域[69]。

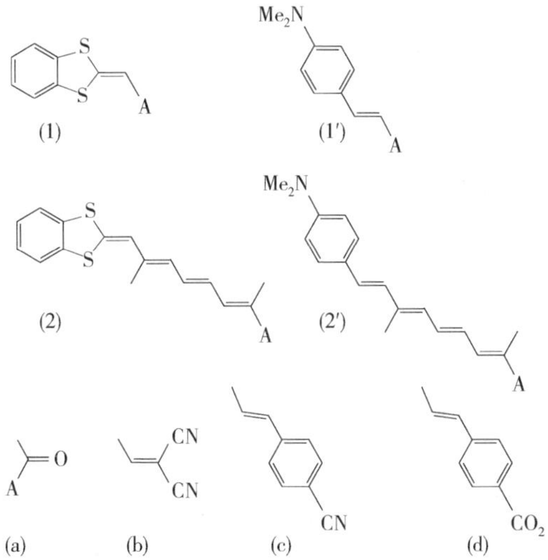

图 2.12　Lehn 和同事研究的多烯和类胡萝卜素的一些供体(1-2 和 1′-2′)和受体(a~d)单位(Slama-Schwok 等人 1990[69]，经美国化学会许可转载)

Gofman[70]研究了罗丹明衍生物的 ICT 过程，随后 Sun 及其同事[71]也对其进行了研究。在这类分子中，罗丹明 B(图 2.13)和罗丹明 6G 在科学界非常受欢迎，被用于研究这些分子中的 CT 过程。Maroncelli 和同事[72]利用稳态光谱技术，研究了一些(烷基氨基)-苯甲腈的 ICT 过程，这些分子的结构与 ABN 非常相似。这些分子是 4-(1-氮杂环丁烯基)-苯甲腈[P4C]、4-(1-吡咯烷基)-苯甲腈[P5C]和 4-(1-哌啶基)-苯甲腈[P6C]。尽管这些化合物在结构上与 ABN 非常相似，但它们在中等极性溶剂中表现出双重发射，而 ABN 即使在极性溶剂中也只表现出 LE 态的发射[73]。P4C、P5C 和 P6C 的结构如图 2.13 所示。

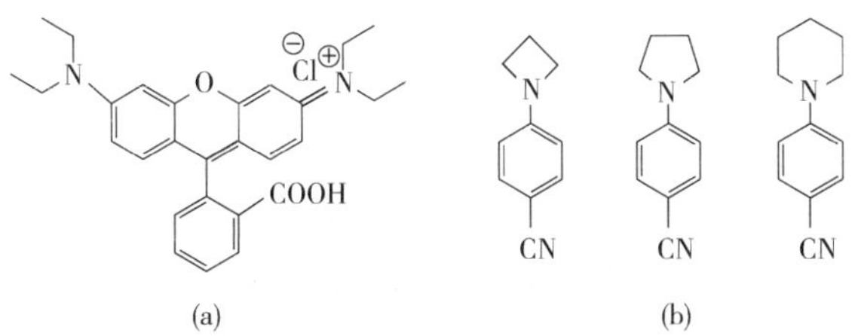

图 2.13　(a)罗丹明 B 的化学结构和(b)P4C、P5C 和 P6C 的结构

据报道，1,2-苯并吡喃酮染料，也称为香豆素染料[74-77]，是研究 ICT 过程的另一类有机分子。在文献中可以找到一些关于这些分子中介质对 ICT 过程影响

研究的例子。溶剂极性和/或氢键对其中一些分子的 ICT 过程的影响在第 4 章中讨论。在这类分子中，对 C152、C153 和 C481 的研究非常广泛。Pal 及其同事报告了介质(温度和溶剂)对 C152 和 C481 染料的影响[76]。C152、C153 和 C481 的结构如图 2.14 所示。

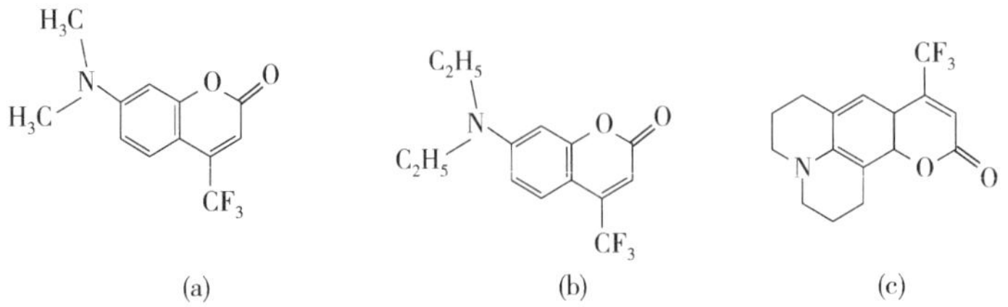

图 2.14　C152、C153 和 C481 的结构

近来，噁嗪分子[7,78]家族的分子作为 ICT 探针备受关注。Han 和同事[7]利用光谱方法和理论工具研究了氢键和介质的极性对噁嗪 750(图 2.15)光物理的影响。

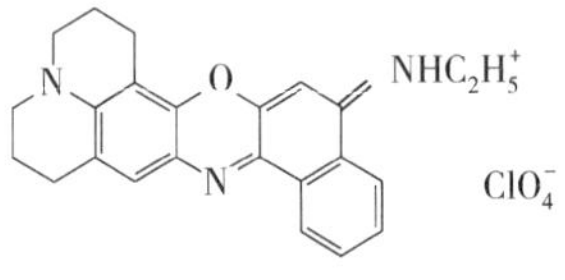

图 2.15　噁嗪 750 的结构

热激活延迟荧光(TADF)工艺因其在低成本产生白光方面的潜在应用而引起科学界的关注。为了设计用于 OLED 的高效红色 TADF 发射器，分子必须具有较大的荧光速率，并且最低单重态和最低三重激发态之间的能量差应较低[79]。Adachi 和同事[80]报道了一种含有吩噻嗪(PTZ)作为电子供体单元和 2,4,6-三苯基-1,3,5-三嗪(TRZ)作为电子受体单元的材料的双重发射。首字母缩写为 PTZ-TRZ(图 2.16)，这种新型 ICT 分子在基态下存在两种形式，由于 TRZ 单元的畸变，在最低单重态和最低三重激发态之间具有不同的能隙。Ghosh 及其同事[81]研究了以 PTZ 核为电子供体、以噁唑为电子受体的供体-受体型分子的 ICT 过程(图 2.16)。

利用甲基和苯甲醚供体基团改变了电子供体强度。他们的目的是利用零扭曲的 D-A 系统来减少暗 TICT 发射。Yang 和同事[82]研究了以 PTZ 为供体、AnP 为受体，通过不同分子结构连接的三种分子的 CT 过程。将蒽分别引入 PTZ 的 10 位(PTZ-10-AnP)和 3 位(PTZ-3-AnP)(图 2.16)。将苯基插入 PTZ 的 10 位和蒽之间，放入 PTZ-10-AnP 中，得到 PTZ-10P-AnP。他们报告说，D-A 单元和扭转角之间的距离决定了这些分子 CT 状态的能量。通过综合实验和理论研究，Zhu 等人[83]报道了几种四氢螺旋烯基酰亚胺(THHBI)染料的 ICT 过程(图 2.17)。在这些分子中，基态到激发态的偶极矩的大幅增加归因于从给电子基团到螺旋酰亚胺的 ICT 过程。他们的时间分辨 TA 光谱研究表明，具有较强供体的染料(THHBI-PhNPh₂)在极性溶剂中通过快速激发态 ICT 弛豫形成溶剂稳定的 ICT 态。具有相对较弱的供体基团的染料，即 THHBI-Ph、THHBI-PhCF₃ 和 THHBI-PhOMe 对溶剂极性的依赖性要小得多，并且从初始激发态到三重态都能观察到 ICT。

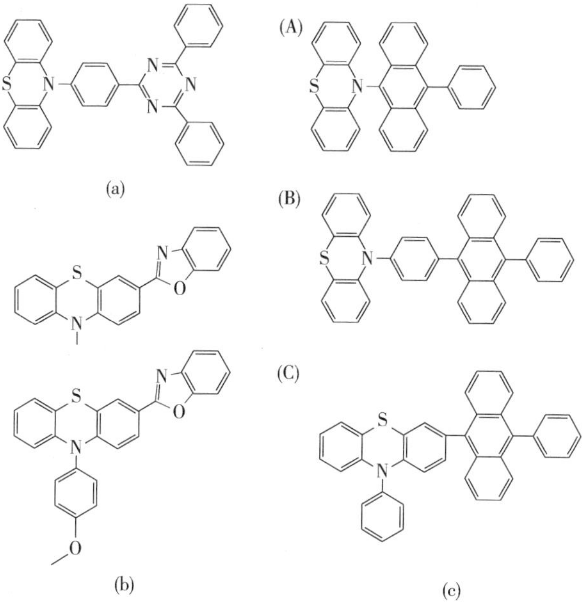

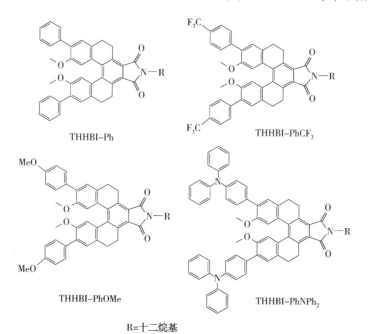

图 2.16 （a）PTZ-TRZ 的结构；（b）Ghosh 和同事研究的吩噻嗪核心电子供体和噁唑受体
分子和（c）PTZ-10-AnP（A）、PTZ-10P-AnP（B）和 PTZ-3-AnP（C）的结构

THHBI-Ph

THHBI-PhCF$_3$

THHBI-PhOMe

THHBI-PhNPh$_2$

R＝十二烷基

图 2.17　THHBI-Ph，THHBI-PhCF$_3$，THHBI-PhOMe 和 THHBI-PhNPh$_2$ 的结构

（Zhu 等人 2016[83]，经自然出版集团许可转载）

Wolf 及其同事[84]研究了以蒽为供体单元和含硫受体基团的 D-A 和 D-A-D 型分子的 CT 过程(图 2.18)。他们的研究结果表明,硫原子的氧化状态会影响这些分子的 CT 过程。

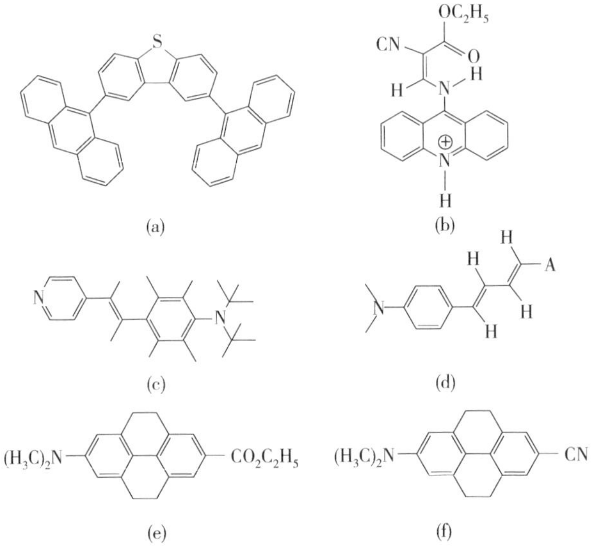

图 2.18 (a)Wolf、(b)Pereira、(c)Saha 等人研究的分子结构;(d)Jana 等人研究的 DMAPPDE 分子(A=—CN、—CO₂Et 和—CO₂H)和(e)和(f)由 Gopidas 及其同事研究的四氢芘衍生物

Saha 及其同事[85]研究了反式-4-[4′-(N,N′二甲基氨基)苯乙烯]吡啶分子的 ICT 过程(图 2.18)。他们的理论计算预测了供体基团相对于受体基团的扭曲,导致 TICT 态的形成。通过量子化学计算也预测到激发态的偶极矩与基态有较大的变化,并通过实验结果进一步得到支持。

Jana 等人[86]报道了 5-(4-二甲氨基苯基)-5-2,4-二烯酸乙酯(DMAPPDE)的 ICT 过程。在极性溶剂中观察到这些分子的双发射(图 2.18),这归因于激发态中形成的 LE 态和 ICT 态。受体强度的变化会影响这些分子的吸收和发射光谱分布。Gopidas 和同事[87]研究了四氢芘衍生物(图 2.18)的 ICT 过程。他们的研究揭示了 CT 类型的平面性质。这些分子的吸收和发射特性依赖于 pH 值,使它们成为 pH 传感应用的潜在候选者。同一研究小组还通过实验研究了供体-受体取代的乙烯基四氢芘衍生物的 ICT 过程[88]。这些分子的激发态结构取决于介质的性质。使用稳态和时间分辨光谱研究结合理论计算,Kim 和同事[89]研究了大量中间取代基对中间二芳氨基亚卟啉 ICT 过程的影响。Carlotti 等人[90]报道了三种阳离子 D-π-A 型分子的 ICT 过程,其中二甲基氨基用作供体,甲基吡啶或喹啉基团用作受体(图 2.19)。他们使用乙烯或丁二烯基团作为中间基团。通过时间分辨 TA 光谱研究揭示了这些分子中 ICT 态的形成。

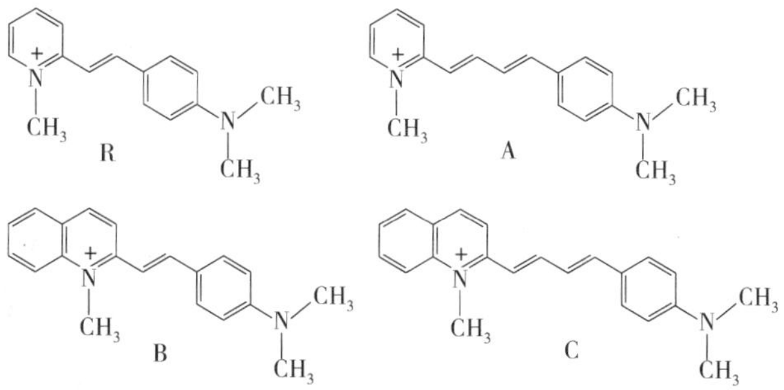

图 2.19　Carlotti 等人研究的分子(A~C)的结构，以及参考分子(R)
(Carlotti 等人 2015[90]，经 John Wiley & Sons 授权转载)

Pereira 等人[91]通过稳态和时间分辨发射光谱，研究了 9-氨基吖啶衍生物中的 ICT 过程，该衍生物由 9-氨基吖啶和乙基-2-氰基-3-乙氧基丙烯酸酯(图 2.20)反应得到。这种分子在基态和激发态中以烯醇和酮形式可逆地出现。该分子的发射是复杂的，被分配给吖啶生色团的 LE 态以及激发时形成的 ICT 类型。

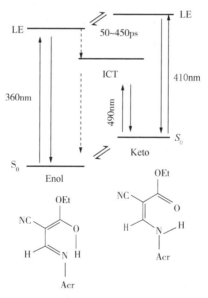

图 2.20　9AAECA 的典型电子能量图；酮-烯醇平衡和激发态过程。吸收波长以 nm 为单位报告。Acr 代表吖啶(Pereira 等人 2005[91]，经美国化学会许可转载)

由两个供体单元和一个受体单元组成的供体-受体-供体(D-A-D)生色团中的 ICT 最近非常流行。Lu 等人[92]研究了一系列对称的 D-A-D 发色团中的 ICT 过程，这些发色团以三苯胺(TPA)作为电子供体和几个吸电子基团，例如喹喔啉、苯并[g]喹喔啉、吩嗪、苯并[b]吩嗪、噻吩并[3,4-b]吡嗪和噻吩并[3,4-b]喹喔啉作为电子受体。Toyota 及其同事[93]报道了一个 D-A-D 分子中的 ICT 过程，该分子有两个 TPA 基团连接到蒽二酰亚胺(ABI)基团的 9 位和 10 位(图 2.21)。利用供体和受体单元之间的乙炔连接物进一步扩展了 π–共轭网络。

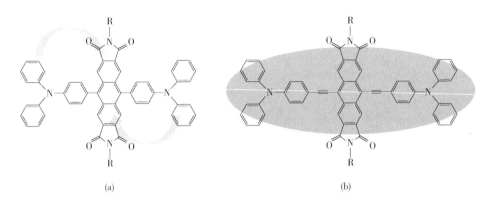

图 2.21 (a) Toyota 及其同事研究了 D-A-D 分子的 ICT 过程；(b) 在该分子中扩展的 π 共轭体系(版权所有© 2005 美国化学会，经 Iwanaga 等人许可改编[93])

Bai 等人[94]研究了两个分子中的 ICT 过程：一个具有不对称的 DA 结构，另一个具有对称的 DAD 结构(图 2.22)。他们的研究结果表明，DA 分子中由于激发引起的偶极矩增加要高于 DAD 分子中的偶极矩增加。作者使用 Lippert-Mataga 分析法(见第 4 章)来估计基态和激发态之间的偶极矩变化。结果表明，随着溶剂极性的增加，吸收最大值的变化很小，而发射最大值的变化很大。这两个结果的结合使他们得出结论，这些分子的偶极矩在激发态的变化比基态的变化大得多。

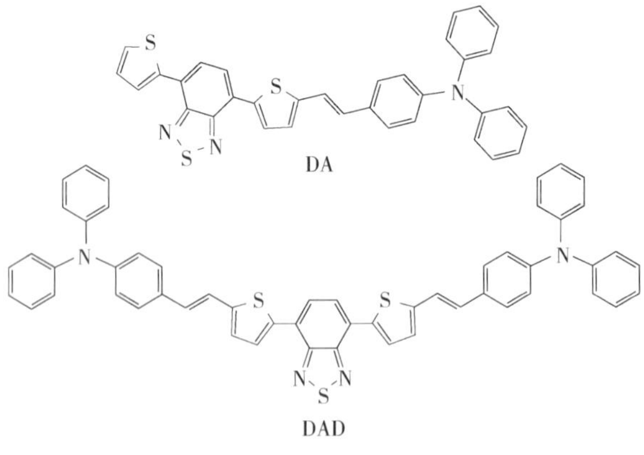

图 2.22 Bai 及其同事研究的 DA 和 DAD 分子的结构(Gong 等人 2007[94]，经美国化学会许可转载)

作者进行了飞秒荧光寿命测量，以了解这些 ICT 分子的溶剂化过程和动力学。他们的研究结果表明，DA 分子比 DAD 分子有更快的溶剂化时间，这对应于一个松弛的 ICT 状态。因此，他们得出结论，DA 分子在激发态下的电荷分布大于其 DAD 对应物。由于许多光伏器件的性能取决于发色团的推拉能力，因此在这些器件中，不对称的 DA 发色团有望优于对称的 DAD 发色团。

ICT 过程大多是在冷凝相中研究的。文献中报道了一些关于气相中 CT 的理论研究，但这方面的实验研究很少[56-59,95,96]。Scalmani 及其同事[97]利用含时密度泛函理论(TDDFT)计算研究了两种 ICT 分子，即 PNA 和 DMABN 的激发态行为。他们还将其气相结果与在溶液相中得到的结果进行了比较。Zachariasse 和同事[95]利用荧光激发光谱研究了喷气冷却的 4-(二异丙氨基)苯甲腈[DIABN]中的气相 CT 过程。Weinkauf 等人报道了肽阳离子中的气相 CT 过程[96]。他们利用共振紫外双光子电离光谱研究表明，在这个系统中，CT 是通过一个跨键过程发生的。第 4 章总结了一些关于固态 ICT 过程的研究。

2.4 ICT 态的结构：扭曲与否?

从上一节的讨论中可以明显看出，关于 ICT 发射态结构的争论依然活跃。由 Grabowski 和同事提出的 TICT 模型似乎是激发态中最合理的结构[1,43]，尽管其有效性受到了一些研究[12]的质疑，引入了 PICT 模型。Domcke 和同事为 DMABN 的双发射提出了一种不同的机制，称为 RICT 机制。利用他们的理论计算，他们声称与 DMABN 的—NMe₂基团扭曲不同，—CN 基团弯曲以获得与所谓 TICT 态相等的能量。对 DMABN 的实验研究[98-100]无法证实 RICT 态的形成，而证实 RICT 态形成的研究也不多。正如 PICT 模型所宣称的那样，一些理论和实验研究驳斥了 CT 机制中形成扭曲激发态的必要性。例如，Yoshihara 等人[101]通过实验研究了 N-苯基吡咯(PP)及其平面类似物氟苯吡咯(FPP)中的 ICT 过程。他们表明，在 FPP 中，CT 与在其柔性对应物 PP 中一样，在几 ps 内就发生了(图 2.23)。这与 TICT 态的观点相悖，由此提出了相关分子的 PICT 态。

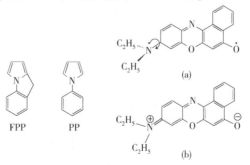

图 2.23 左图为 FPP 和 PP 的结构，右图为(a)TICT 和(b)PICT 形式的尼罗红

文献报道中有一些理论研究声称，分子的 CT 态不一定是扭曲的[54,102,103]。例如，Adamo 和同事[103]利用 TDDFT 理论，考虑到溶剂效应，研究了 ICT 分子尼罗红(图 2.23)中双荧光的来源。他们利用长程 CAM-B3LYP 泛函研究预测，尼罗红中的双重荧光是由于强活性的振动耦合产生的，并且支持 PICT 机制。使用 B3LYP 泛函显示支持 TICT 机理，但他们发现这是计算假象造成的。

Robb 和同事[54]利用 CASSCF 级理论来理解 ABN 和 DMABN 的 ICT 机制。他们的研究认为，这些分子的电荷转移状态不需要扭曲。Haas 及其同事[102]研究了 DMABN 和其他一些苯衍生物的 ICT 过程，并得出结论，分子的 ICT 状态总是不需要扭曲的，因为分子的平面 ICT 状态可以具有比 LE 状态更低的能量，从而促进该分子中的 CT 过程。具有弱相互作用的供体和受体生色团的分子间复合物 E(A^-D^+)的能量用半经验 Weller 方程计算，如式 2.8 所示[104]。该方程在正己烷中有效，也适用于电子解耦的 A 和 D 亚基，它可以用于 TICT 的背景下，因为在 TICT 模型中，供体和受体亚基处于垂直构象中(例如，在 DMABN 中)，导致供体和受体基团的电子解耦[105]。

$$E(A^-D^+) = E\left(\frac{D}{D^+}\right) - E\left(\frac{A^-}{A}\right) + 0.15 \pm 0.10 \text{eV} \qquad (2.8)$$

其中 $E(D/D^+)$ 和 $E(A^-/A)$ 分别为氧化电位和还原电位。通过比较 $E(A^-D^+)$ 的实验值与氧化还原电位 $E(D/D^+)$ 和 $E(A^-/A)$ 的差值，确定因子为 0.15。Zachariasse 等人[105]根据实验中 $ET(\Delta H)$ 反应的焓差确定了 $E(A^-D^+)$ 的值，无论是从激发的供体($^1D^*$)或激发的受体($^1A^*$)到室温下正己烷中的(A^-D^+)，因此

$$E(A^-D^+) = E(S_1) + \Delta H \qquad (2.9)$$

$E(S_1)$ 是第一激发态的 $^1A^*$ 或 $^1D^*$ 的能量。

对 ICT 分子的初步研究表明，TICT 态的形成是由溶质-溶剂的偶极相互作用驱动的，因为 TICT 态在极性溶剂中比其在非极性溶剂中偶极矩更高且更加稳定。所以，如果该说法为真，一个在极性溶剂中 TICT 态和 PICT 态之间偶极矩有很大差异的分子，在激发态下会容易扭曲。这也说明 TICT 态的 CT 范围大，供体和受体之间的距离比 PICT 态下的距离更大。这一理论并不具有普遍性，因为五氰基-N,N-二甲基苯胺(PCDMA)即使在极性溶剂(乙腈)中也没有显示任何 ICT 的迹象，即使它的受体比 DMABN 的受体强[105]。PCDMA 的五氰基部分具有比 DMABN 的苯甲腈基团高得多的电子亲和力。所以，根据 TICT 模型(公式 2.8)，PCDMA 的 ICT 态的能量应该低于 DMABN。因此，PCDMA 中没有 ICT，这就令人对 TICT 态的形成产生了怀疑。对其他几种分子的 ICT 研究，如，6-丙酰基-2-(二甲基氨基)萘(PRODAN)[106]、平面喹喔啉衍生物[107]、4-N,N-二甲基氨基-4′-氰基联苯(DMABC)[95]等，已经证明拉长受体可以阻止 TICT 的形成。

从而得出结论，在共轭途径较短的分子中是有利于 TICT 形成的，例如一个

芳香环。Zhong 最近的一篇报告提出[108]，TICT 态或 PICT 态的形成可以用以下三个参数来解释：能隙、空穴-电子相互作用和激发态弛豫。笔者提出，松弛的第一激发态的能量(E_{s_1})可以用下式表示：

$$E_{s_1} = E_G + E_{Gap} + E_{he} + E_R \qquad (2.10)$$

在这个表达式中，E_G 是分子在基态下的能量，E_{Gap} 代表在基态几何结构下计算的最高占用分子轨道-最低未占用分子轨道（HOMO-LUMO）能隙，E_{he} 是空穴-电子相互作用的能量，E_R 是激发态的弛豫能量。利用公式(2.10)，TICT 和 PICT 状态的能量差(ΔE^{T-P})可表示如下。

$$\Delta E^{T-P} = \Delta E_G^{T-P} + \Delta E_{Gap}^{T-P} + \Delta E_{he}^{T-P} + \Delta E_R^{T-P} \qquad (2.11)$$

ΔE^{T-P} 值为负时，预示着 TICT 态的形成，而 ΔE^{T-P} 为正时，则有利于 PICT 态的形成。当供体的 HOMO 与受体的 LUMO 之间的能量间隙很小时，我们可以预测它们之间存在强相互作用，这种相互作用又增加了平面构象的能隙，有利于 TICT 构型的形成(图 2.24)。这个模型涉及几个近似值，在使用公式(2.11)预测激发态几何结构时需要谨慎，并建议对几个已知分子进行比较研究。Zhong[108]也认为在预测激发态几何结构时需要考虑计算中基组的影响，因为使用错误的基组可能导致错误的结果。例如，使用 B3LYP 和 BLYP 泛函一般倾向于预测 TICT 态。一般来说，具有较少 Hartree-Fock（HF）交换泛函有利于 TICT 态而不是 PICT 态。

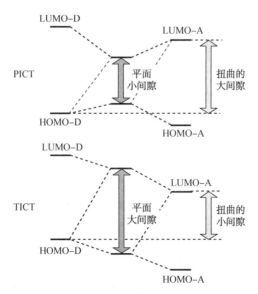

图 2.24　关于前线分子轨道相互作用如何决定扭曲态或平面态能隙的概念表示
（Zhong 等人 2015[108]，经皇家化学会授权转载）

2.5　跨空间电荷转移

　　跨空间 CT 可以定义为同一分子中从供体到受体部分的 CT，而不是相互共轭。虽然有一些关于分子间跨空间 CT 过程的研究报道，但关于分子内跨空间 CT 的报道却很少[109,110]。分子间跨空间 CT 决定了许多 π 堆积分子体系的特性[109]。最近，Zhu 等人[110] 报道了几种四芴衍生物的分子内跨空间 CT 和可调谐双发射（图 2.25）。

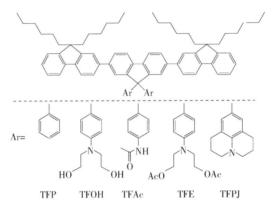

图 2.25　四芴分子的结构(Zhu 等人 2010[110]，经皇家化学会许可转载)

2.6　无机复合物中的电荷转移

　　过去几十年来，科学界一直在研究金属复合物中的光诱导 ET 过程[111]。研究这些复合物中的 CT 过程的主要动力是开发一种用于太阳能转换和化学储能的人工光合作用系统。这些分子中的 CT 过程可以通过直接的光跃迁，也可以通过氧化剂或还原剂的电子激发发生激发态 ET 来促进。自然光合作用是通过光诱导的 ET 反应发生的，其中叶绿素是关键化合物。因此，要制备人工光合作用系统，需要了解 ET 过程。对金属复合物中 CT 的研究为实现这一目标提供了机会。与有机分子一样，金属复合物中的 ET 过程也可分为分子内过程和分子间过程。电子供体(D)和电子受体(A)之间的电子耦合很重要，因为弱电子耦合一般会导致整个电子从供体转移到受体，而 D 和 A 单元之间的强耦合则会导致从供体到受体的部分电子离域。在某些情况下，原生光诱导 ET 之后会发生反向 ET，以回到初始状态；而在另一些情况下，可能会发生二次反应，导致形成稳定的光产物。已经使用几种稳态和时间分辨光谱技术进行了这些反应的光物理学性质研究。

　　直接光学 CT 是由于金属中心与称为氧化还原位点的配体之间的电子相互作

用而发生的[111]。此过程可分为几类。金属到配体电荷转移(MLCT)和配体到金属电荷转移(LMCT)是其中研究最多的，而有一些研究则致力于探索金属到金属电荷转移(MMCT)、配体到配体电荷转移(LLCT)和配体内电荷转移(ILCT)过程。像 MnO_4^- 和 CrO_4^- 这样的氧化金属的颜色是由于 LMCT 过程产生的，否则，由于金属中心的 d^0 电子，人们可能会认为它们的化合物是无色的。在一些情况下，当金属被还原且配体具有空轨道时，MLCT 可以发生。在像 $Fe^{II}(CN)_6^{4-}$ 这样的 Fe^{II} 复合物中 MLCT 会发生，而在大多数的 Fe^{III} 复合物中预计会发生 LMCT。除了直接的光学 CT 之外，光氧化还原过程还可以在激发态下发生。当复合物中的发色团被激发时，会发生这种激发态 ET，随后会改变其还原或氧化强度。例如，在 $[Co^{III}(NH_3)_5O_2CR]^{2+}$ 中，R 可以是 1,2-萘、4-苯乙烯、4-联苯等，供体和受体之间的电子耦合很弱。在这些化合物中，激发态 ET 从 R 基团的单重态($\pi\pi^*$)到 Co^{III} 中心[111]。这一过程促进了荧光淬灭，这是 ET 过程的一个标志。由于受激芳香基团是强还原剂，而 Co^{III} 胺是弱氧化剂，因此这些化合物中发生了激发态 CT。

为了应对全球变暖和由于使用化石燃料引起的气候变化，科学界找到了一些清洁、可利用和丰富的替代能源。受大自然的启发，研究人员正试图创造可以有效用于将太阳能转化为化学能的人工光合作用系统[112]。一个典型的人工光合作用系统包括一个由多个发色团组成的天线系统，将光能转化为电子能，一个反应中心和多 ET 催化剂[112]。天线的作用是收集光能，并通过一系列的能量转移过程将光能输送到一个特定的子单元，称为能量阱。反应中心由能量阱以及一些电子供体和受体(EDA)子单元组成。EDA 子单元与能量阱耦合，以便在产生 CS 状态的反应中心发生一系列光诱导电子转移(PET)。因此，反应中心将电子能转换为氧化还原能。据报道，设计人工光合系统的主要挑战之一是构建具有光诱导的长寿命 CS 态的分子组装体[113]。激发的 CS 态对应于光瞬时转化为可用于储存的能量或发电的电化学势。催化剂收集驱动多重 ET 过程的空穴和电子，产生化学能。所以，利用这些多步骤过程，可以从低能量含量的材料中制备高能量含量的化学品(称为燃料)。通过水分解产生分子氢和氧就是这种工艺的一个重要例子。有一些报告研究了无机配合物中的 PET 过程[112-115]。本章总结了其中一些具有代表性的例子，而其他一些例子可以在第 3 章中找到。

Campagna 及其同事研究了几种线性排列的供体-桥-受体(D-B-A)二元组的 PET 过程[114]。他们报道了 D-B-A 二元体系中的合成和 PET，其中 Ru(Ⅱ)或 Os(Ⅱ)双(过吡啶)作为光活化电子供体，联苯或苯乙炔片段作为中间基团(或桥)，扩展的(双)吡啶亚基作为电子受体。他们报告说，用单苯取代联苯桥可能有利于 CS 态的形成。他们得出的结论是，与联苯对应物相比，单亚苯中间基团的电子供给性质不太明显，允许在导致形成 CS 态的光诱导过程是氧化 ET 过程的情况下，规避电荷重组(CR)过程的桥辅助机制。

同一研究组报告了几个分子二元体中的 ET 过程[115]，其中钌（Ⅱ）或锇（Ⅱ）-双（三联吡啶）亚基作为生色团，扩展吡啶亚基作为电子受体（图2.26）。

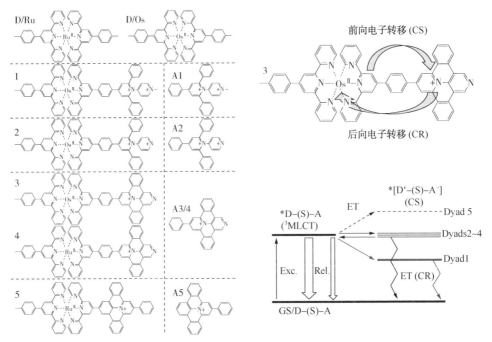

图2.26　Fortage 等人研究的分子染料（1~5）的结构及其模型化合物。供体（D）和受体（A）单元也被显示出来（左图）。右上图为前向电子转移（电荷分离）和后向电子转移（电荷重新组合）过程。右下图为对偶体（1~5）中的能级示意图，其中 GS 为基态，Exc. 和 Rel. 分别为激发、弛豫过程，ET 为电子转移过程（Fortage 等人 2013[115]，经美国化学会授权转载）

在这些二元组中，使用了一个单苯基团作为中间基团。他们设计了这些二元组，使 PET 的驱动力几乎为零。也就是说，从最初获得 MLCT 激发态到产生 [D⁺-S-A⁻]CT 态之间的驱动力接近于零。他们已经报道，在二元组 1（图2.26）中，正向 PET 和随后的 CR 过程发生的时间常数分别约为 7ps 和 5ps。二元组2~4中，其三重态 MLCT 和 CS 态的能量接近，预计这两种态之间会发生激发态平衡。在二元组 5 中，PET 是热力学禁止的，三重态 MLCT 是该二元组的最低激发态。因此，一旦在光激发二元组 5 后形成 MLCT，其会直接衰变为基态。在研究上述二元组的氧化还原行为时，作者发现所有这些二元组都经历了一个可逆的单电子氧化过程，以及几个在某些情况下是双电子的可逆还原过程。他们将单电子氧化归因于金属中心过程，将还原归因于配体中心过程。他们研究了室温下二元组 2~5 在乙腈中以及在 77K 下形成的丁腈刚性基质中（图2.26）的发光。对于基于 Os（Ⅱ）的二元组，他们发现二元组 2~5 的发射最大值在室温溶液和 77K 下相对于模型物种（D/Os）略有红移。基于 Ru（Ⅱ）的二元组中的红移大于基于 Os（Ⅱ）

的二元组中的红移。二元组 1 中没有室温发射。他们将这些二元组的发射分配给相应二元组的三重 MLCT 状态。在 77K 时，含锇物质的发光寿命在 2~3μs 范围内，而含钌物质的发光寿命在 10~15μs 范围内。这些值接近其相应的模型物种，表明相对于模型二元组中已经存在的二元组，在 77K 处的这些二元组中没有发生新的衰变过程。在室温下，二元组 2 和 3 的发射量子产率和寿命相对于其模型二元组显著降低，而含钌二元组的发射量子产率和寿命增加。与模型化合物（D/Os）相比，二元组 1~3 的发射光谱中出现了微小的浴致变色偏移，这归因于扩展吡啶亚基的存在而引起的 MLCT 态扰动。

作者用以下公式计算了这些分子中光诱导 CT 的驱动力（ΔG_{ET}^0）：

$$\Delta G_{ET}^0 = (* E_{ox} - E_{red}) + W \tag{2.12}$$

$$* E_{ox} = E_{ox} - E^{00} \tag{2.13}$$

其中，$* E_{ox}$ 是激发态下发色团电子供体的氧化电位，E_{ox} 是供体基态的氧化电位，用单电子能表示，单位为 eV。E^{00} 为激发态能量（MLCT），E_{red} 代表受体的还原电位。公式 2.12 中的 W（称为功项）是反应物和产物的库仑稳定能之差。功项的作用是略微降低驱动力，因此常常被忽略。

作者使用泵浦探针 TA 光谱法研究了这些分子中的 PET 过程。他们将二元组 1~4 在 500~550nm 范围内的 TA 增长，以及还原的三联吡啶片段在 550~700nm 范围内相关的吸收减少归因于 CS 状态的形成。这种瞬态光谱通过 CR 过程直接衰减到基态。他们的结果还表明，CS 态是由这些二元组中最初制备的 MLCT 态形成的。在二元组 5 中，ET 不能发生，因为这个过程在这个二元组中是内吸能的。与二元组 1~4 不同，这一点从没有显示任何时间演化的 TA 测量中得到了证实。事实上，松弛 MLCT 在超过 3.2ns 的时间尺度上直接衰减到基态。基于 Os(Ⅱ) 和 Ru(Ⅱ) 的二元组 2~4 中的不完全淬灭或增强的以供体为中心的发射，分别与其模型化合物有关，表明这些二元组中的 CS 和 CR 过程与二元组 1 中的有所不同。作者认为，在二元组 2~4 中 MLCT 和 CS 状态的能级如此接近，以至于这些态之间很可能发生热平衡。这种平衡需要从 CS 态到 MLCT 态的反向 ET，比从 CR 态到基态的反向 ET 快。他们还发现，在这些二元组中观察到的 CS 态形成的速率常数并不是单独的正向 ET 过程的速率常数，而是正向 ET 和反向 ET 过程的总和。所以，很明显，二元组 2~4 的 MLCT 态的量子产率和寿命取决于平衡态之间的平衡比。

Adamo 及其同事[113]通过理论方法研究了几种钌和锇聚酰胺（图 2.27）中的 PET 过程，以获取有助于设计长寿命 CS 态的有效二元组。特别开发的光化学分子器件（称为多联体）通常是由与光敏单元（P）相连的供电子（D）单元和/或受电子（A）单元组成。这些体系在超分子化学的框架内被称为"多组分体系"，其中 D、A 和 P 单元即使连接在一起，也有望保持其功能特性（电子性质）。这些单元一般按照 D-P-A 序列线性排列，一般通过共价键、饱和键、氢键等连接在一起。通过激发成为主供体的 P 单元，可以产生一连串的 ICT，形成 *[D⁺-P-A⁻] 态，称为 CS 态。由于主要目标之一是设计有效的二元组来获得长寿命 CS 状态，因此需要设计一种策略来延迟 CR 过程。在 D-P-A 二元组中，P 的金属阳离子(M)允许微调聚阴离子的电子和电化学性质。作者使用的 [4'-(对-苯基)]三吡啶配体(ptpy)与三苯基吡啶型(H₃TP⁺)电子受体衍生的 Ru(Ⅱ)和 Os(Ⅱ)配合物，满足获得长寿命 CS 态的两个主要标准——线性(棒状)形状和可控的整体结构。作者研究了二元系统(P1A/M)及其模型化合物(A 和 P1/M)的基态性质，其"天然"以及还原形式。他们的结果表明，在单电子还原上，P1 和 A 单元之间的共轭增加。他们的研究结果还表明，在 P1A/Os 中，光诱导的分子内和/或直接光学 ET 导致了 CS 态。他们还考虑了通过经典的逐步 PET 可以达到一个假设 CS 状态的形成。为了产生长寿命 CS 态，并克服残余组分间共轭造成的缺点，他们设想了几种合成方法，包括增加组分间原子键周围的空间位阻，可能导致几何解耦，增加受体的吸电子强度，并设计能够通过长程电子跳跃延迟 CR(反向 ET)的氧化还原级联。

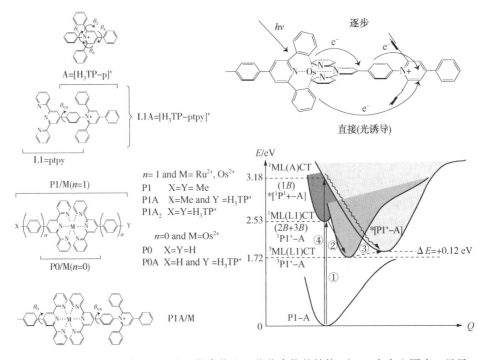

图 2.27　Adamo 和同事研究的有机化合物和配位化合物的结构(左)。在右上图中，显示了直接和逐步电子转移过程的机理，右下图为这两种途径的势能图(Ciofini 等人 2004[113]，经美国化学会授权转载)

2.7　生物分子中的电子传输

ET 过程在许多生物过程中起着核心作用，包括光合作用和呼吸等能量转换过程[2,3]。Zigmantas 及其同事[116]最近的研究表明，多甲藻黄素–叶绿素–蛋白质（PCP）复合物中的类胡萝卜素–叶绿素能量转移涉及 ICT 状态。作者利用飞秒 TA 光谱技术探索了含有高取代类胡萝卜素多甲藻黄素 PCP 复合物中的能量转移途径。在光合作用系统中，类胡萝卜素具有捕光触角的功能，并在吸收能量的流动中发挥调节作用。类胡萝卜素将吸收的光子能量转移到叶绿素或叶绿素细菌分子上，这些分子将能量输送到发生电荷分离的反应中心[117]。一般来说，类胡萝卜素在可见光谱蓝绿色区域的吸收是由强烈允许的 $S_0(1Ag^-)$ 态向 $S_2(1Bu^+)$ 态转变引起的[116]，并且类胡萝卜素的 S_2 态和 S_1 态的发射与叶绿素或细菌叶绿素的 Q_y 和 Q_x 波段有很好的重叠（图 2.28）。作者提到早先的研究[118,119]表明，多甲藻黄素的最低激发态的寿命强烈依赖于溶剂极性——寿命随溶剂极性的增加而减少。他们将这一行为归因于激发态多甲藻黄素的 ICT。

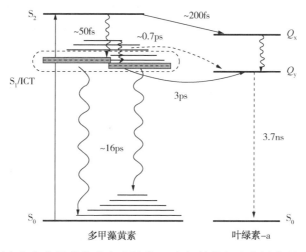

图 2.28　PCP 复合物中多甲藻黄素和叶绿素–a 之间的能级和能量传递途径示意图。在 535nm 处的激发显示为双箭头。波浪形箭头和虚线箭头分别代表分子内弛豫过程和长寿命的叶绿素–a 荧光。能量传输通道显示为实心箭头（S_2 至 Q_x 通道，25%；S_1/ICT 至 Q_y 通道，63%），而可能的次要能量转移通道涉及 S_1/ICT 态的更高振动能级，用虚线表示。还显示了上述过程的相应时间常数（Zigmantas 等人 2002[116]，经美国国家科学院批准转载）

Zigmantas 等人[116]发现，多甲藻黄素的最低激发 ICT 状态可提高 PCP 复合物中的能量转移效率。因此，作者还指出，该复合物中的能量转移过程可以利用介质的极性进行调整。他们提出，极性很高或极性很低的介质可能不利于能量转移过程，而极性平衡的介质可以使能量转移效率达到最大。ET 反应还可以介导几种酶催化的化学转化。ET 蛋白利用氧化-还原化学作用将电子从供体部位转移到受体部位，在细胞能量的运输和利用中起着重要作用。如蓝铜蛋白 Azurin 是一种单铜蛋白，在许多细菌的能量转换系统中起着电子载体的作用[120]。Azurin 中的分子内 ET 反应已被采用多种方法进行了广泛研究[121]。例如，采用脉冲放射裂解技术研究了二硫基(RSSR—)与 Cu(Ⅱ)中心之间的 ET 过程，并借助于闪光淬灭技术研究了其中一个被 Ru 标记的组氨酸与 Cu(Ⅱ)中心之间的 ET。ET 蛋白的活性中心，如 Azurin，一般都含有过渡金属离子。烟酰胺、黄素和腺嘌呤二核苷酸(NAD)等辅因子的存在也促进了蛋白质中的 ET 过程。关于利用脉冲电解法在含铜和含铁蛋白质中进行 ET 过程的综述可参见参考文献[122]。最近，Ichiye 及其同事利用分子动力学模拟研究了[4Fe-4S]铁氧化还原蛋白(一种铁硫 ET 蛋白)中的分子内 ET 过程[123]。为了尽量减少溶剂在蛋白质 ET 中的作用，研究了固态下电子传输特性。Cahen 及其同事[124]总结了几种蛋白质中的电子传输过程，并将它们与有机分子进行了比较。一般来说，蛋白质是比饱和的有机分子更好的导体，而相对于共轭分子来说，蛋白质是较差的导体。辅因子的存在增强了蛋白质的导电性。作者提到，在高温下，传导是通过跳跃和在低于 150~200K 的低温下通过隧道发生的。有兴趣的读者可以仔细阅读 Cahen 及其同事报道的蛋白质中的分子内 ET 和电子传递过程[125]。

参 考 文 献

1 Grabowski, Z.R., Rotkiewicz, K., and Rettig, W. (2003) *Chem. Rev.*, **103**, 3899.

2 Closs, G.L. and Miller, J.R. (1988) *Science*, **240**, 440.

3 Barbara, P.F., Walker, G.C., and Smith, T.P. (1992) *Science*, **256**, 975.

4 Sedghi, G., Sawada, K., Esdaile, L.J., Hoffmann, M., Anderson, H.L., Bethell, D., Haiss, W., Higgins, S.J., and Nichols, R.J. (2008) *J. Am. Chem. Soc.*, **130**, 8582.

5 Kobori, Y., Yamauchi, S., Akiyama, K., Tero-Kubota, S., Imahori, H., Fukuzumi, S., and Norris, J.R. (2005) *Proc. Natl. Acad. Sci. U.S.A.*, **102**, 10017.

6 Li, G., Josowicz, M., Janata, J., and Semancik, S. (2004) *Appl. Phys. Lett.*, **85**, 1187.

7 Zhao, G.-J., Liu, J.Y., Zhou, L.-C., and Han, K.-L. (2007) *J. Phys. Chem. B*, **111**, 8940.

8 Bulheller, B.M., Miles, A.J., Wallace, B.A., and Hirst, J.D. (2008) *J. Phys. Chem. B*, **112**, 1866.

9 Arzhantsev, S., Zachariasse, K.A., and Maroncelli, M. (2006) *J. Phys. Chem. A*, **110**, 3454.

10 Cao, X., Tolbert, R.W., McHale, J.L., and Edwards, W.D. (1998) *J. Phys. Chem. A*, **102**, 2739.

11 Thar, J., Zahn, S., and Kirchner, B. (2008) *J. Phys. Chem. B*, **112**, 1456.

12 Zachariasse, K.A. (2000) *Chem. Phys. Lett.*, **320**, 8.

13 Rettig, W., Bliss, B., and Dirnberger, K. (1999) *Chem. Phys. Lett.*, **305**, 8.

14 Akemann, W., Laage, D., Plaza, P., Martin, M.M., and Blanchard-Desce, M. (2008) *J. Phys. Chem. B*, **112**, 358.

15 Zilberg, S. and Haas, Y. (2002) *J. Phys. Chem. A*, **106**, 1.

16 Sasaki, S., Drummen, G.P.C., and Konishi, G. (2016) *J. Mater. Chem. C*, **4**, 2731.

17 Edvinsson, T., Li, C., Pschirer, N., Schoneboom, J., Eickenmeyer, F., Sens, R., Boschloo, G., Herrmann, A., Mullen, K., and Hagfeldt, A. (2007) *J. Phys. Chem. A*, **111**, 15137.

18 Zyss, J., Ledoux, I., Volkov, S., Chernyak, V., Mukamel, S., Bartholomew, G.P., and Bazan, G.C. (2000) *J. Am. Chem. Soc.*, **122**, 11956.

19 Xu, J., Liu, X., Lu, J., Zhu, M., Huang, C., Zhou, W., Yin, X., Liu, H., Li, Y., and Ye, J. (2008) *Langmuir*, **24**, 4231.

20 Lehn, J.M. (1999) *Angew. Chem. Int. Ed.*, **29**, 1304.

21 Zyss, J., Ledoux, I., Volkov, S., Chernyak, V., Mukamel, S., Bartholomew, G.P., and Bazan, G.C. (2000) *J. Am. Chem. Soc.*, **122**, 61195.

22 Tsiperman, E., Regev, T., Becker, J.Y., Bernstein, J., Ellern, A., KhodorKovsky, V., Shames, A., and Shapiro, L. (1999) *Chem. Commun.*, 1125.

23 Hill, W.T. and Lee, C.H. (2008) *Light-Matter Interaction: Atoms and Molecules in External Fields and Nonlinear Optics*, John Wiley & Sons, Inc.

24 Turro, N.J., Ramamurthy, V., and Scaiano, J.C. (2010) *Modern Molecular Photochemistry of Organic Molecules*, University Science Books.

25 Birks, J.B. (1970) *Photophysics of Aromatic Molecules*, Wiley Interscience.

26 Birks, J.B. (1975) *Organic Molecular Photophysics*, vol. **2**, John Wiley & Sons, Ltd.

27 Turro, N.J. (1991) *Modern Molecular Photochemistry*, University Science Books.

28 Lakowicz, J.R. (2006) *Principles of Fluorescence Spectroscopy*, 3rd edn, Springer, New York.

29 Chang, C.-W. and Mycek, M.A. (2012) Quantitative molecular imaging in living cell via FLIM, in *Reviews in Fluorescence 2010* (ed. C.D. Geddes), Springer.

30 Geddes, C.D. (2001) *Meas. Sci. Technol.*, **12**, R53.

31 Lin, C., Wu, K., Sa, R., Mang, C., Liu, P., and Zhuang, B. (2002) *Chem. Phys. Lett.*, **363**, 343.

32 Poisson, L., Roubin, P., Coussan, S., Soep, B., and Mestdagh, J.-A. (2008) *J. Am. Chem. Soc.*, **130**, 2974.

33 Mitra, S., Das, R., Bhattacharyya, S.P., and Mukherjee, S. (1997) *J. Phys. Chem. A*, **101**, 293.

34 Misra, R., Mandal, A., and Bhattacharyya, S.P. (2011) *J. Phys. Chem. A*, **115**, 11840.

35 Druzhinin, S.I., Mayer, P., Stalke, D., von Bulow, R., Noltemeyer, M., and Zachariasse, K.A. (2010) *J. Am. Chem. Soc.*, **132**, 7730.

36 Pal, B.K., Samanta, A., and Guchhait, N. (2010) *J. Phys. Chem. B*, **114**, 6183.

37 Cornelissen-Gude, C. and Rettig, W. (1998) *J. Phys. Chem. A*, **102**, 7754.

38 Forster, T. (1939) *Z. Elektrochem. Angew. Phys. Chem.*, **45**, 571.

39 Wagner, N.L., Greco, J.A., Enriquez, M.M., Frank, H.A., and Birge, R.R. (2013) *Biophys. J.*, **104**, 1314.

40 Saha, S.K., Purkayastha, P., and Das, A.B. (2007) *J. Photochem. Photobiol. C*, **8**, 109.

41 Stsiapura, V.I., Maskevich, A.A., Kuzmitsky, V.A., Turoverov, K.K., and Kunetsova, I.M. (2007) *J. Phys. Chem. A*, **111**, 4829.

42 Soujanya, T., Fesseanden, R.W., and Samanta, A. (1996) *J. Phys. Chem.*, **100**, 3507.

43 Rettig, W. (1986) *Angew. Chem. Int. Ed. Engl.*, **25**, 971.

44 Haidekker, M.A., Brady, T.P., Lichlyter, D., and Theodorakis, E.A. (2005) *Bioorg. Chem.*, **33**, 415.

45 Kwok, W.M., Ma, C., George, M.W., Grills, D.C., Matousek, P., Parker, A.W., Phillips, D., Toner, W.T., and Towrie, M. (2007) *Photochem. Photobiol. Sci.*, **6**, 987.

46 Gómez, I. *et al.* (2015) *J. Phys. Chem. A*, **119**, 1983–1995.

47 Schuddeboom, W., Jonker, S.A., Warman, J.H., Leinhos, U., Kunhle, W., and Zachariasse, K.A. (1992) *J. Phys. Chem.*, **96**, 10809.

48 Zachariasse, K.A., Von Der Haar, T., Hebecker, A., Leinhos, U., and Kunhle, W. (1993) *Pure Appl. Chem.*, **65**, 1745.

49 Sobolewski, A.L. and Domcke, W. (1996) *Chem. Phys. Lett.*, **259**, 119.

50 Gustavsson, T., Coto, P.B., Serrano-Andres, L., Fujiwara, T., and Lim, E.C. (2009) *J. Chem. Phys.*, **131**, 031101.

51 Perveaux, A., Castro, P.J., Lauvergnat, D., Reguero, M., and Lasorne, B. (2015) *J. Phys. Chem. Lett.*, **6**, 1316.

52 Segado, M., Gomez, I., and Reguero, M. (2016) *Phys. Chem. Chem. Phys.*, **18**, 6861.

53 Druzhinin, S.I., Ernsting, N.P., Kovalenko, S.A., Perez Lustres, L., Senyushkina, T.A., and Zachariasse, K.A. (2006) *J. Phys. Chem. A*, **110**, 2955.

54 Gomez, I., Reguero, M., Boggio-Pasqua, M., and Robb, M.A. (2005) *J. Am. Chem. Soc.*, **127**, 7119.

55 Ramos, R., Fujiwars, T., Zgierski, M.Z., and Lim, E.C. (2005) *J. Phys. Chem. A*, **109**, 7121.

56 Fuβ, W., Schmid, W.E., Pushpa, K.K., Trushin, S.A., and Yatsuhashi, T. (2007) *Phys. Chem. Chem. Phys.*, **9**, 1151.

57 Fuβ, W., Pushpa, K.K., Rettig, W., Schmid, W.E., and Trushin, S.A. (2002) *Photochem. Photobiol. Sci.*, **1**, 255.

58 Trushin, S.A., Yatsuhashi, T., Fuβ, W., and Schmid, W.E. (2003) *Chem. Phys. Lett.*, **376**, 282.

59 Yatsuhashi, T., Trushin, S.A., Fuβ, W., Rettig, W., Schmid, W.E., and Zilberg, S. (2004) *Chem. Phys.*, **296**, 1.

60 Zachariasse, K.A., Druzhinin, S.I., Bosch, W., and Machinek, R. (2004) *J. Am. Chem. Soc.*, **126**, 1705.

61 Coto, P.B., Serrano-Andrés, L., Gustavsson, T., Fujiwara, T., and Lim, E.C. (2011) *Phys. Chem. Chem. Phys.*, **13**, 15182.

62 Segado, M., Mercier, Y., Gomez, I., and Reguero, M. (2016) *Phys. Chem. Chem. Phys.*, **18**, 6875.

63 Galievsky, V.A., Druzhinin, S.I., Demeter, A., Jiang, Y.B., Kovalenko, S.A., Lustres, L.P., Venugopal, K., Ernsting, N.P., Allonas, X., Noltemeyer, M., Machinek, R., and Zachariasse, K.A. (2005) *Chem. Phys. Chem.*, **6**, 2307.

64 Il'ichev, Y.V., Kühnle, W., and Zachariasse, K.A. (1998) *J. Phys. Chem. A*, **102**, 5670.

65 Demeter, A., Druzhinin, S., George, M., Haselbach, E., Roulin, J.-L., and Zachariasse, K.A. (2000) *Chem. Phys. Lett.*, **323**, 351.

66 Parusel, A.B.A., Kohler, G., and Grimme, S. (1998) *J. Phys. Chem. A*, **102**, 6297.

67 Mishra, A., Sahu, S., Tripathi, S., and Krishnamoorthy, G. (2014) *Photochem. Photobiol. Sci.*, **13**, 1476.

68 Nalwa, H.S. and Miyata, S. (1996) *Nonlinear Optics of Organic Molecules and Polymers*, CRC Press.

69 Slama-Schwok, A., Blanchard-Desce, M., and Lehn, J.-M. (1990) *J. Phys. Chem.*, **94**, 3894.

70 Gofman, I.A. (1970) *J. Appl. Spec.*, **12**, 798.

71 Liu, S., Wan, S., Chen, M., and Sun, M. (2008) *J. Raman Spectrosc.*, **39**, 1170.

72 Dahl, K., Biswas, R., Ito, N., and Maroncelli, M. (2005) *J. Phys. Chem. B*, **109**, 1563.

73 Zachariasse, K.A., Grobys, M., von der Haar, T., Hebecker, A., Il'ichev, Y.V., Jiang, Y.-B., Morawski, O., and Kuhnle, W. (1996) *J. Photochem. Photobiol. A*, **102**, 59.

74 Jones, G. II, Jackson, W.R., and Halpern, A.M. (1980) *Chem. Phys. Lett.*, **72**, 391.

75 Jones, G. II, Jackson, W.R., Choi, C.Y., and Bergmark, W.R. (1985) *J. Phys. Chem.*, **89**, 294.

76 Nad, S., Kumbhakar, M., and Pal, H. (2003) *J. Phys. Chem. A*, **107**, 4808.

77 Nath, S., Kumbhakar, M., and Pal, H. (2010) Effect of H-bonding on the photophysical behaviour of coumarin dyes, in *Hydrogen Bonding and Transfer in the Excited State*, vol. I & II (eds K.-L. Han and G.-J. Zhao), John Wiley & Sons, Ltd.

78 Vogel, M., Rettig, W., Fiedeldei, U., and Baumgartel, H. (1988) *Chem. Phys. Lett.*, **148**, 347.

79 Zhang, Q., Kuwabara, H., Potscavage, W.J., Huang, S., Hatae, Y., Shibata, T., and Adachi, C. (2004) *J. Am. Chem. Soc.*, **136**, 18070.

80 Tanaka, H., Shizu, K., Nakanotani, H., and Adachi, C. (2014) *J. Phys. Chem. C*, **118**, 15985.

81 Kumar, S., Singh, P., Kumar, P., Srivastava, R., Pal, S.K., and Ghosh, S. (2016) *J. Phys. Chem. C*, **120**, 12723.

82 Yao, L., Pan, Y., Tang, X., Bai, Q., Shen, F., Li, F., Lu, P., Yang, B., and Ma, Y. (2015) *J. Phys. Chem. C*, **119**, 17800.

83 Zhu, H., Li, M., Hu, J., Wang, X., Jie, J., Guo, Q., Chen, C., and Xia, A. (2016) *Sci. Rep.*, **4**, 24213.

84 Pahlavanlu, P., Christensen, P.R., Therrien, J.A., and Wolf, M.O. (2016) *J. Phys. Chem. C*, **120**, 70.

85 Sowmia, M., Tiwari, A.K., and Saha, S.K. (2011) *J. Photochem. Photobiol. A*, **218**, 76.

86 Jana, S., Dalapati, S., Ghosh, S., and Guchhait, N. (2013) *J. Photochem. Photobiol. A*, **261**, 31.

87 Sumalekshmy, S. and Gopidas, K.R. (2004) *J. Phys. Chem. B*, **108**, 3705.

88 Sumalekshmy, S. and Gopidas, K.R. (2005) *Photochem. Photobiol. Sci.*, **4**, 539.

89 Lee, S.-K., Kim, J.O., Shimizu, D., Osuka, A., and Kim, D. (2016) *J. Porphyrins Phthalocyanines*, **20**, 663.

90 Carlotti, B., Benassi, E., Barone, V., Consiglio, G., Elisei, F., Mazzoli, A., and Spalletti, A. (2015) *Chem. Phys. Chem.*, **16**, 1440.

91 Pereira, R.V., Ferreira, A.P.G., and Gehlen, M.H. (2005) *J. Phys. Chem. A*, **109**, 5978.

92 Lu, X., Fan, S., Wu, J., Jia, X., Wang, Z.S., and Zhou, G. (2014) *J. Org. Chem.*, **79**, 6480.

93 Iwanaga, T., Ogawa, M., Yamauchi, T., and Toyota, S. (2016) *J. Org. Chem.*, **81**, 4076.

94 Gong, Y., Guo, X., Wang, S., Su, H., Xia, A., He, Q., and Bai, F. (2007) *J. Phys. Chem. A*, **111**, 5806.

95 Daum, R., Druzhinin, S., Ernst, D., Rupp, L., Schroeder, J., and Zachariasse, K.A. (2001) *Chem. Phys. Lett.*, **341**, 272.

96 Weinkauf, R., Schanen, P., Metsala, A., Schlag, E.W., Bugrle, M., and Kessler, H. (1996) *J. Phys. Chem.*, **100**, 18567.

97 Scalmani, G., Frisch, M.J., Mennucci, B., Tomasi, J., Cammi, R., and Barone, V. (2006) *J. Chem. Phys.*, **124**, 094107.

98 Maus, M., Rettig, W., Bonafaux, D., and Lapouyade, R. (1999) *J. Phys. Chem.*, **103**, 3388.

99 Zachariasse, K.A., Grobys, M., and Tauer, E. (1997) *Chem. Phys. Lett.*, **274**, 372.

100 Chattopadhyay, N., Serpa, C., Perira, M.M., de Melo, J.S., Arnaut, L.G., and Formosinho, S.J. (2001) *J. Phys. Chem. A*, **105**, 10025.

101 Yoshihara, T., Druzhinin, S.I., and Zachariasse, K.A. (2004) *J. Am. Chem. Soc.*, **126**, 8535.

102 Cogan, S., Zilberg, S., and Haas, Y. (2006) *J. Am. Chem. Soc.*, **128**, 3335.

103 Guido, C.A., Mennucci, B., Jacquemin, D., and Adamo, C. (2010) *Phys. Chem. Chem. Phys.*, **12**, 8016.

104 Weller, A.Z. (1982) *Phys. Chem.*, **133**, 93.

105 Zachariasse, K.A., Druzhinin, S.I., Galievsky, V.A., Demeter, A., Allonas, X., Kovalenko, S.A., and Senyushkina, T.A. (2010) *J. Phys. Chem. A*, **114**, 13031.

106 Everett, R.K., Nguyen, A.A., and Abelt, C.J. (2010) *J. Phys. Chem. A*, **114**, 4946.

107 Czerwieniec, R., Herbich, J., Kapturkiewicz, A., and Nowacki, J. (2000) *Chem. Phys. Lett.*, **325**, 589.

108 Zhong, C. (2015) *Phys. Chem. Chem. Phys.*, **17**, 9248.

109 Figueira-Duarte, T.M., Lloveras, V., Vidal-Gancedo, J., Gegout, A., Delavaux-Nicot, B., Welter, R., Veciana, J., Rovira, C., and Nierengarten, J.-F. (2007) *Chem. Commun.*, 4345.

110 Zhu, L., Zhong, C., Liu, Z., Yang, C., and Qin, J. (2010) *Chem. Commun.*, 6666.

111 Vogler, A. and Kunkely, H. (1992) Light induced electron transfer of metal complexes, in *Electron Transfer in Chemistry and Biology* (eds A. Muller *et al*), Elsevier.

112 Arrigo, A., Santoro, A., Puntoriero, F., Laine, P.P., and Campagna, S. (2015) *Chem. Soc. Rev.*, **304**, 109.

113 Ciofini, I., Laine, P.P., Bedioui, F., and Adamo, C. (2004) *J. Am. Chem. Soc.*, **126**, 10763.

114 Fortage, J., Puntoriero, F., Tuyeras, F., Dupeyre, G., Arrigo, A., Ciofini, I., Laine, P.P., and Campagna, S. (2012) *Inorg. Chem.*, **51**, 5342.

115 Fortage, J., Dupeyre, G., Tuyeras, F., Marvaud, V., Ochsenbein, P., Ciofini, I., Hromadova, M., Pospisil, L., Arrigo, A., Trovato, E., Puntoriero, F., Laine, P.P., and Campagna, S. (2013) *Inorg. Chem.*, **52**, 11944.

116 Zigmantas, D., Hiller, R.G., Sundstrom, V., and Polivka, T. (2002) *Proc. Natl. Acad. Sci. U.S.A.*, **99**, 16760.

117 Frank, H.A. and Cogdell, R.J. (1996) *Photochem. Photobiol.*, **63**, 257.

118 Bautista, J.A., Connors, R.E., Raju, B.B., Hiller, R.G., Sharpless, F.P., Gosztola, D., Wasuelewski, M.R., and Frank, H.A. (1999) *J. Phys. Chem. B*, **103**, 8751.

119 Zigmantas, D., Polivka, T., Yartsev, A., Hiller, R.G., and Sundstrom, V. (2001) *J. Phys. Chem. A*, **105**, 10296.

120 Amdursky, N., Precht, I., Sheves, M., and Cahen, D. (2013) *Proc. Natl. Acad. Sci. U.S.A.*, **110**, 507.

121 Zhao, J.W., Davis, J.J., Sansom, M.S.P., and Hung, A. (2004) *J. Am. Chem. Soc.*, **126**, 5601.

122 Farver, O. and Pecht, I. (2007) *Prog. Inorg. Chem.*, **55**, 1.

123 Tan, M.-L., Dolan, E.A., and Ichiye, T. (2004) *J. Phys. Chem. B*, **108**, 20435.

124 Amdursky, N., Marchak, D., Sepunaru, L., Precht, I., Sheves, M., and Cahen, D. (2014) *Adv. Mater.*, **26**, 7142.

125 Bostick, C.D., Mukhopadhyay, S., Precht, I., Sheves, M., Cahen, D., and Lederman, D. (2017) *ArXiv*, arXiv:1702.05028.

3 研究 ICT 过程的新理论和实验技术

3.1 简介

分子内电荷转移(ICT)是有机分子受光激发后在激发态下能量和化学转化的主要弛豫模式之一。在光激发之前，分子处于最低能量构型或基态电子的核排列，其中作用于每个原子的净力为零，整个电子和原子核系统保持平衡。在 ICT 分子中，光激发通常以候选分子内电子密度的广泛再分配为标志，这往往会在激发态中产生很大的偶极矩(远大于基态偶极矩)。电子电荷密度的大规模再分配改变了作用在不同原子上的力，迫使分子呈现出一种新的构型，在该构型下，作用在每个原子上的净力再次变为零。因此，松弛的激发态几何结构可能与基态分子几何结构有很大的不同。我们必须注意到，电子跃迁发生得相当迅速，而质量更大的原子核移动得很慢，并在一段时间后(以皮秒为单位)呈现出新的构型。如果采用能量势垒将分子的两种构型分开，即初始激发态[Franck-Condon(FC)态]和能量松弛态，那么从一种形式到另一种形式的传递可以被视为速率过程或化学反应，其动力学是由势垒的高度和位置等因素决定的。如果 ICT 分子不是在气相和孤立的状态下，而是浸泡在极性介质(溶剂)中，则处于电荷分离状态的分子的大偶极矩可能会通过宏观溶剂极化导致松弛 ICT 状态的进一步稳定。因此，根据势垒高度和位置、温度以及与溶剂稳定相互作用的强度，至少从理论上讲，ICT 分子可以显示两种发射——一种来自未松弛的激发态(正常或短波长发射)，另一种来自松弛的 ICT 状态(长波长的 ICT 发射)。当然，从未松弛到松弛激发态的弛豫速度必须足够快，以与 ICT 分子初始激发态通过发射辐射失活的正常模式相竞争。我们可能期望在其中看到"双发射"的一类分子，包括一个供体基团和一个受体基团在其两端由一个移动的 π 电子网络连接的分子(见图 3.1 中的 I 和 II 作为可能的候选分子的示例)。

事实上，Lippert 等人[1-3]首次在 DMABN 中观察到了双发射现象，比如图 3.1 中显示的一个简单的 II 型 ICT 分子，D =—N(CH$_3$)$_2$，A =—CN。

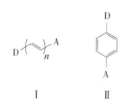

图 3.1 两种代表性的 ICT 分子：
(Ⅰ)线性聚烯和
(Ⅱ)芳香族供体–受体分子

DMABN 在室温下显示出两条荧光带——苯衍生物的正常荧光带和能量低得多的异常 ICT 带。异常或所谓的 ICT 发射的起源争论了很久，Grabowski 等人提出了对其发生的最可接受的(显然)和合理的解释[4]。

他们的观点是，在被称为局部激发(LE)态的激发电子态中，—N(CH₃)₂基团在环平面外扭曲 90°。通过解耦两个相互作用的 π 系统来稳定电荷分离态(ICT态)，这一观点引起了该领域研究人员的兴趣，并被称为 DMABN 及相关分子双发射的扭曲分子内电荷转移(TICT)理论。其基本思想是存在两种激发态，即 LE 态和 ICT 态，后者具有高偶极矩，因此在极性介质中具有较大的稳定能量，以此构成了双发射的双态理论，尽管这一理论与 DMABN 没有直接关系。难怪人们进行了许多计算研究来确认或否定基本的两态模型。这些计算研究的重点集中在以下几个方面：

(1)扭曲是唯一重要的松弛模式，还是有其他同样重要的模式(如果不是更重要的模式)塑造 ICT 动态？

(2)是否只有两个或两个以上的状态参与 ICT 状态形成和电荷转移(CT)动态？

(3)溶剂或介质在 ICT 现象中起什么作用？宏观溶剂极化是赋予 ICT 态增强稳定性的主要过程，还是 ICT 态与溶剂分子的特定溶剂化(例如，激发态的氢键)对该现象具有同等重要的影响？

除了这些问题(通过气相或溶液中的详细计算来寻求答案)，还研究了与 ICT 现象有关的几个理论问题。其中一个涉及光诱导 ICT 状态和分子电导与电化学 ICT 速率和分子电导之间的联系，假设在光诱导 ICT 过程(在 D-π-A 系统中)和电化学电荷传输器中，相同的桥接单元(移动 π-电子网络或导管)介导电荷从供体(D)传输到受体(A)，其中 D 和 A 分别被金属电极取代(M-π-M 系统)。该领域的理论发展使我们对参与一系列现象的 ICT 分子中观察到的远距离 CT 过程的基本性质和机制有了更深入的了解。与 ICT 现象有关的第三个重要理论研究领域集中在 CT 过程的电磁(EM)后果。

如果电荷(电子)确实通过桥接单元从供体移动到受体，并被加速，麦克斯韦理论要求移动的电荷发出适当波长的电磁辐射。如果这种辐射确实发生，并且可以被检测到，那么即使系统(D-π-A)处于真空状态，也可以利用它直接了解 ICT 过程。如果被加速的电荷确实发出了辐射，它就成为直接了解和监测 ICT 动态的探针。事实证明，这样的过程确实发生了，并导致了 ICT 状态的所谓"太赫兹"(THz)光谱的发展。还有其他一些理论方面的问题，其中有两个值得关注，并在此简要介绍一下。让我们首先回顾一下关于 ICT 分子的计算研究以及从中得出的图景。该领域的早期理论工作已经过批判性检验，我们把这两篇权威性的评论推荐给读者作为参考。当然我们更注重当代研究，以了解当下的趋势。

3.2　ICT 的计算研究

初步计算研究[5,6]了 DMABN 的能级作为扭转坐标（ICT"反应"的反应坐标）的函数，结合实验结果构建了 DMABN 的近似的基态和激发态势能面（PESs），如图 3.2 所示。

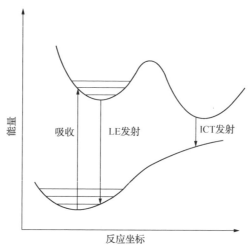

图 3.2　显示分子内电荷转移过程的势能图

PES 的结构证实了所提出的 ICT 荧光的基本双态模型，尽管它受到批评[7]，理由是 DMABN 在气相中不显示双荧光，而需要在极性介质中才会表现出来。值得注意的是，可以通过在溶剂的反应场中进行计算来解释极性宏观溶剂化，并且溶剂改性的 PES 也证实了 TICT 在 DMABN 和相关荧光团中的两态模型的基本有效性。Sobolewski 和 Domcke[8]对一系列苯甲腈分子进行了系统的理论研究，发现了一个略有不同的模型，包括 DMABN 在 Hartree-Fock（HF）下的组态相互作用（CI）以及相对于 HF 的单激发态（单组态相互作用 CIS）。完全活性空间自洽场（CASSCF），CASPT2—多组态二阶微扰理论—以 CASSCF 波函数为参考函数。ICT 态的几何优化预测了所有氨基苯甲腈、ABN 以及在具有一个弯曲—C≡N 基团的 DMABN 的平面结构[8]。作者认为，电子电荷从供体流向受体（—C≡N）π-体系使腈碳原子上的价电子发生再杂化（sp 到 sp^2），从而使—CN 部分发生弯曲。根据作者的说法，正是这种腈功能的弯曲而不是氨基功能的扭曲，才是稳定 ICT 状态的原因。事实证明，这些分子中的 LE 态具有很强的单重态 $\pi\pi^*$ 特征，而 ICT 状态具有占主导地位的 $\pi\sigma^*$ 性质。它们属于 C_s 点群的两种不同的不可约表示。当沿着—CN 弯曲坐标进行检查时，它们的势能曲线预计会交叉。在—NH_2 的扭转或金字塔化产生的平面外畸变下，这两个状态可能会发生耦合，随着 PESs 的多维锥形交叉点的出现，交叉变成了避免交叉。这些理论研究并没有考虑到极性介质的作用，实验表明，极性介质对于观察 DMABN 的(除正常发射外)强红移 ICT 发射至关重要。奇怪的是，Sobolewki 和 Domcke 提出的理论模型与 Rettig 早期提出的 DMABN 圆锥相交模型非常相似[3]，只是弯曲和扭转的作用是相反的。

后来，同一作者在同一水平上进行了从头算电子结构计算[9]，以表征苯乙炔 (BE)、4-氨基苯乙炔(ABE)和 4-二甲氨基苯乙炔(DMABE)中的 ICT 过程。CT 态的全几何优化预测 BE、ABE 和 DMABE 的最低激发态是具有反式弯曲乙烯基团的平面结构。乙炔基团的弯曲似乎可以显著稳定 BE 系列所有上述分子的 CT 状态，其根源在于电子电荷密度转移到乙炔受体基团所触发的乙炔基碳原子的再杂化。更重要的是，作者发现，在 CASPT2 水平上计算的 LE 和弛豫激发态的相对能量可以预测 ABE 中激发态 CT 过程的放热，即使考虑到孤立的气相分子也是如此。这一观察结果与众所周知的 DMABN 形成了鲜明对比，即除非分子与足够极性的环境相互作用，否则不会产生 ICT 发射。因此，ABE 在理论上被预测为用于实验观察光诱导双发射(LE+ICT)的探针，即使在没有极性溶剂分子参与的气相情况下也是如此。这一说法被 Zachariasse 等人根据他们的实验结论予以否定[10]。实验发现[11]，对二甲氨基苄中的 LE 态在极性较低的环境中发生系统间交叉(ISC)，是最主要的非辐射失活方式，而在极性较高的介质中 $[E_T(30) \geqslant 44]$，进入非荧光 CT 态是主要的非辐射失活方式，"理论-实验"的争议最终得到解决。因此，理论上在气相中观察到的 DMABE 中 ICT 形成过程的放热不能保证双重发射。

Daum 等人[12]分析了 4-(二异丙氨基)苯甲腈(DIABN)和相关化合物的气相荧光激发光谱，并确定它们仅从 ICT 状态发射。也就是说，在气相中不存在双重发射。看起来 ICT 状态的形成速度很快，并且可以作为一个有效的失活通道，完全阻止 LE 发射。在这种情况下 DMABN 只从 LE 态发射。Zachariasse 等人[13,14]提出了一种平面分子内电荷转移(PICT)模型，其中假设 ICT 态具有平面构型，而理论上认为 LE 态保留了基态(GS)中供体(二甲胺)基团的一部分金字塔结构。在 PICT 模型中，两个相邻的激发态 S_1 和 $S_2(S_2 > S_1)$ 之间的能隙 $\Delta E(S_1, S_2)$，在 ICT 态形成的动力学中起着至关重要的作用。较低的能隙 $[小 \Delta E(S_1, S_2)]$ 有利于 ICT 态的快速形成。因此，DIABN 在烃类(烷烃)溶剂中表现出双重发射，但在气相中却没有。另外，DMABN 仅在这种情况下以及在气相中从 LE 态发射。在 DMABN 中，气相和在烃类溶剂中的 $\Delta E(S_1, S_2)$ 都较高，抑制了 ICT 态的形成，阻断了双重发射。DIABN 的 $\Delta E(S_1, S_2)$ 在气相中要低得多，有利于气相中快速形成 ICT 态，因此只允许 ICT 发射。在碳氢化合物溶剂中，DIABN 中的 $\Delta E(S_1, S_2)$ 间隙略高，因此 LE 的发射不能完全消除。与 DMABN 相比，DIABN

中的二异丙氨基体积更大，从而弱化了 N 原子的金字塔形，防止了扭曲。

光诱导 ICT 状态形成的动力学是 ICT 分子的一个重要特征，必须清楚地了解这一特征，一方面是为了将太阳能有效地应用于技术目的，另一方面是为了利用植物中食物生产的光合作用过程。将太阳能转化为电势能或化学能的主要步骤是光诱导能量转移或 CT。为了充分利用光转换过程，必须清楚地了解涉及正向和反向 CT 的主要步骤的细节。关于 ICT 状态演变的一个重要问题是，光吸收或释放的核动力是否有利于形成较少或较多共轭结构（我们已经目睹了 DMABN 和相关分子中 TICT 与 PICT 的争论）。联苯和 D-A 联苯提供了强耦合供体和受体系统中核动力学演化的有趣例子（图 3.3）[15]。在未取代的联苯中，我们可以完全忽略 D-A 相互作用。溶液中联苯的 $GS(S_0)$ 具有环内扭曲角 ϕ 为 15°~45°，意味着这是一个非平面结构。在第一激发态（S_1），分子呈平面结构。已经确定 S_1 态是一个短轴 ^1L_a 态，具有相当低的辐射（荧光）衰减率（$K_f 0.01ns^{-1}$）。一系列 D-A 取代的联苯（Ⅰ~Ⅲ；图 3.3）的稳态和时间分辨荧光光谱，辅以 ϕ-依赖的 CNDO/S 计算，似乎表明第一个激发单重态（$^1S_1$）是 ^1L_a 类型的 ICT 单重态，本质上是发射的。

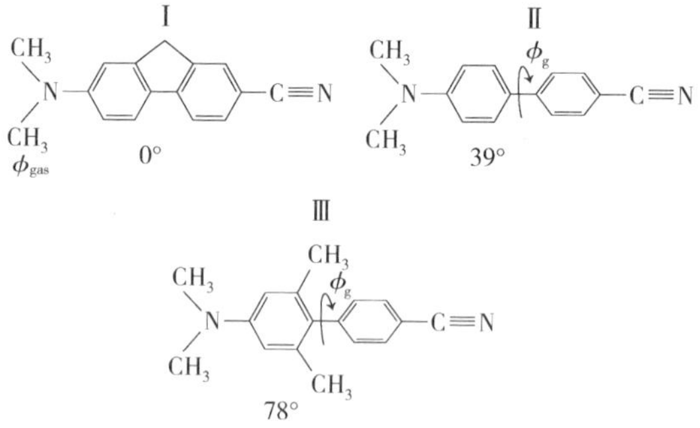

图 3.3　Rettig 及其同事研究的供体-受体联苯（Ⅰ~Ⅲ）的化学结构，还显示了由 AM1
　　　　计算得到的相应平衡基态扭曲角（ϕ_g）（Maus 等 1999[15]，经美国化学会许可转载）

这种状态的形成伴随电子电荷密度从二甲氨基苯亚基向氰基苯（受体）基团的迁移，而与介质的极性或环内扭曲角（ϕ）无关。正如在 D-A 取代的联苯（Ⅰ，图 3.3）中观察到的那样，其中 D 和 A 基团在结构上受到限制，更灵活的 D-A 联苯（Ⅱ）也只表现出荧光速率常数（$K_f 0.4~0.6ns^{-1}$）对介质极性的弱依赖性，这意味着Ⅱ的激发态具有平面性。D-A 联苯（Ⅲ）在 S_0 态具有强烈的预扭曲结构，在非极性溶剂中表现出类似Ⅰ和Ⅱ的行为，$\langle K_f \rangle = 0.3ns^{-1}$，表明至少有部分激发态已向平面性弛豫。在更高极性的介质中，$\langle K_f \rangle$ 降低至 $0.03ns^{-1}$，这意味着Ⅲ的激发 CT 态完全向平面松弛。令人好奇的是，Ⅲ与两个相对较长的荧光寿命（>200ps）相关，具有明显的前体-后体关系，这表明在单一 ICT 状态下，更平面和更扭曲的旋转异构体分布之间发生了快速平衡。

有人从理论上探究了一种血氰染料（图3.4），以通过分子的一部分围绕分子中存在的不同化学键旋转来揭示溶剂极性在形成 TICT 态中的作用[16]。

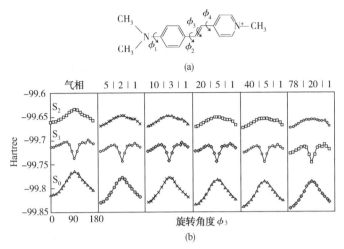

图3.4 （a）4-[2-(4-二甲基氨基苯基)乙烯基]-1-甲基吡啶（HR）的反式构象的化学结构。角度 ϕ_1、ϕ_2、ϕ_3 和 ϕ_4 表示分子内部的四种可能的旋转（见正文）；（b）HR 的基态（S_0）、第一激发态（S_1）和第二激发态（S_2）的能量作为不同溶剂介电常数下中心双键旋转的函数。顶部的数字 a|b|c 分别表示体积溶剂介电常数、子壳的介电常数和内部溶质壳的介电常数（参考文献[16]，经 2001 美国化学会许可转载）

在图3.4中，ϕ_1、ϕ_2、ϕ_3 和 ϕ_4 指可能导致 TICT 态形成的四种不同内部旋转或扭转运动模式。基态特性是由 GAMESS 量子化学软件中的 AM1 方法计算得来的。采用圆柱形溶剂化模型用于处理宏观溶剂化[17]。通过在线性变分（CI）水平的计算中调用 INDO/S 方法来计算激发态能量，其中所有单重态构型都是通过激发前 10 个最高占据分子轨道（HOMOs；即 HOMO 到 HOMO-9）到 10 个最低未占据分子轨道（LUMOs；即 LUMO 到 LUMO+9）的一个电子产生的。

将 INDO/S 激发能与 AM1 近似水平的基态能相结合，并添加溶剂化能量，可以计算得到的激发态能量 $E_i(\text{exc})$：

$$E_i(\text{exc}) = (E_i - E_0)_{\text{INDO/S}} + (E_0)_{\text{AM1}} + E_{\text{sol}}$$

计算结果显示[16]，通过将二甲基氨基（ϕ_1）旋转到垂直位置，可以在极性溶剂中形成 TICT 状态。然而，由于激发态旋转的高势垒，发生这个过程的可能性相当小。吡啶环（ϕ_4）和苯胺环（ϕ_2）的旋转增强了 S_1 态的 CT；吡啶环在 S_1 态旋转的能垒很小，而苯胺环在激发态旋转的能垒在极性溶剂中几乎消失。围绕中心双键（ϕ_3）的旋转存在高能垒，并且计算将低光异构化产率归因于围绕相关双键的旋转的高能垒。

Dreyer 和 Kummrow[18]采用从头算 CASSCF 方法从理论上分析了 DMABN 和 ABN 的飞秒瞬态红外(IR)光谱，旨在确定上述分子 ICT 态形成所涉及的激发态的分子结构。从头算 CASSCF 计算是从头开始将所有考虑的状态都进行完全优化。计算探究了 LE 态的两种核构型：一种是新型金字塔结构，另一种是平面构型。作者考虑了 ICT 态形成的几种途径，即 TICT、伪 Jahn-Teller ICT(PICT)和重杂化分子内电荷转移(RICT)。计算结果提供了足够的证据表明，LE 态在 ABN 中是金字塔形的，而在 DMABN 中是平面的。至于 ICT 态的形成，计算结果倾向于 DMABN 中的 TICT 路线，但没有提供令人信服的证据。作者希望，尚未解决的苯氨基拉伸频率将最终解决这个问题。这里需要注意的是，由于尚未尝试溶剂校正，所建议的图像可能仅适用于气相观察。

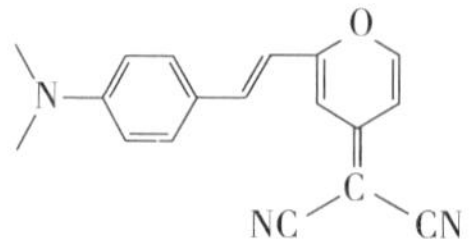

图 3.5　DCM 的分子结构

一种有趣的 ICT 分子已通过时间分辨超快可见光(电子)泵浦-振动(IR)基于探针的瞬态吸收(TA)测量[19]来研究其激发态结构(图 3.5)，它就是 4-二氰基亚甲基-2-甲基-6-[对-(二甲氨基)苯乙烯]-4H 吡喃分子(DCM)及其同位素 DCM-d6。实验在乙腈和二甲基亚砜(DMSO)溶剂中进行。测量结果表明，ICT 过程的动力学涉及两个步骤。第一步涉及电荷分离和电子电荷密度二氰基亚甲基移动。第二步涉及二甲氨基的结构演变。利用振动光谱和同位素取代效应的理论研究，对电荷分离后发生的情况得出了明确的结论。

采用密度泛函理论(DFT)B3LYP 泛函和 STO 6-31G(d)基组计算的振动光谱表明，二甲氨基扭曲出平面，从而稳定了第一步形成的电荷分离物质。TICT 模型的基本思想显然在 ICT 分子(DCM)中得到了验证。

早些时候，Marguet 等人[20]通过调用 CS-INDO 方法对 DCM 进行了电子结构计算，并预测了一个与实验数据相符的高偶极矩激发态的存在。作者指出，在所述的激发态中，DCM 呈现二甲氨基基团垂直于芳环的构型，再次证明了 TICT 机制的有效性。Robb 及其同事[21]最近对 DMABN 进行了最先进的电子结构计算，为 DMABN 的 ICT 动力学增加了一个新的维度。这些作者倾向于得出这样的结论：光激发最初填充 S_2 态。然后，无辐射衰变通过锥形交叉点的接缝发生，从而直接填充 LE 态和 ICT 态，最终在 S_1 表面发生平衡。锥形交叉介导的激发态动力学是一个非常新的概念，它迅速发展成为一个研究领域，可能会彻底改变我们对有机光化学或激发态化学的理解。Robb 及其同事对 DMABN 的计算给人们带来了希望，很快就能将计算扩展到研究 DMABN 或 DCM 等分子或类似 ICT 分子振动光谱的演化，这些分子显示出电子结构和核动力学的复杂相互作用。

Zhang 等人[22]最近利用偏振分辨紫外泵-中红外探针光谱，在 TD-DFT 计算的支持下，研究了朱烯醇丙二腈（JDMN，图3.6）中CT诱导的分子内旋转动力学。用丙二腈基团的对称和非对称性C—N拉伸研究了光异构化动力学。他们的测量表明，通过围绕丙二腈基团的C—C单键（b）和C—C双键（c）旋转，激发电子态（S₁）弛豫，时间常数为12.3ps，分支比为1∶5。

关于"b"键的异构化（图3.6）导致亚稳激发态的形成。另外，C=C键的旋转异构化（图3.6中的c）通过S₁和S₀电子态之间的锥形交叉导致激发态淬灭。通过泵浦-探针各向异性测量和使用具有6-31G（d，p）基组的CAM-B3LYP泛函TD-DFT计算所测量的长寿命激发态的电子和核

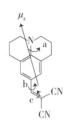

结构，倾向于证实关于丙二腈单体的异构化（b，图3.6）形成了一个TICT激发态，其偶极矩比S₁态多6.2D，并且起源于从朱烯醇π-系统到腈π-系统的CT，两个π-系统通过C=C键的旋转解耦（图3.6中的c）。

图3.6　朱烯醇丙二腈（JDMN）的化学结构。图中还显示了S₀→S₁电子跃迁偶极子和S₁电子激发态弛豫动力学中涉及的扭转角

Dahl等人在实验和理论上研究了几种烷氨基苯甲腈中激发态CT的光谱和动力学的溶剂依赖性（图3.7）[23]。虽然实验手段包括稳态吸收和发射光谱测量以及发射延迟动力学的表征，但使用的理论工具是在受限Hartree-Fock（RHF）/6-31G（d，p）/MP2/6-31G（d）水平上对GS进行从头算量子化学计算。激发态计算在半经验AM1/CI水平上进行。在使用CDSMO自洽反应场（SCRF）方法的一些激发态计算中考虑了溶剂效应。研究的最终目的是了解如何对所研究溶质的溶液相反应电位进行建模，并更全面地评估CT是如何由静态和动态溶剂效应控制的。作为实现这一目标的第一步，作者评估了分子稳态光谱的溶剂依赖性，并试图将光谱的主要特征与相对简化的溶液相表面二维模型相匹配。这项工作的新功能可以通过尝试在理论计算的帮助下将这种模型直接拟合到实验数据中来识别。作者发现，介电连续体处理可以相当好地描述光谱频率对溶剂的依赖性，并产生与半经验量子化学计算预测的值高度吻合的特定状态偶极矩。但是，该模型未能重现频率和强度数据。

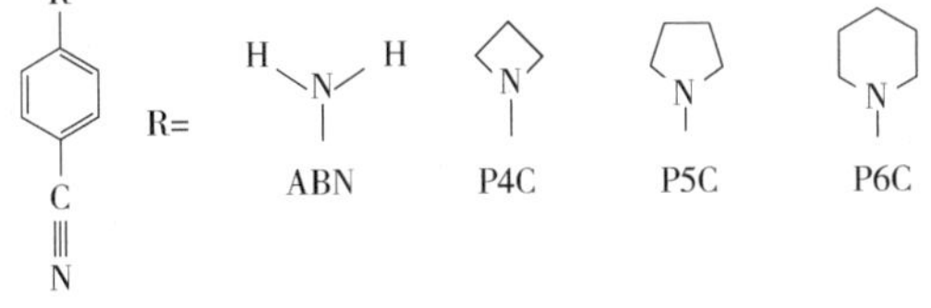

R=　　ABN　　P4C　　P5C　　P6C

图3.7　Dahl等人研究的分子结构（Dahl等人2005[23]，经美国化学会许可转载）

Ma 等人[24]进行了皮秒时间分辨共振拉曼光谱和 TA 光谱分析，并结合 ABN 和 DMABN 分子在基态和激发态的从头算几何结构和振动分析。作者声称这两个分子在 LE 态下均具有平面结构。预计 GS 中分子的金字塔构象将沿着反转坐标变平，而苯环在此过程中膨胀且 Ph—N 键缩短。通过观察所得苯环 C—C 伸缩振动频率的下降，表明电子密度从氮孤对轨道向环 π^* 轨道的部分转移。还观察到 CN 拉伸模式的频率下降了 $30cm^{-1}$。激发后电荷分布模式的变化证实了这些变化。对 DMABN 的 ICT 状态（A-状态），甲基氘代类似物（DMABN-d_6）和 ^{15}N 同位素取代（DMABN-^{15}N）的皮秒时间分辨共振拉曼光谱进行了分析，从而确定了 $\nu(Ph—N)$ 模式。$\nu(Ph—N)$ 下移 $96cm^{-1}$ 表明形成 ICT 态不是通过 PICT 机制，同时强有力地支持形成 ICT 态的 TICT 或电子去耦模式。氨基构象的残余金字塔型特征似乎存在于 A-状态。

多甲藻黄素是一类光捕获的类胡萝卜素[25]。它是一种与叶绿素相关的色素，存在于甲藻的吡啶叶绿素蛋白捕光复合物中。Wagner 等人根据实验和理论证据研究了多甲藻黄素中 ICT 状态的性质。这些证据倾向于支持这一理论，即多甲藻黄素的 ICT 状态是由激发态键序反转和溶剂弛豫或重组形成的进化状态。ICT 状态在不到 100fs 的时间内演化，并具有较大的偶极矩（$\mu \sim 35D$）。CT 特征是从多烯链内电子密度的偏移演变而来的。在 CT 过程中，似乎没有任何一个 β 环中的分子轨道（MOs）参与[26]。相反，电荷从多烯的丙二烯侧移动到呋喃环区域，伴随多烯链中心部分的键序反转。这些作者认为，ICT 态的电子特性是通过 1^1Bu^+ 离子态与最低位置的 2^1Ag^- 共价态混合产生的。由这种离子-共价混合形成的态在性质上主要是 $^1Bu^s$，不仅显示出较大的振子强度，而且还具有异常高的双激发特性。作者发现这两种布局，一个具有最低的离子 ICT 状态，另一个具有最低的 2^1Ag^- 共价，在大多数溶剂中相互平衡存在。这两种布局之间因溶剂重组和空穴形成的小屏障而被隔开。在报告的计算中[25]，作者利用 B3LYP/6-31G（d）方法来预测基态几何结构。激发态的几何构型是通过 CIS 方法生成的。作者声称，CIS 方法为分子在气相和溶剂中均提供了高质量的结果。通过采用 Gaussian 09 软件中实现的可极化连续介质模型（PCM）对溶剂环境进行模拟。他们发现，CIS 和 PCM 方法的结合提供了一种在介质下预测激发态几何结构的相当可靠的方法。几何优化的 CIS 计算是在由八个最高填充分子轨道和八个最低能量虚轨道（电子未占据）组成的活动空间中进行的。然而，光谱特性是使用 MNDO-P+SDCI（具有单激发态和双激发态的构型相互作用）、对称适应簇构型相互作用（SAC-CI）方法以及运动方程耦合簇单双激发方程（EOM-CCSD）方法计算的。事实证明，MNDO-SDCI 在计算类胡萝卜素的光谱特性方面是相当可靠的，尽管是经验性的，但也可以用于计算多甲藻黄素。SAC-CI 方法对于计算激发态的偶极特性似乎非常有效，并且几乎是最佳的。但是，它们有时无法预测离子态和共价态的正确顺序。因此，在使用 SAC-CI 结果解释实验数据时必须谨慎。另外，EOM-CCSD 方法相对较新，可以高精度地预测跃迁能量和振子强度。这些方法与宏观溶剂化的 PCM 结合使用效果很好。

必须引起注意的是，大多数计算是在合适的模型发色团上进行的，其中保留了分子的中心多烯部分，但是环己烷和环氧环己烷环分别被甲基和烯丙基 $\diagdown$CH$_2$ 基团取代。所得的模型分子属于 C$_s$ 点对称性，并且减小尺寸，从计算能力或硬件需求的角度来看，可以负担得起更高质量的计算。

Ragnoni 等人[26]在不同的激发波长时仔细分析了所有反式-β-apo-8′胡萝卜素在极性和不同极化率溶剂中的 IR 和可见光 TA 光谱。作者试图将 IR 中的动力学和能带形状变化的溶剂依赖性与可见光谱中激发态吸收带的变化联系起来，并能够证明从两个光谱区域获得的信息本质上是互补的。有趣的是，所收集的数据可以在一个松弛方案的框架内解释，该方案假设所谓的明亮^{1}Bu$^+$状态是 ICT 态的主要组成部分。在极性溶剂中，这种状态通过分子畸变（扭曲）和溶剂弛豫而动态稳定。通过对红外光谱和可见光谱中激发态谱带上溶剂效应的详细分析，作者得出结论，溶剂极性和溶剂极化率都是必须考虑的重要因素，以支撑反式-β-apo-8′胡萝卜素激发态弛豫动力学的完全合理化，并理解 ICT 状态的性质和 ICT 状态在该分子中的作用。Ragnoni 等人[26]报道的实验观察结果证实了 FC 激发态几何结构下 S$_1$ 和 S$_0$ 态的波函数具有混合离子共价特性的理论。结果表明，离子共价混合的程度不仅取决于溶剂的极性，而且还可以通过溶剂极化率的影响进行动态修改。作者认为，不同激发波长对动力学以及光谱动力学的影响可以追溯到部分扭曲的分子亚群的光选择。在全面了解之前，有必要对 S$_0$、S$_1$ 和 S$_2$ 的势能面进行更详细的分析，这其中包括非绝热耦合效应和溶剂化效应。

确定荧光团中 ICT 态的结构特征无疑是很有趣的，迄今为止，绝大多数可用的理论和实验证据支持类似如 DMABN 的 DA 分子在 ICT 态下是非平面（扭曲）结构。需要解决的一个更复杂和有趣的问题涉及荧光团从最初激发的 $\pi\pi^*$ 态到 ICT 态时所遵循的电子路径。两种状态（LE+ICT）模型无疑看起来非常合理，但是缺乏可靠的实验证据。支持 ICT 反应标准双态模型的主要实验支持来自时间相关的单光子计数（TCSPC），其典型的仪器响应时间为 20ps 或以上。然而，该响应时间远长于 LE 荧光最快衰减成分的衰减时间（4.1ps）。因此，很明显，在人们确认或拒绝 ICT 过程的两态动力学模型之前，需要具有更高时间分辨率的实验测量（时间）方法。

飞秒 TA 测量[27]表明完全电荷分离的 ICT 状态是由 $\pi\sigma^*$ 状态形成的。因此，众所周知，在 320nm 和 420nm 处 TICT 态的苯甲腈自由基类阴离子吸收的上升时间为 4.1ps，这与 DMABN 在乙腈介质中室温 700nm 处 $\pi\sigma^*$ 态瞬变的衰减时间非常匹配。正如作者所声称的，观察到的动力学似乎与顺序 ICT 过程一致。在该过程中，初始激发的 $\pi\pi^*$ 状态（S_2，La 型）通过由 $\pi\sigma CN^*$ 构型产生的中间电子态产生 TICT 态。DMABN 中的 ICT 过程比流行的双态模型更复杂，这一点也可以从以下观察中明显看出，LE 荧光的长寿命成分的衰减时间与 ICT 荧光的衰减时间不完全相同。然而，Gustavsson 等人[28]指出，荧光 ICT 态可能与 TA 中看到的 TICT 态不同。

最近，Jarowski 和 Mo[29]从纯理论角度探讨了双态模型的可行性。他们计算并分析了价键构型相互作用（VB-CI）模型中使用的典型共振形式的结构权重，这些共振形式位于一系列带有丁-1,3-二烯-1,4-二芳基桥的线性偶极 ICT 生色团的基态（中性）和激发态（离子）中。计算是在 B3LYP/6-311+G(d) 近似水平下使用局域化波函数完成的，并首次对双态模型的有效性进行了定量理论评估。为了进行比较，在一个扩展的 10 态模型的框架内也进行了类似的分析。事实证明，2态和 10 态模型都预测了 GS 中 VB-CI 共振形式的结构权重低得惊人，而在激发态中相同形式的权重明显更高。个别地，共振形式在结构上进行了优化，以明确评估桥接单元中键长交替（BLA）的起源。作者[29]使用了基于 Wheland 能量的加权方案。奇怪的是，优化键长的加权平均值未能在双态模型中正确地再现 BLA。但是，10 态模型可以非常准确地恢复 BLA 特性。DMABN 及其相关分子的类似研究尚未进行。但是，我们预计，类似的计算和分析将很快为 DMABN 和相关 ICT 分子中 ICT 现象的双态模型的有效性提供更多的定量评估。

最近，Georgieva 等人[30]使用最先进的电子结构理论对 DMABN 中扭曲和 $\pi\sigma^*$ 状态在激发态 ICT 过程中的作用进行了理论研究。这些作者很好地利用了多参考组态相互作用（MRCI）和二阶代数图解构造［ADC(2)］方法的结合来破译导致 DMABN 在气相和乙腈介质中双重发射的结构过程。基于类似导体的筛选模型考虑了溶剂效应。这些作者引用了 MRCI 方法来估计两个最低 $\pi\pi^*$ 单重激发态之间的非绝热相互作用程度，即传统 ICT 理论的 S_1(LE) 态和 S_2(CT) 态，并确定交叉缝（MXS）的最小值。另外，作者利用 ADC(2) 方法来评估 C—CN 弯曲 $\pi\sigma^*$ 态在激发态分子光动力学中的作用（如果有的话）。作者认为，初始光动力学开始于 S_2($\pi\pi^*$) 状态，同时发生—N(CH₃)₂ 扭曲和/或与氮原子相连的环碳原子发生锥形体化。$\pi\sigma^*$ 态在气相中的能量太高，对形成动力学没有意义。然而，在溶液中，尽管 C—CN 弯曲最初会破坏 $\pi\pi^*$ 态的稳定性，但弯曲的 $\pi\sigma^*$ 态足够稳定，在能量上与 LE 态相当，并且能够影响动力学。作者发现，与 MXS 相关的结构对应于 50° 的扭曲角，并且 S_2 至 S_1 的失活不是由二甲氨基基团的扭曲运动直接介导的。不仅如此，他们还得出结论，根据理论分析结果，极性溶剂化在 S_2 到 S_1 失活中不起任何重要作用。当分子被约束为具有保持 C_s 点群对称性的结构时，C—CN弯曲具有很强的稳定作用（处于 $\pi\sigma^*$ 状态），并导致大量的 CT。但是，该结构不是势能面上的真正最小值，当取消 C_s 对称性约束并允许分子进一步松弛时，它会进入 LE 态。结果表明，动力学主要由 CT 态和 LE 态之间的非绝热相互作用决定，双重荧光的主要来源可以追溯到扭曲的 ICT 态和 LE 态。随着在强非绝热效应下计算电子结构和动力学理论技术的完善，以及计算硬件的增强，预计在未来几年将进行更多类似的计算，并将对 ICT 分子的光动力学产生全面的理解。

bapo 分子一直是另一项研究的对象，该研究为类胡萝卜素的激发态核动力学提供了一些线索，众所周知，类胡萝卜素在光合作用中发挥着双重作用[31]。它们是高效的光收集器，并起到光保护自由基淬灭剂的作用。帮助这些分子从光学上明亮的 $S_2(1^1Bu^+)$ 态下降到光学上黑暗的 $S_1(2Ag^-)$ 态的超快弛豫通道的确切数量尚无法确定。因此，很难说未表征或未知电子结构的中间暗态是否参与了该过程。同样未知的是，分子的基态构象是否会导致分开状态簇。有趣的是，似乎或多或少可以肯定的是，在极性环境中，类胡萝卜素可以进入一种据说与多烯链共轭的 $C\!=\!\!O$ 基团相关的 ICT 状态。许多研究者[32,33]自然地将注意力集中在 ICT 态上，以查明它是否与 S_1 多样化有关或为独立的电子态。在一些关于 β-胡萝卜素的实验和理论工作中，对核运动在介导 S_2-S_1 耦合中的作用也已进行了研究。似乎有人担心 $S_2\leftrightarrow S_1$ 交叉点是由连接 S_2 态和 S_1 态的锥形交叉点驱动的。

Olivier 和 Fleming[34]通过锥形交叉点研究了耦合电子和核运动在 bapo 分子——一种含有部分类胡萝卜素的醛模型，在超快弛豫中的作用。作者进行了理论和实验相结合的研究。TDDFT 计算与环己烷（非极性介质）和乙腈（极性介质）溶液中的超快电子吸收、一维和二维振动光谱相结合，使作者能够建立本征耦合电子自由度和振动自由度之间的直接相关性，这被认为在推动 bapo 分子从亮 S_2 态到暗 S_1 态的弛豫中起重要作用。二维电子振动（2DEV）光谱中某些特征的线型使作者能够对乙腈中 bapo 分子的激发态振动做出一些明确的归属。各向异性研究有力地证明 bapo 分子的激发态动力学不涉及反式-顺式异构化，从而否定了先前提出的假设。已经证明，对于特定的振动模式，电子和振动线型在 S_2 态衰减之后仍然保持良好的相关性。观察结果倾向于表明分子从 S_2 态向 S_1 态的转变是脉冲性的，并且可能涉及位于垂直 FC 区域的锥形相交点。这项工作再次强调，需要构建详细和准确的从头算势能面，包括非绝热效应，并在所构建的势能面上进行复杂的电子和分子动力学研究，以清楚地理解导致类胡萝卜素逐步功能化的机制。Fujiwara 等人[35]采用 TDDFT 计算对二叔丁基氨基苯甲腈和 2,4,6-三氰基苯胺中导致 ICT 的电子路径进行了研究。他们的计算为间二叔丁基氨基苯腈和对二叔丁基氨基腈，在存在涉及三个紧密分布的激发态的锥形相互作用的情况下，通过以下状态顺序切换形成超快 ICT 态提供了证据：

$$\pi\pi^* \rightarrow (La) \rightarrow \pi\sigma^* \rightarrow ICT$$

他们的理论计算没有得到在 2,4,6-三氰基苯胺（TCA）中形成 LE→ICT 态的证据。但是，这些计算预测出 TCDMA 而不是 2,4,6-三氰基苯胺具有两个 ICT 态，它们具有与 ICT 态相关的典型醌式结构，位于初始光激发 $S_1(\pi\pi^*)$ 态之下。CC2 计算进一步预测了两个分别标记为 ICT(Q) 和 ICT(AQ) 构象的存在[35]，其中"Q"代表醌型，"AQ"代表反醌型。据预测，这两种构象会迅速相互转化。较低能量的 ICT(Q) 态似乎是由不稳定的 ICT(AQ) 填充的，这是观察到时间分辨荧光以及来自 TCDMA 混合 $S_1(\pi\pi^*)$/ICT 态的激发态吸收的原因。在 TCDMA 和 TCA 中，$\pi\sigma^*$ 态位于能量更高的位置，因此抑制了已被预测在间位和对二叔丁基氨基腈中形成 $\pi\sigma^* \to$ ICT 的有效途径。

现在看来，关于 ICT 分子的能量学和结构配置的共识正在慢慢形成，尽管其中大部分是静态的。对于典型的和研究最广泛的 ICT 分子，如 DMABN，在非绝热动力学的早期阶段发生的情况，人们似乎知之甚少，即使在探针与溶剂分子间无相互作用的气相中，由于多个时间尺度的操作，使动态图像复杂化。正如我们在本章前面所指出的，到目前为止，在 DMABN 中 ICT 问题的一个方面已经达成广泛共识，那就是在气相中，分子最初被光激发到第二个激发态（标准命名为 S_2），具有 ICT 特性。Fuβ 团队[36] 对 DMABN 进行了多光子电离实验，基于一个普遍的假设，即二甲氨基的扭曲主导了 S_2/S_1 系间窜越，这些作者提出，他们的数据与 DMABN 的结果一致，即在不到 100fs 的时间内（最初的光激发之后）形成 S_2/S_1 系间窜越。CASSCF 级别的计算[33] 早先预测，可以在接近 180° 的相当宽的扭转角范围内通过能量途径到达 S_2/S_1 最小能量锥形交叉点。然而，随后使用不同活性空间进行的 CASSCF 计算，通过预测从半扭曲的二甲氨基到完全扭曲的 $\tau = \pi/2$ 的锥形交叉几何形状，使二甲氨基扭曲的整个问题变得模糊不清。

最新的研究结果几乎彻底颠覆了这一新局面，在使用 ADC(2) 和 LR-TDDFT 的表面跳跃轨道方法对 DMABN 的第一激发态动力学进行的研究似乎相当奇怪地表明[37]，二甲胺基的扭曲与非常重要的 S_2/S_1 非绝热转变没有太大的相关性。

Todd Martinez 的小组[38] 最近使用了他们的从头算多重生成法，结合 GPU 加速的 LR-TDDFT 理论，研究了 DMABN 在初始光激发进入 S_2 态后的超快衰减动力学。结果表明，在大约 50fs 的时间内，电子布局数几乎完全非绝热地从 S_2 态转移到 S_1 态，而完全没有引起二甲基氨基的任何明显扭转。直到核波包到达 S_1 表面并开始松弛并获得 LE 特征后，才注意到二甲氨基的显著扭转。然而，作者没有遵循 S_1 表面的长期绝热平衡，因为他们的电子结构计算方法不足以准确预测 S_1-LE 和 S_1-ICT 最小值的相对能量。LR-TDDFT 方法使 S_1-ICT 最小值过度稳定，从而削弱了其长期动态变化。令人欣慰的是，由 AIMS/LR-TDDFT 方法产生的超快 S_2/S_1 非绝热动力学与 Kochman 等人最近使用不同的非绝热方案（例如 TSH）和电子结构计算方法 ADC(2) 预测的结果非常吻合[39]（另见 Du 等人的参考文献[40]）。这些作者提出的重要观点是：（1）发生 S_2/S_1 非绝热（无辐射）跃迁不需要二甲胺基发生显著扭曲；（2）金字塔化坐标围绕平面几何体的预期波动。他们的发现与 Martinez 小组最近根据他们的 AIMS/LR-TDDFT 计算得出的结果相呼应。然而当 DMABN 处于溶液中时，重要能级的动态和相对排序会发生什么仍有待观察。

鉴于技术的相关性，供体-受体（D-A）联芳基中的 ICT 已成为许多研究的目标。平面或中等扭曲的 D-A 联芳基在 S_1 态下保持完全电荷分离，是电子转移（ET）引发光催化的良好候选者。当然，这些分子一直是许多实验和理论研究的目标。让我们试想一下电子供体-受体联芳基，如吡啶和吡咯酚盐[38]。这些分子是研究光诱导 ET 的非常好的模型。Barbara 团队[41-43]通过单色泵浦-探针实验首次对甜菜碱-30 进行了超快光谱测量。在确认 S_1 态的超快非辐射失活的同时，他们提出在非辐射失活过程和溶剂松弛之间存在相当强的相关性。动力学是通过调用一个两态模型来描述的，其中假设 GS 为两性离子，激发态为弱极性。该分析是在混合模型的框架内进行的，即所谓的 Sumi-Marcus 理论[44]，其中高频分子内模式是用量子力学来处理的。随后进行的实验表明，动力学还涉及分子内模式的大量重组。时间分辨和 TA 实验强烈表明，光填充激发态向 GS 的衰减是由"暗"中间态介导的，该中间态似乎与 GS 解耦。推测处于暗态的分子具有扭曲的几何形状，供体和受体环的二面角为 $\tau = \pi/2$。作者认为该分子以扭曲的几何形状返回到 GS，随后在基态势能面上松弛为平面形式。

Fedunov 团队[45]最近开发了一种基于众所周知的多通道随机点跃迁方法的理论模型，用于模拟在溶液中经历超快 CT 的供体-受体二元组的瞬态电子吸收光谱。该方法以量子力学方式处理高频分子内模式的重组，对低频分子内模式和溶剂弛豫模式采用经典方法处理。他们假设慢速模式的弛豫是指数级的，而时间常数是从实验数据中借用的。通过用多通道随机方法模拟电子激发后以及电子和振动跃迁后各量子态布居函数的时间分布，得到激发态动力学。该模型被用来模拟苯酚吡喃盐在乙腈溶液中的 TA。作者声称，当采用包含光激发态、扭曲的几何形状和较大 CT 特性的暗中间态以及 GS 的三态模型时，与实验结果非常吻合。该方法能够去除布局数变化和弛豫过程的超快光谱动力学的贡献。作者指出，为了准确描述激发态的快速衰变和 GS 快速恢复，需要与慢速模式相关的大重组能量，以实现从激发态到暗态以及从暗态到 GS 的转换。该模拟计算表明，电子跃迁发生在 ps 级的时间范围内，并且观察到的光谱动力学仅来自 2ps 后苯酚吡喃盐在基态的结构弛豫。溶剂松弛似乎是超快的，对超过 2ps 的光谱动力学没有影响。

单甲基桥连染料[46]是 ICT 发色团，其技术相关性已引起了广泛的关注。这些染料显示出亚 ps 级的荧光衰减时间尺度，而 GS 恢复时间在 1~10ps。这些分子在激发态下表现出扭曲运动（图 3.8），这表明其似乎对环境敏感。因此可以通

过调节环境以抑制激发态的扭曲，从而显著提高荧光量子产率。单甲基桥连染料的激发态扭曲通常被描述为环境控制的激发态过程，没有任何固有的扭曲阻碍。因此，需要开发一种理论模型，通过选择适当的介质来更好地理解控制荧光发射的过程，这反过来又可以推动开发更好的传感器。人们认为，在激发态扭转甲基键会降低势能，导致电荷局部化或电荷分离的分子状态，由于绝热能隙的减小，内部转换变得相当容易。电子结构计算[47,48]至少在一些情况下，预测了具有相当大扭曲的低能锥形交叉接线的存在，促进了光激发态的超快失活。锥形相互作用本身源于具有不同电荷定位模式的非绝热状态的交叉，并且进行的模拟倾向于表明 CT 过程和溶剂化过程之间存在显著的耦合[49]，这似乎对衰变速率有相当大的影响。扭曲和 CT 之间的耦合之前也已经被预测，但一直没有将这种耦合明确包含在理论模型中。Oslen 和 McKenzie[46]提出了一种双态模型哈密顿量，该模型明确包括了 GS 中扭曲位移与 CT 之间的耦合以及单甲基桥连染料分子的激发态。模型哈密顿量(H)已根据标准量子化学计算对绿色荧光蛋白发色团的许多质子化状态进行了仔细参数化。选择状态以便从花菁共振极限中取样不同的失谐状态。模型"H"是在非绝热状态|L>和|R>的基础上建立的，其参数化如下：

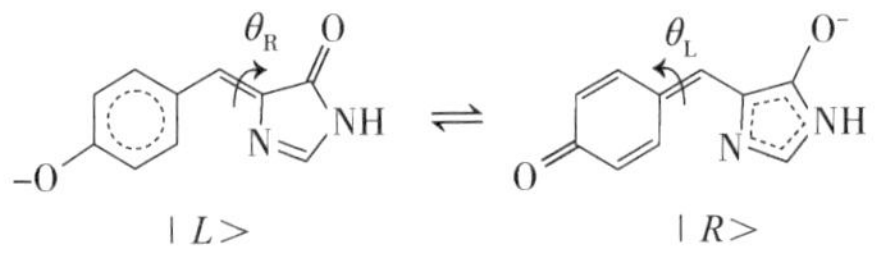

图 3.8　用于定义模型哈密顿量的非绝热态 |L> 和 |R>（Oslen 和 McKenzie 2012[46]，

经美国物理学会许可转载）

$$<L\,|\,H(\theta_L,\ \theta_R\,|\,L) = \frac{\delta}{2} + 2\gamma_R\sin^2\theta_R + 2\gamma'_L\sin^2\theta_L \tag{3.1}$$

$$<R\,|\,H(\theta_L,\ \theta_R\,|\,R) = -\frac{\delta}{2} + 2\gamma_L\sin^2\theta_L + 2\gamma'_R\sin^2\theta_R \tag{3.2}$$

$$<L\,|\,H(\theta_L,\ \theta_R\,|\,R) = \frac{1}{2}\varepsilon\cos\theta_L\cos\theta_R \tag{3.3}$$

在这些方程式中，γ_L 和 γ_R 是与绕双键和单键扭转相关的能量，ε 是跳跃强度。

如此定义的哈密顿量、绝热状态及其能量完全由无量纲参数指定。

$$\lambda(\theta_L,\ \theta_R) = \frac{\delta + 2(\gamma_R - \gamma'_R)\sin^2\theta_R - 2(\gamma_L - \gamma'_L)\sin^2\theta_L}{\varepsilon\cos\theta_L\cos\theta_R} \tag{3.4}$$

同时：

$$\lambda(\theta_L,\ \theta_R) = \cot2\phi(\theta_L,\ \theta_R) \tag{3.5}$$

绝热能隙为：

$$\Delta E(\theta_L, \theta_R)$$

$$= \{[(\varepsilon\cos\theta_L\cos\theta_R)^2+\delta+2(\gamma_R-\gamma'_R)\sin^2\theta_R-2(\gamma_L-\gamma'_L)\sin^2\theta_L]^2\}^{1/2} \qquad (3.6)$$

混合角 ϕ 完全定义了对绝热表示的转换。确切地讲，它是 Mulliken-Hush 模型的扩展版本。正如作者所声称的那样，该模型提供了一个简单而现实的描述，描述了 CT 特性沿着处于激发态的甲基桥相关的两个扭曲通道（θ_L, θ_R）的演变。该模型预测了在三种情况下定性的不同响应，可以通过它们与花菁共振极限式之间的关系来识别。所提及的机制在是否存在依赖于扭转的极化反转，以及是否在锥形交叉点方面有所不同。作者预测，通过应用非绝热偏压电位，可以实现一个扭曲通道（θ_L 或 θ_R）相对于另一条扭曲通道的选择性偏压。仅当从接近花菁极限式的狭窄范围内仔细选择参数时，偏置才能成功。简单的有效价键哈密顿量提供了源自 CT 态与扭曲模式之间耦合现象的详细图像。然而，作者并没有试图将介质对扭曲的影响纳入他们的理论模型。如果这样做，它将揭示溶剂在激发态弛豫过程中的可能作用，以及扭曲和溶剂重组或宏观溶剂极化的相互作用。

尽管扭曲在 TICT 荧光及其相关现象中的确切作用仍是一个悬而未决的问题，但已知发射特性（TICT 发射）可能与环境有关，这一特性使基于 TICT 的荧光团成为溶剂、微黏度和不同的化学物种的理想传感器[50]。有趣的是，最近发现的几种基于 TICT 的材料在聚集时会发出荧光。最近在有机光电子、非线性光学和太阳能转换方面的各种研究都利用了 TICT 的思想来控制 CT 态的电子态混合和耦合。在第 5 章和第 6 章中对其中一些应用进行了汇总讨论。

正如我们已经强调的，ICT 是一种普遍存在的现象，在光合作用、氧化还原反应、静电腐蚀等过程中起着至关重要的作用。然而，目前探索这种重要现象的主流技术还依赖间接手段。由于 ICT 最常发生在基于供体-受体的系统中，因此探测 CT 的传统技术一直是监测 EM 辐射的瞬时发射或其被 ICT 系统的供体/受体片段吸收的情况，并测量局部环境如何影响发射或吸收，即如何调节辐射的频率和强度及其偏振。间接测量已经为 ICT 过程或现象提供了大量信息，但肯定需要一种更直接的方式来跟踪 ICT。我们可能会注意到，ICT 过程涉及电荷从分子一端移动到另一端。我们从经典的动力学中知道，加速电荷（或随时间变化的电流）会发出 EM 辐射。因此，推测 ICT 中涉及的移动电荷会发出瞬态 EM 波（在 THz 域内），并通过发出的波形"传播"潜在 CT 过程的动力学。太赫兹光谱学在 1980 年代后期开始出现，当时有可能通过自由空间生成和传播近乎单周期的远红外辐射脉冲，并随后在时域中对其进行检测。Schmuttenmaer 团队[51] 成功地以亚皮秒的时间分辨率测量了 ICT 相关发射场的振幅。我们在此注意到，移动电荷产生的脉冲要求将样品中所有分子发射的场相加。这就要求（1）所有分子都具有合理的取向；（2）所有分子都被相干激发；（3）如果所有分子都轴向取向，则 CT

必须引起沿取向轴的极化变化。Beard 团队使用的技术与偏置半导体产生太赫兹的方法和瞬态直流光电流技术有关[51]。偏置半导体产生的太赫兹信号利用产生的电磁脉冲来探测潜在的超快载流子动力学，并测量各种半导体中的瞬态光电导率，如砷化镓（GaAs）、低温生长的 GaAs、纳米晶胶体 TiO$_2$ 和 CdSe 量子点和其他量子阱结构[52]。在所有此类实验中，均使用了光泵-THz 探头配置。瞬态光电流技术实际上是测量光激发后溶液极化的电荷。当光激发分子在静态电场（直流场）中重新定向时，会产生位移电流，该位移电流的测量会导致分子的基态和激发态偶极矩伴随长寿命激发态［散热探针（TDP）技术的时间分辨率较低］。另一种相关技术被称为相干红外发射（CIE）干涉测量法。在这里，振动通过超快的电子吸收相干激发，发射的电磁场通过干涉测量法检测。因此，只有这种与电子激励耦合的振动才会对发射场做出贡献。在某种程度上，采用的技术类似于受激共振拉曼散射（SRS）实验。与 SRS 一样，与电子跃迁耦合的低频振荡也是发射场的原因。在 Beard 等人的实验中[51,53,54]，耦合的是 ICT，而在 CIE 中，分子内振动取代了 CT。接下来，简要概述了用于提取动力学的理论模型（有关详细信息，请参见 Beard 等人[51,53,54]）。

通过自由空间电光采样在时域中检测 CT 过程中发射的电磁波波形，然后按以下步骤进行建模。如果我们忽略磁场通过介质的传播效应，则远场中的发射振幅 ε_i^Ω 等于时间相关极化的二阶导数：

$$\varepsilon_i^\Omega = \frac{\partial^2 P(t)}{\partial t^2} \tag{3.7}$$

其中 Ω 是发射频率。为了正确描述 CT 动态，必须注意不可忽略的传播效应。作者通过在时域中求解麦克斯韦方程以及与时变极化有关的现象学模型 $[P(\varepsilon)]$ 来解决这一问题。然后，对实验数据进行非线性最小二乘法拟合，以提取 CT 的动力学模型。因此，零自由电流条件下一维横向场的相关方程为：

$$\frac{\partial^2 \varepsilon(z, t)}{\partial z^2} - \frac{1}{c^2} \frac{\partial^2 \varepsilon(z, t)}{\partial t^2} = \mu_0 \frac{\partial^2 P(z, t)}{\partial t^2} \tag{3.8}$$

在此等式中，c 是真空中的光速。$\varepsilon(z, t)$ 是在"t"时刻的"z"处的电场，而 $P(z, t)$ 是在同一时刻"z"处的感应极化。极化 P 可以分为线性分量和非线性分量，只有三阶非线性项 $P^{(3)}$ 有助于生成电磁脉冲。线性项负责所生成信号在介质中传播时的耗散和调制。公式 3.8 变为：

$$\frac{\partial^2 \varepsilon(z, t)}{\partial z^2} - \frac{1}{c^2} \frac{\partial^2}{\partial t^2} \int R^{(1)}(t - t') \varepsilon^\Omega(z, t') \partial t' = \mu_0 \frac{\partial^2 P^{(3)}(z, t)}{\partial t^2} \tag{3.9}$$

$R^{(1)}(t)$ 是溶剂分子对场 $\varepsilon(z, t)$ 的线性响应。

公式 3.9 描述了通过溶液产生的电磁瞬态的生成和传播。在没有激励的情况下，通过测量静态太赫兹脉冲在溶剂中的传播，可以知道线性项。通过用三阶时域响应函数表示三阶非线性极化，作者通过时域有限差分法（FDTD）求解了方程 3.9 和方程 3.7[55]。FDTD 计算提供了近场区域中的生成场。通过取计算场的一阶导数来执行近场到远场的变换。执行非线性最小二乘拟合以提取前向和后向 ET 速率。

应用该技术阐明和理解 ICT 动态，尤其是在早期阶段，揭示了有趣的信息[56]。详细信息将在本章稍后讨论。

3.3 ICT 速率的理论处理

正如我们反复提到的，ET 过程是所有氧化还原反应的核心，并且在包括腐蚀在内的所有电化学事件中都至关重要。ET 的证据在于电子电荷密度的重新分布，尝试估计 CT 发生的速率并了解影响速率的因素是很自然的。CT 事件可以是原子间的、分子间的或分子内的，并且可以通过热以及光化学触发。到目前为止，我们主要从电子结构的角度关注光化学诱导的 ICT。然而，计算 ICT 速率的问题要求我们动态考虑 CT 事件。对于分离的分子，问题很简单，但解决方案中遇到的情况要复杂得多，因为描述中出现了几个时间尺度。为了理解这些困难的本质，让我们来考虑一个简单的 CT 事件，例如溶液中发生的 $M \rightarrow M^+$。如果我们假设原子"M"与其周围的环境（介质）处于平衡状态，那么快速的 ET 会引起电子密度在时间尺度上重新分布，溶剂分子通常以与电子密度分布改变一致的方式进行自身重组。溶剂分子极化以响应初始电子电荷分布，极化必须改变以响应改变的电荷分布。这导致与 CT 过程相关的溶剂重组能（能量不足）出现。能量节约要求只有将多余的能量提供给系统，才能进行 ICT。在光化学 ET 中，光子能量可平衡能量不足，而在热 ET 中则无法实现这种平衡。因此，在热 ET 中，机制必须非常不同，正如 Marcus 最初指出的那样，他坚决认为只有当围绕探针的缓慢移动的溶剂分子达到探针的初始（预转移）和最终电子态（后转移）发生电子简并的配置时，快速 ET 才会发生。

采用一个引用 Landau-Zener 理论的简单模型，另外假设溶剂重组比反应速率快，并且可以忽略与溶剂的动态相互作用，从而导出绝热 ET（电荷转移）速率常数[57]：

$$k_{ad} = \frac{\omega_s}{2\pi} e^{-\beta \bar{E}_A} \qquad (3.10)$$

ω_s 定义为：

$$\omega_s = \left(\frac{k}{m} \right)^{1/2} \qquad (3.11)$$

在公式 3.10 中，$\bar{E}_A$ 是绝热势能面上传输电子（电荷）必须穿越的势垒高度

(图 3.9)。在非绝热极限中，速率常数 k_{nad} 更复杂，其结果是：

$$k_{nad} = \sqrt{\frac{\pi\beta k}{2}} \frac{|V_{12}|}{\hbar|\Delta f|_{X=X^*}} e^{-\beta E_A} \tag{3.12}$$

其中：

$$\Delta f = k(X_2 - X_1) \tag{3.13}$$

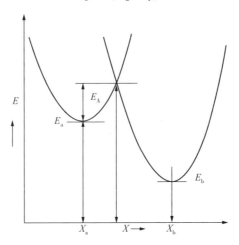

图 3.9 描述两个相交抛物线（谐波）势能面上电子转移能量学的简单模型

V_{12} 是跃迁过程中涉及的两个表面之间的非绝热耦合强度，而 k 是表征势能面的谐波力常数。

上述简单模型没有使用探针周围溶剂分子的能量和动力学特性，当涉及跃迁的两个电子态彼此接近时，它也没有提供对发生的过程的任何量子力学见解。

到目前为止，抛物线形的势能面都用一个相当抽象的坐标"X"来描述，该坐标以某种方式表示探针周围的溶剂分子（溶质）的核构型。Marcus 使用了极性溶剂的连续介质模型第一次为坐标"X"提供了物理意义。Marcus 将其归因于两个溶剂时间尺度——与电子相关的快速时间尺度和与核反应相关的缓慢时间尺度。溶剂介电响应函数由静态响应（ε_s）和快速电子组件（$\varepsilon_e = n^2$）建模。与 Marcus 理论有关的基本条件是，①电子电荷再分配，②ET 或 CT 仅在固定的核位置发生，这是在电子跃迁的连续介质理论背景下对 FC 原理重申。对于带有电荷"q"和半径"R"的球形离子，与以介电常数 ε_s 和 ε_e 为特征的无限介电介质保持平衡的简单情况，利用平衡静电的结果，离子从电荷状态"a"到电荷状态"b"的跃迁自由能差 $\Delta G_{a\to b}$ 计算公式为：

$$\Delta G_{a\to b} = \frac{(q_a - q_b)q_0}{\varepsilon_s R}\theta - \frac{(q_a - q_b)^2\theta^2}{2\varepsilon_s R} \tag{3.14}$$

其中：

$$q_{\mathrm{b}} = q_{\mathrm{a}} + (q_{\mathrm{b}} - q_{\mathrm{a}})\theta \tag{3.15}$$

q_{b} 和 q_{a} 分别是状态 b 和状态 a 下离子上的电荷。自由能变化 $\Delta G_{\mathrm{a}\to\mathrm{b}}$ 随后导致溶剂的核极化在平衡态 "a" 附近波动的 "势能面" 的定义。

$$W_{\mathrm{a}}(\theta) \equiv \Delta G_{\mathrm{a}\to\mathrm{b}} = \frac{(q_{\mathrm{b}} - q_{\mathrm{a}})^2}{2a}\left(\frac{1}{\varepsilon_{\mathrm{c}}} - \frac{1}{\varepsilon_{\mathrm{s}}}\right) \tag{3.16}$$

抛物面 $W_{\mathrm{a}}(\theta)$ 是自由能面(不是势能面),并且 $\mathrm{e}^{-\beta W_0(\theta)}$ 指定了在温度 T 下处于平衡态 "a" (电荷 q_{a}) 的系统具有核极化值的概率,核极化是由于介电波动引起的另一个平衡态 "b" (电荷 q_{b}) 的特征。

这个简单的模型量化了式 3.10 中出现的谐波力常数,而不是式 3.10 中出现的与介电波动相关的 "质量"。另外,非绝热 ET 速率常数(式 3.13)仅需要非绝热耦合常数作为外部输入。也许有人仍然质疑在 Landau-Zener 速率表达式中使用自由能面,由此也可以利用费米黄金法则来估计非绝热 ET 速率。

$$k_{\mathrm{a}\to\mathrm{b}}(E_{\mathrm{ab}}) = \frac{2\pi}{h}|V_{\mathrm{ab}}|^2 F(E_{\mathrm{ab}}) \tag{3.17}$$

其中热平均 FC 因子由下式给出

$$F(E_{\mathrm{ab}}) = \frac{1}{Q_{\mathrm{a}}}\sum_i \mathrm{e}^{-\beta E_{\mathrm{a},i}}\sum_f |<\chi_{\mathrm{ai}}|\chi_{\mathrm{bj}}>|^2\delta(\Delta\varepsilon + E_{\mathrm{ai}} - E_{\mathrm{bj}}) \tag{3.18}$$

其中 Q_{a} 表示电子态 a 下的核配分函数,E_{ai} 是从电子原点测量的电子态 "a" 中的核势能面所支持的振动能级,以及 χ_{ai} 是核波函数。E_{bj}、χ_{bi} 类似地为电子态 "b" 的相关物理量。费米黄金法则的使用是一种在弱耦合非绝热极限下工作良好的近似,而 FC 近似不应适用于所描述的电子跃迁。我们必须注意,溶剂对电子速率过程的影响必须包含在 FC 因子中,并且该影响包括慢介电响应的影响。已经通过实验证实了所描述的简单理论模型所预测的定性趋势,从而在一定程度上验证了 ET 速率理论的基本原理,包括用于探针或溶质周围介质的介电连续体模型和假定的线性介电响应。该模型成功预测了交叉交换反应的速率(A+B→A⁻+B⁺)[58]。该理论的一个有趣预测涉及观察到的 ET 速率对能隙 $E_{\mathrm{ab}} = E_{\mathrm{b}} - E_{\mathrm{a}}$ 的依赖性。

速率表达式是:

$$k_{\mathrm{ab,na}}(\Delta E) = \frac{1}{\hbar}\sqrt{\frac{\pi}{E_{\mathrm{A}}(k_{\mathrm{B}}T)}}|V_{\mathrm{ab}}|^2\mathrm{e}^{-[(E_{\mathrm{ab}} - E_{\mathrm{A}})^2/(4E_{\mathrm{A}}(k_{\mathrm{B}}T))]} \tag{3.19}$$

式 3.19 中的 $k_{\mathrm{ab,na}}(\Delta E)$ 清楚地表明,随着 E_{ab} 值从零增大,k_{ab} 会增大。一旦 E_{ab} 超过 E_{x} 阈值,速率将开始降低,从而导致所谓的倒 Marcus 态——这一特征已在实验中得到证实[59]。ET 速率理论的第二个方面着眼于预测(观测)速率对假定发生 ET 的两个中心(供体 D 和受体 A)的距离 "R_{DA}" 的依赖性。ET 发生在过渡态的势能面,其中的核波动被认为已经使系统进入了供体和受体的非绝热电子能量相等的核组态。然后，可以根据两个中心(D 和 A)之间的隧穿速率来计算 ET 速率，该隧穿是由非绝热态之间的耦合介导的，该耦合取决于供体-受体的分离(R_{DA})。速率表示为：

$$k \sim e^{-\beta' R_{DA}} \tag{3.20}$$

其中：

$$\beta' = \frac{2}{\hbar} \sqrt{2m_e I_D} \tag{3.21}$$

其中，m_e 是电子的质量，I_D 是供体的电离能。预测的速率常数受以下事实的影响：即使对于较小的供体电离能(4~5eV)，随着 R_{DA} 的增加，速率也会很快降至零。这似乎表明只有在供体与受体之间的间隔很小时，ET 才会发生。实验观察到的结果恰恰相反——即使 D 和 A 之间的距离很远，也确实会发生 ET。通过假设可以发生"桥辅助"式的远程 ET，就能够避免这种理论矛盾(图 3.10)。桥在电子路径上提供了中心(未被占据的分子水平)，电子可以在移至下一个阱之前在此停留一段时间。该模型预测速率常数随着 D 和 A 的距离 L 呈指数下降。

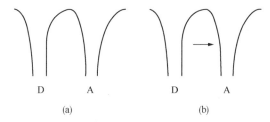

图 3.10　桥辅助长程电子转移的模型电势

$$k \sim e^{-\beta' L} \tag{3.22}$$

其中：

$$\beta' = -\frac{2}{b} \ln \left| \frac{V_B}{E_{D/A} - E_B} \right| \tag{3.23}$$

式中所指的桥辅助 ET 过程是一个完全由隧穿效应主导的相干量子力学过程，适用于短桥。另一种模型是电子被热激活到桥中，在桥中，它可以通过一系列 ET 步骤沿桥向下移动，每个步骤均以 Marcus 型 ET 速率为特征。因此，人们期望，随着桥梁长度的充分增加和 ET 通过跳跃接管时，可能会发生从观察到的在短桥中运行的隧道 ET 速率的指数依赖性与桥梁长度无关行为的交叉。事实上，实验观察证实了这种转变[60]。正如理论上可以预期的那样，还观察到[61,62]，在低温下，ET 速率主要由隧穿效应决定，随着热辅助转移占主导地位，在较高温度下，隧穿效应产生 Arrhenius 速率(指数)。探索是否可以开发一种独立于机制的计算 ICT 速率的模型将是有趣的。ICT 系统可以更一般地分为供体-桥-受体(D-B-A)、电极-桥-受体(M-B-A)和电极-桥-电极(M-B-M)类型，以便可以将电化学 CT 速率适应于 D–B–A(也称为 D–π–A)类型的分子系统中 ICT 速率的一般理论。在 M–B–A 或 M–B–M 系统中,如果相同的桥充当供体(M)和受体(M)之间的导管,则电化学 CT 速率或分子电导是预期与 ICT 状态在数学上联系的相关动力学量。事实上,如果假设相同的分子桥和"超交换"CT 机制有效,则在零偏压下,D–B–A 分子的 ICT 速率与 M–B–M 系统中的分子电导率线性相关[63,64]。即使对于跨越具有高隧道势垒的相当长的桥梁的跳跃介导的 ICT,人们也预计线性相关性会持续存在[65,66]。Lewis 等人[63]利用费米黄金法则建立了 D–B–A 分子中的 ICT 速率、M–B–A 系统中的电化学常数和 M–B–M 结构的分子电导之间的关系。Traub 团队[64]则假设电极上有多个状态可用,从而预测了 M–B–M 结构的电阻。事实证明,对于通过跳跃的高阻隔分子桥和 ET,隧穿 CT 速率(D–B–A)和分子电导率(在 M–B–M 系统中)是线性相关的。然而,实验数据证明了线性相关性,也就可以进一步剖析线性相关性崩溃的原因,即使分子桥(B)具有相同的构型和电子结构,供体与电极电荷状态之间的分子–环境相互作用以及能量差也很容易导致 ICT 速率和分子电导之间的线性相关性偏离。

Venkatramani 团队[67]开发了一个理论框架来计算 ICT 速率和分子电导,而无须假设任何特定的电荷传输机制。他们的模型导致了 CT 速率和分子电导之间的非线性关系。线性偏差主要源于两种系统中 CT 过程的能量势垒差异和退相干速率的基本差异。作者证明了 CT 能垒的减小和去相干速率的增加如何将交叉点的位置从 ICT 速率和分子电导对桥长(即电荷有效转移的距离)的指数依赖性变为较软依赖性。作者利用密度矩阵的简化形式,并采用现象学方法来处理系统——用于计算 CT 动力学的热耦合。为了计算稳态电流,他们利用了基于格林函数的Landauer–Butiker 方法。其处理最有趣的方面是其与区域无关的适用性和包含热浴的退相干效应。具体来说,作者预测了 ICT 速率和分子电导之间的幂律关系。非线性速率–电导关系一部分起源于电荷传输势垒高度的差异,另一部分起源于两种类型在实验中遇到的浴诱导退相干速率。该理论模型还成功地解释了电化学动力学(在 M–B–A 系统中)和分子电导(在 M–B–M 系统中)之间相当奇怪的相关性。在描述了模型的预测之后,我们现在简要概述作者使用的理论装置,该装置通过紧束缚哈密顿量 H_B 表示桥梁,具有 N 个相同单位且具有相等的现场能量(E_B)和相等的近邻相互作用(t_B)。因此,H_B 定义为:

$$H_B = \sum_{m=1}^{N} |m > E_B < m| + \sum_{m=1}^{N-1} (|m > t_B < m+1| + |m+1 > t_B < m|)$$

(3.24)

CT 速率是根据热浴耦合的供体–桥–受体系统的约化密度矩阵(P)计算得出的。通过求解相关的量子–刘维尔方程来计算 P:

$$\frac{dP}{dt} = -\frac{i}{\hbar}(L_s + L_{SB})P$$

(3.25)

在公式 3.25 中，L_S 是真实系统 Liouvillian $[H_{S,P}]$，而 L_{SB} 是复杂的系统浴相互作用 Liouvillian，它解释了约化密度矩阵元素的衰减。系统汉密尔顿 H_S 取为：

$$H_S = H_B + \sum_{m \varepsilon_{DA}} (|m > \varepsilon_m < m|) + (|D > t_{D1} < 1| + < 1| t_{D1} < D|)$$
$$+ (|A > t_{NA} < N| + < N| t_{NA} < A|) \tag{3.26}$$

D_S 的结构表明能量为 ε_D 的供体与耦合强度为 t_{D1} 的第一桥单元耦合。类似地，受体 A 以耦合常数 t_{A1} 耦合到最后一个桥单元。对 L_{SB} 进行纯粹的现象学建模：

$$(L_{SB})_{mn,mn} = i \left[\frac{\gamma_m}{2} + \frac{\gamma_n}{2} + \gamma_{mn}(1 - \delta_{mn}) \right] \tag{3.27}$$

式中，$\gamma_m / \hbar$ 表示站点 "m" 开始的布局弛豫速率，而 $\gamma_{mn}/\hbar$ 是导致站点 m、n 之间失去相干性的纯移相速率。

在 $t = 0$ 时，假定电荷完全位于供体（D）上，相当于 $\rho_{DD} = 1$ 和 $\rho_{AA} = 0$。然后通过计算数量来计算 CT（D→A）的速率（k_{CT}）：

$$k_{CT} = \int_0^\infty \rho_{AA}(t) \, dt / \int_0^\infty t \rho_{AA}(t) \, dt \tag{3.28}$$

CT 速率常数 K_{DA}。$\rho_{AA}(t)$ 可以通过求解刘维尔方程 3.28 获得。相关更多详细信息，请读者参阅 Venkatramani 等人的优秀论文[67]。作者表明，在电桥状态与供体-受体状态能量上相距遥远的情况下，非绝热 CT 速率由在共振供体-受体能量下评估的 k_{CT} 给出，并由 Marcus 激活因子加权。在最坏的情况下，这些表达式几乎不依赖于桥的长度或桥的特性。

上述理论模型已被多个研究小组应用于研究几种基于 ICT 的分子中的 CT 速率。最近，Manna 等人[68]采用量子化学和分子动力学模拟结合的方法研究了类胡萝卜素-卟啉-富勒烯（C_{60}）二聚体中的光诱导 CT 过程（图 3.11）。有作者报道上述二聚体非常灵活并且可以根据介质的性质形成不同的形状。半经典的 Marcus 理论[69]用于计算这些系统中 CT 过程的速率。作者发现，由于供体（类胡萝卜素）和受体（富勒烯）相隔约 50Å，所以二聚体的线性延伸构象可以通过连续的 CT 过程进行电荷分离。他们还考虑了一种具有代表性的弯曲构象，尽管它受到了熵的青睐（在他们的模拟研究中发现），但供体和受体在空间上比其线性对应物更近，减少了 CT 过程。先前的研究[70,71]在卟啉系统激发后的亚皮秒时间范围内，预测到一种涉及桥接 P 作为供体的半分离 CT 态（CT1），从而产生 $C-P^+-C60^-$ 态。后来，基于半经验方法的更大时间尺度的模拟研究证实，在最初生成 CT1 态的数百皮秒时间尺度上，生成了完全电荷分离的 CT2 态（$C^+-P-C60^-$）[72]。他们在线性构象下计算的 CT 速率与测量值相当吻合。作者将弯曲构象中的降低的 CT 指定为短距离和长距离 CT 态（即 CT1 至 CT2）之间传输过程中显著降低的速率。因此，作者提出的结果鼓励开发策略以在 $C-P^+-C60$ 中的弯曲构象上填充线性构象，用以实现有效的电荷分离。

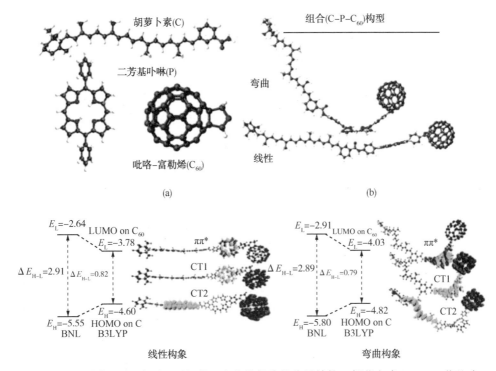

图 3.11　上图中：（a）表示三元组的三个化学部分的分子结构：胡萝卜素（C），二芳基卟啉（P）和吡咯-富勒烯（C_{60}）。（b）表示 C-P-C60 二聚体的线性和弯曲构象。下图中：二聚体的线性和弯曲构象的 HOMO 和 LUMO 能量（以 eV 为单位）。还显示了不同电子激发（ππ*，CT1 和 CT2）的性质（Manna 等人 2015[68]，经美国化学会许可转载）

3.4　研究 ICT 过程的实验方法

正如上节所述，许多技术已经被用于研究多种分子中 ICT 过程的机制。最初，使用稳态电子吸收和发射光谱来研究上述过程，目前几种最先进的光谱技术的出现更加丰富了这一领域。本章讨论了一些用于理解 ICT 过程的常见和最新技术。

3.4.1　稳态紫外可见吸收和发射光谱

稳态电子光谱技术已被广泛用于研究一些分子中的 ICT 过程。如第 2 章所述，某些 ICT 分子表现出双重发射，而有些分子仅显示来自 LE 或 ICT 过程的单发射。Atsbeha 团队[73]最近研究了 DMABN 在几种溶剂中的吸收和发射光谱。他们发现，DMABN 在 1,4-二噁烷、DCM、乙醇和乙腈中显示出双重发射，而在环己烷中仅观察到一个处于 342nm 的 λ_{max}。他们的结果表明，由于极性的增加，

ICT 物质的 λ_{max} 红移远高于 LE 物质，这与前者更高偶极矩有关。Druzhinin 团队研究了 DMABN 及其相关分子（图 3.12），4-（N-吡咯烷基）氨基苄腈（P5C）和 4-（N-哌啶基）氨基苄腈（P6C）的光激发效应[74]。他们报告指出，DMABN 形成了一种稳定的光产物 4-（甲基氨基）苄腈（MABN），其中 DMABN 的一个甲基被氢原子取代。光产物 MABN 的发射发生在与 DMABN 的 LE 状态相同的范围内。由于 DMABN 的 LE 发射在乙腈中基本淬灭，而 MABN 却没有淬灭，因此即使少量的

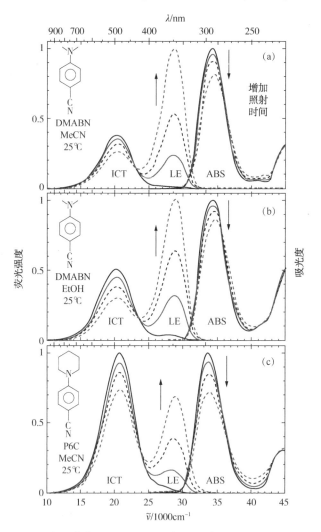

图 3.12 （a）DMABN 在乙腈中，（b）DMABN 在乙醇中和（c）4-（N-哌啶基）氨基苄腈（P6C）在乙腈中 25℃时相对强度的吸收光谱和荧光光谱（LE 态和 ICT 态双重发射）。还显示了由于在 285nm 处受控光激发持续时间增加而形成的光产物所引起的光谱强度变化
（Zachariasse 等人 2005[74]，经美国化学会许可转载）

这种光产物也会影响 LE 强度。由于 MABN 荧光激发态的寿命与 DMABN 的 LE 态的纳秒衰减成分相当，与 DMABN 在乙腈中的双指数 LE 发射衰减中的皮秒衰减成分相比，光产物的形成还提高了纳秒衰减时间的相对强度。因此，这种光产物的形成会导致对由极性溶剂中 DMABN 的光稳定和时间分辨荧光研究获得的动力学数据产生误解。作者发现 P5C 和 P6C 的主要光产物分别是 4-氰基-N-苯基吡咯(PP4C)和 ABN。

3.4.2　时间分辨超快光谱技术

具有皮秒分辨率的 TCSPC 技术能够被用于测量激发态物质的寿命。在 TCSPC 设置中获得时间分辨发射衰减的通用技术是在分子的最大吸收处激发系统，并且通常在分子发射的最值处随时间监测发射。ICT 物质的激发态寿命通常在几纳秒到几微秒之间。ICT 物质的形成通常比典型 TCSPC 装置仪器的响应时间更快，因此需要其他具有更高时间分辨率的光谱仪器来研究 ICT 中的快速光物理过程。最近，Chen 等人研究了具有芳基=苯基(p1H)、4-甲氧基苯基(p1OM)或 4-氰基苯基(p1CN)的反式-4-(N-芳氨基)对苯二甲酸酯在不同极性和黏度溶剂中的 ICT 过程和激发态动力学[75]。他们发现在极性溶剂 ACN、DMF 和 DMSO 中，p1CN 的发射曲线显示出双指数衰减，对其进行分析后，发现寿命较短的成分低于其 TCSPC 仪器响应时间，并且在 380~500nm 的发射波长下，寿命较长的成分为 0.93~1.15ns。在相同溶剂中，在 520~600nm 的发射波长下，他们还发现了寿命为 0.78~1.2ns 的单指数衰减。他们将较短的部分归因于 TICT 转换，蓝色区域的长成分归因于 PICT 态的荧光衰减，红色区域的长成分归因于 TICT 态的衰减。作者使用飞秒 TA 频谱测量详细研究了 ICT 过程中的快速过程。

超快光谱可用于研究多种分子中 ICT 过程的动力学。随着激光光谱学领域的发展，现在可以测量飞秒级甚至更快的过程，这里讨论了一些示例。

Palit 等人[76]使用亚皮秒分辨率的时间分辨吸收技术，结合量子化学计算研究了 ICT 探针的弛豫动力学，即双-[(4-二甲氨基)-苯基]甲烷氯化铵(也称为金胺)。他们的计算结果表明，该分子在 400nm 光激发后达到 LE 态。金胺中的 LE 到 ICT 过程涉及该分子中二甲氨基的扭转。作者声称，LE 状态的弛豫动力学遵循至少两个互为几何异构体的瞬态(称之为 TSⅠ和 TSⅡ)，这些瞬态是在 LE 态衰变后连续形成的。图 3.13 给出了金胺的激发态光物理示意图。

该团队[77]使用飞秒 TA 光谱结合 DFT 计算研究了电子供体(D)和受体(A)之间的偶联，在异构 N,N-二甲基氨查耳酮衍生物、DMAC-A 和 DMAC-B 的 ICT 动力学中的作用(图 3.14)。D 和 A 单元之间的耦合很重要，因为它决定了是形成 TICT 态还是 PICT 态(第 2 章中讨论过)。在 DMAC-A 中，N,N-二甲基苯胺(供体)和羰基(受体)之间的距离比 DMAC-B 短一个乙烯单元。作者声称，在 S1 态的 DMAC-A 中，供体基团的扭曲是可行的，从而形成 TICT 态，而由于沿 DMAC-B 扭曲轴的能垒较大，它形成了 PICT 态。作者基于 DMAC-A 中 D 和 A 基团之间较短距离形成的供受体强耦合作用解释了这些结果。与 DMAC-B 相比，DMAC-A 的荧光量子产率降低近 50%，其 S_1 态寿命的缩短也支持了这一结论。

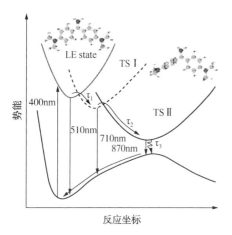

图 3.13 由 Palit 及其同事提出的金胺的势能面，图中也给出了相应的跃迁波长（吸收，发射）（Palit 等人 2011[76]，经美国化学会许可转载）

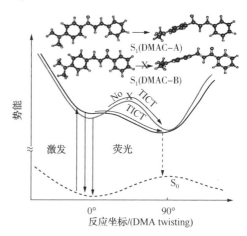

图 3.14 DMAC-A 和 DMAC-B 的势能面。作者发现，TICT 在 DMAC-A 中是可行的，而在 DMAC-B 中未检测到 ICT 反应。还显示了由于 ICT 过程导致的上述分子结构可能发生的变化（Palit 等人 2015 年[77]，经美国化学会许可转载）

硫黄素 T，一种苯并噻唑染料，是一种用于检测淀粉样纤维的 ICT 分子，淀粉样纤维是导致几种蛋白质错误折叠疾病的物质。该分子从光激发 LE 态经历 ICT 过程，形成非荧光 TICT 态[78]。该分子的发射取决于介质的黏度，使用亚皮秒和纳秒时间分辨光谱技术研究了处于激发态的硫黄素 T 的扭曲动力学。作者发现，围绕两个芳香基团之间的中央 C—C 键的扭曲是无障碍的，这一过程主要有助于第一激发态（S_1）的超快动力学[79]。

Wasielewski 等人[80]使用飞秒 TA 光谱技术，研究了以两个共价键结合的发色团——催化剂 ET 二聚体中的超快分子内电子转移（IET）（图 3.15）。上述二元化合物中，染料为强光氧化剂苝-3,4：9,10-双（二甲酰亚胺）的衍生物，缩写为 PDI，而分子催化剂是 Cp^*Ir（2-苯基吡啶）Cl 金属配合物。飞秒 TA 测量是通过使用持续时间为 150fs 的 550nm 脉冲来激发所研究的分子来进行的，该脉冲选择性地激发 PDI 单元。作者报道说，这些二聚体中 PDI 单元的光激发导致发色团在不到 10ps 的时间内还原为 PDI^-，并具有统一的量子产率。双（CF_3）苯基取代 PDI 的湾位会增加 ET 的速率，因为它使二元化合物成为更好的光氧化剂，并且更易溶于极性的、与水混溶的有机溶剂中。据报道，通过 PDI⁻ 单元的双指数衰减在这些二聚体中发生快速电荷重组，表明两个离子对可能是由于氧化后铱中心的结构变化而形成的。据报道，这些离子对的相对丰度与溶剂有关。

　　同个研究小组[81]报道了从锌卟啉转变到易于还原的二铁氢化酶模型复合物的超快光驱动分子内 ET。

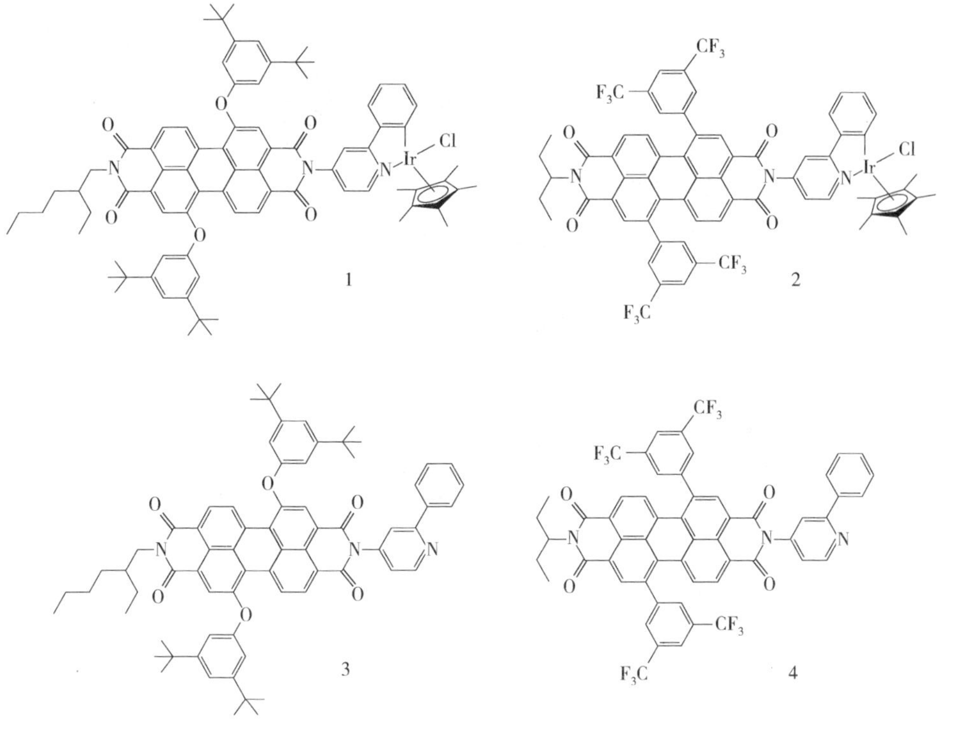

图 3.15　PDI/Ir 复合二聚体(1 和 2)及其各自的配体(3 和 4)的分子结构

(Wasielewski 等人 2012[80]，经美国国家科学院许可转载)

　　Karunakaran 和 Das[82]报道了氰基和单/二甲氧基取代的二苯乙炔衍生物在激发态弛豫过程中涉及的级联过程。在这些 ICT 分子中，单甲氧基或二甲氧基作为供体，氰基作为受体(分别简写为 MA1 和 DA1)。作者使用飞秒泵浦探针光谱法和纳秒激光闪光光解法，研究了这些分子中 ICT 过程涉及的超快动力学和中间体。在极性溶剂乙腈中，激光辐照将 DA1 分子激发到 FC 状态，在该状态下诱导偶极子，并且溶剂构型与 GS 中的几乎相同。由于电场和溶剂的永久偶极子之间的相互作用，溶剂分子开始重新定向以达到新的平衡位置。最初的主要溶剂弛豫动力学是由于溶剂分子的耦合振动和平移运动而发生的，该状态称为"热"状态。该过程之后是溶剂化过程的中间和最终部分，涉及阻尼旋转、扩散旋转和平移运动，最终导致 LE(Sol)状态的形成(图 3.16)。在极性溶剂(乙腈)中，作者提出形成 PICT 态，该态进一步松弛以形成比 GS 具有更高偶极矩的 TICT 态。TICT 态具有电荷分离的自由基阳离子和阴离子，它们重新结合形成三重态。在非极性溶剂环己烷中，ICT 分子的发射主要来自 LE 态。作者发现，LE 态和 PICT 态是 DA1 在环己烷中形成三重态的主要中间体。这些结果使作者得出结论，在乙腈中，MA1 和 DA1 的激发态动力学由 ICT 动力学以及超快溶剂化动力学控制，而在环己烷中，其主要受溶剂动力学控制。

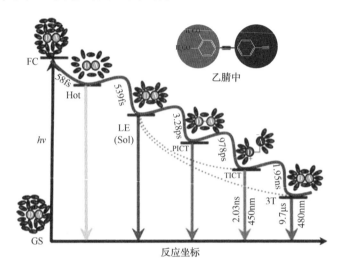

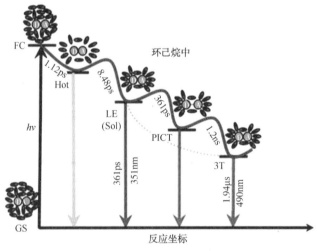

图 3.16　DA1 在乙腈和环己烷中涉及溶剂化和 ICT 松弛的激发态失活途径(详情见文本)

(Karunakaran 等人 2016[82]，经美国化学会许可转载)

Abe 团队[83]使用稳态、飞秒光电离(气相)和飞秒 TA(溶液)光谱测量结合量子化学计算，研究了甜菜碱吡啶染料 2-吡啶-1-基-1H-苯并咪唑(SBPa)中的

ICT 过程。他们的结果预测并显示了由 S_0 到 S_2 的垂直跃迁，在该分子的 CT 吸收带中的负溶剂化变色。该分子中的发射是由于弱溶剂化变色 S_1 到 S_0 跃迁而发生的。他们的量子化学研究预测了这种分子的两步 CT 过程。SBPa 的基本光物理特性同时使用了非绝热和绝热表示如图 3.17 所示。他们的实验结果确实支持了该分子的两个不同过程。光激发使该分子进入第二激发态(S_2)，然后超快失活至第一激发态(S_1)。作者发现，在非质子介质中，该分子的 CT 过程取决于溶剂极性和黏度，而在蛋白质介质中，氢键的形成起着重要作用。作者将这些结果与SBPa 的预扭曲模拟结果进行了比较，从而使他们放弃了形成高度扭曲 ICT 状态的想法。在 FC 几何结构达到 S_2 状态之后，SBPa 中发生的过程涉及在约 100fs 的时间内弛豫到 S_2(CT)态，这伴随电子组态的重组。然后，根据介质的性质，系统在大约 300fs 至 20ps 的时间范围内从 S_2(CT)态内部转变为 S_1(CT)态。作者发现了一个竞争过程，该过程将分子从 S_2(CT)态变为 S_1(E)态，据研究报道，该S_1(E)态是该分子中唯一的发射态。在气相中，作者报告了从 S_2(CT)态到 S_1(E)态的跃迁是 SBPa 中唯一的失活途径。

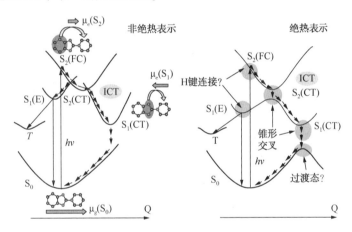

图 3.17　光激发时 SBPa 光物理的非绝热和绝热表示
（参考文献[83]；经 PCCP 所有者协会的许可转载）

3.4.3　拉曼/共振拉曼光谱

　　共振拉曼光谱已用于研究一些分子的 ICT 过程。感兴趣的读者可以简要回顾一下利用共振拉曼光谱探索 CT 过程的早期研究[84]。如前所述，皮秒时间分辨共振拉曼光谱(TR^3)已用于研究 DMABN 的 ICT 态(A 态)的结构[85]。作者已使用分辨率为 3ps 的 Kerr 门来抑制先前阻碍了 TR^3 使用的 DMABN 的强荧光。他们使用了 267nm 泵浦和 330nm 探测脉冲，每个脉冲分别为 5~10μJ 和 1~5μJ。为了确定DMABN 的苯基氨基伸缩模式[ν(Ph-N)]的频率，他们还使用了甲基氘代类似物

DMABN-d$_6$和^{15}N 同位素取代物(DMABN-^{15}N)。他们的结果表明，在 ICT 状态下，转移的电子在整个苄腈基团上离域，最终导致 C≡N 键延长。在 ICT 态下的 ν(Ph-N)比在 GS 态下移了约 96cm^{-1}，这表明 DMABN 中二甲氨基和苄腈基团的 n-π 相互作用和电子去偶联显著降低。此结果与 TICT 状态的最小重叠原理相匹配，因此排除了形成 PICT 状态的可能性，该状态需要供体和受体亚基团之间强电子耦合。Hamaguchi 等人[86]也得到了类似的结果，他们曾使用纳秒时间分辨红外光谱研究 DMABN 在几种极性和非极性溶剂中的激发单重态和三重态结构。在极性溶剂(丁醇)中，他们观察到两种激发态物质，其中 2.2ns 组分被分配为 TICT 单重态，而另一种具有氧敏感激发态寿命的组分归因于 TICT 三重态。在非极性溶剂(己烷)中，仅发现一种处于激发态的物质，它们被分配为非 CT 三重态。他们的研究表明，C≡N 的伸缩频率从 GS 态的 2216cm^{-1} 变为 TICT 单重态的 2096cm^{-1}，明显下降了 120cm^{-1}。作者还提出，由于 DMABN 中的 CT 过程，阴离子苄腈基团与二甲氨基电子脱耦，这支持了 TICT 机制。

甜菜碱-30 是一种在光激发后进行快速 ET 的典型 CT 复合物[41-43]，也是一种经过充分研究的 ICT 探针。光激发导致电子密度从酚氧环的氧原子转移到吡啶环，如图 3.18 所示。电荷转移的第一激发态(S_1)通过背电子转移(bET)过程迅速衰减。通过对甜菜碱-30 中的 bET 过程进行多项研究，得出结论是该过程比 Marcus 理论所预测的快几个数量级。据预测，除了溶剂重组和热波动外，高频振动模式和 CT 坐标之间的耦合也会驱动 bET 过程。Kovalenko 等人[87]使用泵浦超连续谱探针技术在 532nm 和 634nm 处激发约 50fs 后，研究了甜菜碱-30 在极性溶剂中的光谱行为。他们监测了受激发射和激发态吸收的光谱演变，以监测探针分子在激发态下的光诱导溶剂化和超快分子内重排。

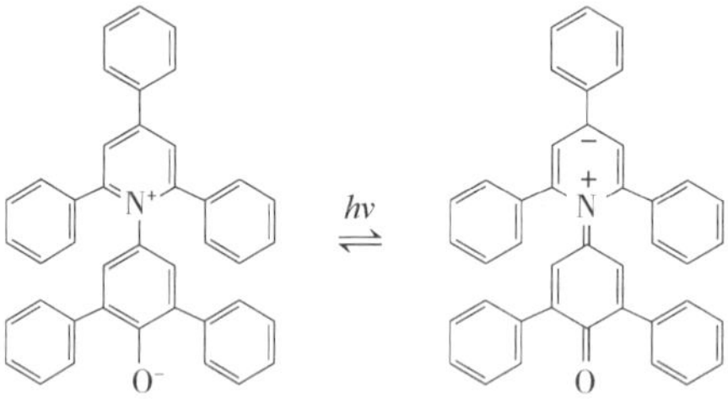

图 3.18　甜菜碱-30 中的 ICT 过程(Kovalenko 等人 2001[87]，经美国化学会许可转载)

Frontiera 等人[88]使用飞秒受激拉曼光谱(FSRS)结合 DFT 计算来研究甜菜碱-30 的 bET。他们使用飞秒放大器的 4.4W 基本输出来生成实验所需的泵浦、连续谱探针和光化脉冲。作者声称，该系统能够探测飞秒时间尺度内的激发态振动特征，这是研究光激发后甜菜碱-30 的瞬时结构变化所需要的(图 3.19)。

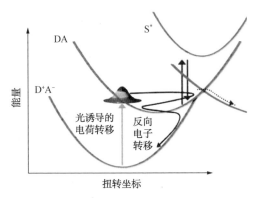

图 3.19　由 Frontiera 等人获得的甜菜碱-30 光物理的图示，详情见文本
（2016 年 PCCP 所有者协会版权，转载自参考文献[88]）

甜菜碱-30 分子在 GS 态中保持 D^+A^- 状态[41-43]，与在激发态下达到这种形式的正常 ICT 分子不同。在光激发下，甜菜碱-30 获得 DA 结构，因此该分子的偶极矩在 GS 态中高于激发态。Frontiera 等人[88]发现很大一部分粒子在激发态（DA）下振荡，并瞬时预共振到更高的 S^* 态。作者发现，粒子在 Marcus 反转区内约 2ps 内经历了 bET。通过对其 FSRS 实验获得的该分子的频率和振幅动力学的额外分析使作者得出结论，该分子中通过低位电子激发态可获得一种新的弛豫途径。

3.4.4　太赫兹光谱和 ICT 动力学

自从詹姆斯·克莱克·麦克斯韦写下他著名的方程式并由海因里希·赫兹通过实验验证以来，众所周知，任何加速电荷都会产生电磁辐射[89]。这实际上是自由电子激光器和回旋加速器光源的基础。据报道，电磁辐射的产生也是光电导天线产生太赫兹脉冲的基础[90]。THz 脉冲大约是 EM 辐射的半周期脉冲，持续时间通常为几百飞秒。光电导天线可以通过在半导体晶片（例如 GaAs）的表面上施加电场来创建，因为光激发将电子引导到导带并被偏置场加速，从而产生 EM 辐射。由于 ICT 过程涉及电荷的移动，因此它还应产生电磁瞬变。嵌入在发射波形中的时间信息预计将直接与潜在的脉冲生成动力学相关联。

Schmuttenmaer 及其同事[51]可能是第一个通过测量 IET 过程本身传播的电磁波波形来直接观察甜菜碱-30 中 IET 过程的人。他们表明，可以在 0.1～10ps 的时间范围内测量正向 CT 和反向 CT 过程的速率。这种方法的优点在于，无须担心 ICT 分子的发射性质，因为一些基于 ICT 的分子较差的发射量子产率。为了产生电磁脉冲，必须将所有单个发色团发射的场建设性地相加。实现这一目标有两个基本要求。首先，分子必须定向，其次，它们必须相干激发。如果这些分子仅在一个方向上定向，为了产生电磁脉冲，CT 过程必须沿定向轴诱导极化变化。

作者使用持续时间约为100fs的短脉冲来光激发分子，在相干光激发之前成功地将偶极分子至少部分地定向在静电场中。预计信号强度会随着取向程度、光激发分子的数量以及光激发时偶极矩的变化而线性增加。预计信号强度还取决于分子取向轴与激发态偶极轴之间夹角的余弦值。作者认为，辐射场的符号取决于偶极矩的变化是正的还是负的，因此可以直接从这些实验中获得的信息中确定CT的方向。甜菜碱-30，也称为雷查特染料，是一种有趣的ICT分子，其中一个电子已经从吡啶供体(D)基团转移到GS中的酚类受体(A)基团[41-43]。在约800nm的光激发下，处于激发态的ET将分子从$S_0(D^+-A^-)$的GS引入$S_1(D-A)$激发态。因此，预期该分子的第一激发态将具有比GS更小的偶极矩。据报道，甜菜碱-30在GS和激发态下的偶极矩分别为15D和-6D[91]。随后，作者[54]报道了使用相同的技术(我们称为THz光谱)在4-二氨基-4′-亚硝基苯乙烯(DMANS)中进行ICT过程的研究。作者发现，甜菜碱-30产生的脉冲与偏置GaAs产生的电磁脉冲相比，在施加相同外加电场下极性相反(图3.20)。这一事实表明，甜菜碱-30中CT的方向与所施加电场的方向相反。在400nm的光激发下，DMANS显示出与甜菜碱-30相同的一般特性，但极性相反。

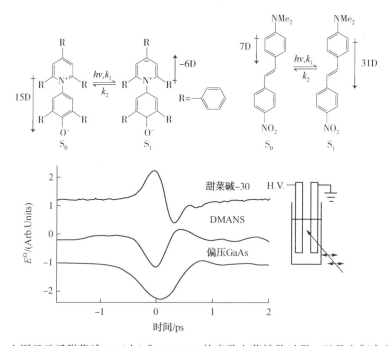

图3.20 上图显示了甜菜碱-30(左)和DMANS的光致电荷转移过程，以及它们在基态和激发态的偶极矩。下图显示了通过DMANS和甜菜碱-30中的电荷转移产生的电场与偏压GaAs的光激发产生的电场的比较，在所有情况下施加的电场方向都是相同的，右图给出了实验装置(Beard等人2002[54]，经美国化学会许可转载)

作者是基于 DMANS 的偶极矩在激发态(31D)比 GS 态(7D)更高，而甜菜碱-30 则相反来解释这些结果。作者使用方程 3.29 中所示的随时间变化的极化方程来获得正向(k_1)和反向(k_2)ET 过程的速率。

$$P(t) = \frac{N_0 k_1}{(k_2 - k_1)}[\exp(-k_1 t) - \exp(-k_2 t)] \times (\mu_e^2 - \mu_g^2)\frac{E_1}{3 k_B T} \quad (3.29)$$

其中 μ_g 和 μ_e 分别是分子处于 GS 和受激态的偶极矩，N_0 是激发分子的初始密度，E_1 表示局部电场，k_B 是玻尔兹曼常数，T 是绝对温度。

作者估计了甜菜碱-30 的 k_1 和 k_2 值分别为 3.37ps^{-1} 和 0.67ps^{-1}。由于该方法独立于供体和受体的性质，因为该技术测量产生信号的电荷的运动，因此可以预期该方法可用于研究其他系统(如自组装层结构)中的 CT 过程。

参 考 文 献

1 Lippert, E., Luder, W., Moll, F., Nagele, W., Boos, H., Prigge, H., and Seibold-Blankenstein, I. (1961) *Angew. Chem.*, **73**, 695.

2 Lippert, E. *et al* (1962) in *Advances in Molecular Spectroscopy* (ed. A. Mangini), Pentagon Press, Oxford.

3 Rettig, W. (1986) *Angew. Chem. Int. Ed.*, **25**, 791.

4 Grabowski, Z.R., Rotkiewicz, K., and Rettig, W. (2003) *Chem. Rev.*, **103**, 3899.

5 Lippert, E. *et al* (1987) *Adv. Chem. Phys.*, 68.1.

6 Majumdar, D. *et al* (1991) *J. Phys. Chem.*, **95**, 4324.

7 Zachariasse, K.A. (2000) *Chem. Phys. Lett.*, **320**, 8.

8 Sobolewski, A.L. and Domcke, W. (1996) *Chem. Phys. Lett.*, **250**, 428.

9 Sobolewski, A.L. and Domcke, W. (1996) *Chem. Phys. Lett.*, **259**, 119.

10 Druzhinin, S.I., Ernsting, N.P., Kovalenko, S.A., Lustres, L.P., Senyushkina, T.A., and Zachariasse, K.A. (2006) *J. Phys. Chem. A*, **110**, 2955.

11 Chattopadhyay, N., Serpa, C., Pereira, M.M., de Melo, J.S., Arnaut, L.G., and Formosinho, S.J. (2001) *J. Phys. Chem. A*, **105**, 10025.

12 Daum, R., Druzhinin, S., Earnst, D., Rupp, L., Schroeder, J., and Zachariasse, K.A. (2000) *Chem. Phys. Lett.*, **341**, 272.

13 Zachariasse, K.A. *et al* (2001) *Chem. Phys. Lett.*, **320**, 8.

14 Zachariasse, K.A. *et al* (2000) *Chem. Phys. Lett.*, **323**, 351.

15 Maus, M. *et al* (1999) *J. Phys. Chem. A*, **103**, 3388.

16 Cao, X. *et al* (1998) *J. Phys. Chem. A*, **102**, 2739.

17 Jayaram, B. *et al* (1990) *J. Phys. Chem.*, **94**, 4666.

18 Dreyer, J. and Kummrow, A. (2000) *J. Am. Chem. Soc.*, **122**, 2577.

19 Tassle, A.J.V., Prantil, M.A., and Fleming, G.R. (2006) *J. Phys. Chem. B*, **110**, 18989.

20 Marguet, S. *et al* (1993) *Chem. Phys.*, **160**, 265.

21 Gomez, I. *et al* (2005) *J. Am. Chem. Soc.*, **127**, 7119.

22 Zhang, W., Lan, Z., Sun, Z., and Gaffney, K.J. (2012) *J. Phys. Chem. B*, **116**, 11527.

23 Dahl, K. *et al* (2005) *J. Phys. Chem. B*, **109**, 1563.

24 Ma, C. *et al* (2002) *J. Phys. Chem. A*, **106**, 3294.

25 Wagner, N.L., Greco, J.A., Enriquez, M.M., Frank, H.A., and Birge, R.R. (2013) *Biophys. J.*, **104**, 1314.

26 Ragnoni, E. *et al* (2015) *J. Phys. Chem. B*, **119**, 420.

27 Lee, J.K., Fujiwara, T. *et al* (2008) *J. Chem. Phys.*, **128**, 164512.

28 Gustavsson, T. *et al* (2009) *J. Chem. Phys.*, **131**, 031101.

29 Jarowski, P.D. and Mo, Y. (2014) *Chem. Eur. J.*, **20**, 17214.

30 Georgieva, I. *et al* (2015) *J. Phys. Chem. A*, **119**, 6232.

31 Boda, S. *et al* (2009) *Proc. Natl. Acad. Sci. U.S.A.*, **106**, 12311.

32 Zigmantas, D. *et al* (2004) *Phys. Chem. Chem. Phys.*, **6**, 3009.

33 Copczynski, M. *et al* (2007) *J. Phys. Chem. A*, **111**, 2257.

34 Olivier, T.A.A. and Fleming, G.R. (2015) *J. Phys. Chem. B*, **119**, 11428.

35 Fujiwara, T. *et al* (2014) *Int. Symp. Mol. Spectrosc.* doi: 10.15278/isms.2014.FC10

36 Fuβ, W. *et al* (2007) *Photochem. Photobiol.*, **9**, 1151.

37 Amatatsu, Y. *et al* (2005) *J. Phys. Chem. A*, **109**, 7225.

38 Curchod, B.F.E., Sisto, A., and Martinez, T.J. (2017) *J. Phys. Chem. A*, **121**, 265.

39 Kochman, M.A. *et al* (2015) *J. Chem. Theory Comput.*, **11**, 1118.

40 Du, L. *et al* (2015) *J. Chem. Theory Comput.*, **11**, 1360.

41 Levinger, N.E., Johnson, A.E., Walker, G.C., Akkeson, E., and Barbara, P.F. (1992) *Chem. Phys. Lett.*, **196**, 159.

42 Akkesson, E. *et al* (1992) *J. Phys. Chem.*, **96**, 7859.

43 Walker, G.C. *et al* (1992) *J. Phys. Chem.*, **96**, 3728.

44 Sumi, H. and Marcus, R.A. (1986) *J. Chem. Phys.*, **84**, 4894.

45 Fedunov, R.G., Plotnikova, A.V., Ivanov, A.I., and Vauthey, E. (2017) *J. Phys. Chem. A*, **121**, 471.

46 Oslen, S. and McKenzie, R.H. (2012) *J. Chem. Phys.*, **137**, 164319.

47 Tolbert, L.M. *et al* (2012) *Acc. Chem. Res.*, **45**, 171.

48 Ediz, V. *et al* (2008) *J. Phys. Chem. A*, **112**, 9692.

49 Weigel, A. *et al* (2012) *Phys. Chem. Chem. Phys.*, **14**, 11150.

50 Sasaki, S. *et al* (2016) *J. Mater. Chem. C*, **4**, 2731.

51 Beard, M.C., Turner, G.M., and Schmuttenmaer, C.A. (2000) *J. Am. Chem. Soc.*, **122**, 11541.

52 Smith, P.R. *et al* (1988) *IEEE J. Quantum Electron.*, **24**, 255.

53 Beard, M.C. *et al* (2002) *J. Phys. Chem. A*, **106**, 7146.

54 Beard, M.C., Turner, G.M., and Schmuttenmaer, C.A. (2002) *J. Phys. Chem. A*, **106**, 878.

55 Schmuttenmaer, C.A. *et al* (1759) *Chem. Rev.*, **104**.

56 Ulbrichtetal, R. *et al* (2011) *Rev. Mod. Phys.*, **83**, 543.

57 Nitzan, A. (2006) *Chemical Dynamics in Condensed Phases: Relaxation, Transfer and Reactions in Condensed Molecular Systems*, Oxford University Press, Chapter **9**, 14–16.

58 Bennet, L.E. (1973) *Prog. Inorg. Chem.*, **18**, 1.

59 Miller, J.R. *et al* (1984) *J. Am. Chem. Soc.*, **106**, 3047.

60 Giese, B., Amaudrut, J., Kohler, A.K., Spormann, M., and Wesseley, S. (2001) *Nature*, **412**, 318.

61 Segal, D.A., Nitzan, A. *et al* (2000) *J. Phys. Chem. B*, **104**, 3817.

62 Segal, D.A. *et al* (2000) *J. Phys. Chem. B*, **104**, 2790.

63 Lewis, F.D. *et al* (1997) *Science*, **277**, 673.

64 Traub, M.C. *et al.* (2007) *J. Phys. Chem. B*, **111**, 6676.

65 Nitzen, A. *et al* (2001) *J. Phys. Chem. A*, **105**, 2677.

66 Nitzen, A. *et al* (2002) *Isr. J. Chem.*, **42**, 163.

67 Venkatramani, R. *et al* (2014) *Faraday Discuss.*, **174**, 57.

68 Manna, A., Balamurugan, D., Cheung, M.S., and Dunietz, B.D. (2015) *J. Phys. Chem. Lett.*, **6**, 1231.

69 Marcus, R.A. (1993) *Rev. Mod. Phys.*, **65**, 599.

70 Rozzi, C.A. *et al.* (2013) *Nat. Commun.*, **4**, 1.

71 Spallanzani, N., Rozzi, C.A., Varsano, D., Baruah, T., Pederson, M.R., Manghi, F., and Rubio, A.J. (2009) *Phys. Chem. B*, **113**, 5345.

72 Rego, L.G.C., Hames, B.C., Mazon, K.T., and Joswig, J.-O. (2014) *J. Phys. Chem. C*, **118**, 126.

73 Atsbeha, T. *et al* (2010) *J. Fluoresc.*, **20**, 1241.

74 Druzhinin, S.I., Galievsky, V.A., and Zachariasse, K.A. (2005) *J. Phys. Chem. A*, **109**, 11213.

75 Chen, I.C. *et al* (2016) *Phys. Chem. Chem. Phys.*, **18**, 28164.

76 Palit, D.K. *et al* (2011) *J. Phys. Chem. A*, **115**, 8183.

77 Palit, D.K. *et al* (2015) *J. Phys. Chem. A*, **119**, 11128.

78 Stsipura, V.I. *et al* (2007) *J. Phys. Chem. A*, **111**, 4829.

79 Ghosh, R. and Palit, D.K. (2014) *ChemPhysChem*, **15**, 4126.

80 Wasielewski, M.R. *et al* (2012) *Proc. Natl. Acad. Sci. U.S.A.*, **109**, 15651.

81 Wasielewski, M.R. *et al* (2010) *J. Am. Chem. Soc.*, **132**, 8813.

82 Karunakaran *et al* (2016) *J. Phys. Chem. B*, **120**, 7016.

83 Abe, J. *et al* (2012) *Phys. Chem. Chem. Phys.*, **14**, 1945.

84 Myers, A.B. (1996) *Chem. Rev.*, **96**, 911.

85 Kwok, W.M. *et al* (2001) *J. Phys. Chem. A*, **105**, 984.

86 Hamaguchi *et al* (1995) *J. Phys. Chem.*, **99**, 7875.

87 Kovalenko *et al* (2001) *J. Phys. Chem. A*, **105**, 4834.

88 Frontiera *et al* (2016) *Phys. Chem. Chem. Phys.*, **18**, 20290.

89 Jackson, J.D. (1962) *Classical Electrodynamics*, John Wiley & Sons, Inc, New York.

90 Fattinger, C. and Grischkowsky, D. (1989) *Appl. Phys. Lett.*, **54**, 490.

91 Liptey, W. (1969) *Angew. Chem. Int. Ed.*, **8**, 177.

4 介质对 ICT 进程的影响：理论与实验

4.1 引言

现在，众所周知的是，溶剂在决定分子的电子结构和性质方面起着重要作用[1-31]。溶液中的反应速率与气相或不同种类溶剂中的反应速率相比可能有很大不同。

因此，可以通过改变介质的性质来调节溶液中的反应速率。与该反应的过渡态相比，溶剂通过其平衡溶剂化可以增加或减少反应物的能量，从而影响反应的能垒并进而影响反应速率。它还可以对反应过程中电荷分布在其中的分子使用动态或非平衡溶剂化。由于基态和激发态的电荷分布不同，分子内电荷转移(ICT)分子的偶极矩显著不同，因此分子与基态和激发态溶剂的相互作用可能会发生显著变化。因此，ICT 分子是研究平衡和动态溶剂化的理想系统。在本章中，我们将讨论介质属性对 ICT 过程的影响及其含义。重点强调了几个分子中介质极性和氢键对 ICT 过程的影响。

4.2 溶剂化的一些理论和模型

我们在第 2 章中提到，ICT 过程主要是在溶液中进行研究的。溶剂的性质(极性、黏度等)在上述过程中起着重要作用。现在已知，根据溶质和溶剂的性质，溶质主要通过以下两种方式与溶剂相互作用。首先，溶质可以与溶剂形成氢键，称为特异性或微观溶剂化。这会产生特定大小和化学计量的簇。仅当溶质和溶剂具有氢键供体基团和受体基团时，才会形成这种团簇。其次，溶剂可以通过其介电连续体溶解溶质。后者是非化学计量的，称为宏观溶剂化。在乙醇、甲醇和水等极性质子溶剂中，ICT 分子可以进行微观和宏观溶剂化。据报道，微观和宏观溶剂化在确定溶液中溶质的结构和性质方面都起着至关重要的作用，尽管它们的相对贡献可能因系统而异。

因此，气相中分子的结构和反应性可能与其在溶液中所观察到的不同，这主要是由于气相和溶液中电子排列的差异导致的。当我们从非极性溶剂转移到极性溶剂时，性能上的差异非常明显。为了了解分子在介质中的溶剂化作用，几个小组研究了用溶剂形成微团簇的方法[16,32-40]。对具有特定大小的簇的研究为我们提供了前所未有的分子与整体溶剂相互作用的细节，否则这将是非常难以理解的。尽管由于光谱仪器的可用性，ICT 分子的光物理研究大多是在溶液中进行的，但随着喷嘴喷射、共振双光子电离（R2PI）等最先进的光谱技术的出现[16,32-40]，对尺寸选择性分子或离子簇形成的研究在过去几十年中已成为分子科学中的热门领域。

在溶液中，一个分子通常被几百到几千个溶剂分子包围。因此，需要大量的计算工作来明确地处理分子上的溶剂效应。在本章中，我们回顾了一些与 ICT 分子研究相关的溶剂化理论和模型。感兴趣的读者可以通过 Cramer 和 Truhler 对隐式溶剂模型进行全面审查[41]。Kirkwood 提出了一种计算主要决定分子吸收能变化的溶剂化能的早期模型之一[42]。在球形分子近似下，溶剂化能 $[w(\varepsilon)]$ 可以表示为：

$$w(\varepsilon) = \frac{1}{4\pi\varepsilon_0}\left[\frac{Z^2 e^2}{2a}\left(1 - \frac{1}{\varepsilon_s}\right) + \frac{|\mu|^2}{a^3}\left(\frac{\varepsilon_s - 1}{2\varepsilon_s + 1}\right)\right] \tag{4.1}$$

其中 Z 和 e 分别是分子电荷和元素电荷，μ 是电偶极矩。ε_0 和 ε_s 分别代表真空和所研究介质的介电常数，"a" 表示分子的半径。如果分子的吸收涉及从 S_0 态到 S_n 态的转变，则上述状态的溶剂化能（Δw）的变化可以写为：

$$\Delta w = w(S_n) - w(S_0) = \frac{1}{4\pi\varepsilon_0 a^3}\left[|\mu_{S_n}|^2 - |\mu_{S_0}|^2\right]\left(\frac{\varepsilon_s - 1}{2\varepsilon_s + 1}\right) \tag{4.2}$$

其中 μ_{S_n} 和 μ_{S_0} 分别代表气相中 S_n 和 S_0 态的电子偶极矩。因此可以预计，吸收激发态与基态之间的偶极矩差异主要决定了特定溶剂中分子最大吸收的偏移。

Nakano 等人[43]报道了未取代硼二吡咯烷（BODIPY）染料的溶剂无关吸收光谱，并解释了他们使用 Kirkwood 溶剂化模型进行量子化学计算所得的结果。在气相中，他们的计算预测了该分子在 S_0 和 S_1 态下的偶极矩分别为 4.50D 和 4.78D。他们的结果表明，Δw 在 0.002eV 和 0.005eV 之间变化，对应于吸收波长的变化小于 1nm。作者声称，结构的微小变化是这些分子荧光高量子产率的原因。在 Bayliss-McRae 溶剂化变色模型中[1]，溶质在气相和溶剂中的吸收能量（频率）取决于折射率、体静态相对介电常数以及基态和激发态偶极子。Gutierrez 及其同事[44]提出了溶剂化变色模型，以定性地解释偶极溶质-极性溶剂相互作用。他们的模型是基于在 Franck-Condon 激发框架下，激发态相对于基态的偶极矩和取向的变化，并考虑了显式溶质和溶剂分子。考虑到相互作用的理想情况，可以将属于第一个溶剂化单元的溶剂分子的偶极矩（μ_s）按照 μ_0 的方向取向，如图 4.1 所示。作者认为，两个偶极子之间的经典相互作用势可表示为：

$$V_{12} = \frac{\mu_1 \times \mu_2}{r^3} - 3\frac{(\mu_1 \times r)(\mu_2 \times r)}{r^5} \tag{4.3}$$

其中 μ_1 和 μ_2 是偶极子，r 是这两个偶极子之间的矢量。对于该表达式，可以

预期 V_{12} 将随着 r 值的增加而减小。在某些近似下，作者提出了一个粗略模型，表明激发态 S_n 和基态 S_0 之间的相互作用势取决于偶极子之间角度(ϕ)的变化。

一些量子化学研究致力于理解溶剂化对 ICT 分子吸收和发射特性的影响[45,46]。其中许多研究涉及分子的整体溶剂化，然后计算所需的特性，本章将讨论其中一些研究。

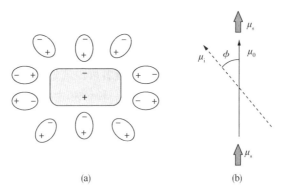

图 4.1　(a)Gutierrez 及其同事提出的偶极溶质周围的极性溶剂笼；(b)极性分子(溶质)和两个极性溶剂分子之间的偶极–偶极相互作用模型
(Gutierrez 等人 2005[44]，经英国皇家化学会许可转载)

研究整体溶剂化对吸收和荧光能量的影响的一种非常流行的方法是使用一般溶剂效应。在该理论中，认为荧光团是浸在具有均匀介电常数的连续介质中的偶极子。在此应注意，ICT 状态的形成可能需要基团旋转和/或荧光团结构的改变。在某些情况下，ICT 状态的形成不能在一般溶剂效应的框架内完全表示。在一般溶剂效应的限制下，Lippert-Mataga 分析[47,48]提供了一种可靠的方法来检测特定溶剂对几种探针分子光物理性质的影响。该理论将斯托克斯的位移与溶剂的性质联系起来[49,50]。为了推导 Lippert-Mataga 方程，可以认为分子基态和激发态之间的能量差取决于溶剂的折射率(n)和介电常数(ε)。人们还认为，荧光团的能量变化取决于其偶极矩的变化，并且探针与溶剂分子之间没有化学相互作用。Lippert-Mataga 方程可以用以下数学等式表示：

$$v_A - v_F = \frac{2}{hc}\left[\frac{\varepsilon-1}{2\varepsilon+1} - \frac{n^2-1}{2\,n^2+1}\right]\frac{(\mu_E-\mu_G)^2}{a^3} + C \tag{4.4}$$

其中 v_A 和 v_F 分别是探针分子吸收和发射波数(以 cm^{-1} 表示)。h 表示普朗克常数，c 表示光速，"a"代表探针分子的半径。μ_E 和 μ_G 分别是处于基态和激发态分子的偶极矩，C 是常数。在公式(4.4)的右侧，括号内的第一项考虑了溶剂偶极子的重新定向和溶剂分子中电子的重新分布对探针分子光谱变化的影响，而第二项仅考虑了电子的重新分布。因此，这两项之间的差异归因于溶剂分子重新取向引起的光谱偏移，称为取向极化率[$\Delta f(\varepsilon, n)$]，有时记作 Δf。参数 $\Delta f(\varepsilon, n)$，也称为 Lippert 溶剂极性参数，用数学公式 4.5 表示：

$$\Delta f(\varepsilon,\ n) = \frac{(\varepsilon-1)}{(2\varepsilon+1)} - \frac{(n^2-1)}{(2\,n^2+1)} \qquad (4.5)$$

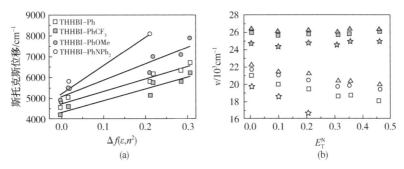

图 4.2　（a）THHBI 分子的 Lippert-Mataga 图（见文本）；
（b）具有 Reichardt 溶剂参数的分子的最大吸收和发射变化
（朱教授等人 2016[53]，经自然出版集团许可转载）

Lippert-Mataga 图是通过绘制斯托克斯位移，即探针在溶剂中的吸收和发射能量（cm^{-1}）的差异，与相应的取向极化率 $\Delta f(\varepsilon,\ n)$ 来构建的。通常，线性的 Lippert-Mataga 图适用于与溶剂没有任何特定相互作用的分子。该图中的非线性表明溶质和溶剂分子通过特定的溶剂化作用相互作用或发生化学反应。至少在定性方面，Lippert-Mataga 分析被证明对溶剂效应的分析非常有用[49-52]。朱教授等人[53]使用 Lippert-Mataga 分析方法（图 4.2）研究了几种基于四氢螺旋亚胺（THHBI）衍生物[5]的基态和激发态偶极矩差异（$\Delta\mu_{EG}$）。他们的研究表明，THHBI-Ph 和 THHBI-PhCF$_3$ 的 $\Delta\mu_{EG}$ 值约为 13D，而 THHBI-PhOMe 的 $\Delta\mu_{EG}$ 值为 15.3D，THHBI-PhNPh$_2$ 的 $\Delta\mu_{EG}$ 值约为 24.3D（分子的结构见图 2.17）。

我们采用实验和理论研究相结合的方法，研究了溶剂对 ICT 探针 3-（苯氨基）-2-环己烯-1-酮（PACO）的吸收和发射特性的影响[54]。研究结果显示，该探针的 Lippert-Mataga 图是非线性的，表明探针与溶剂分子之间存在强相互作用。该分子在惰性极性质子溶剂（如乙醇和甲醇）中以及在稀酸存在下激发态寿命下降的相似性，使我们有理由推测探针分子会在激发态下从溶剂中提取质子。Ramkumar 和 Kannan[55]报道了类似的观察结果，他们发现两种吡唑啉核心荧光材料的 Lippert-Mataga 图是非线性的，表明溶质和溶剂分子之间存在氢键。

假设荧光产生于光激发时直接达到的状态，则导出了 Lippert-Mataga 方程。然而，情况并非总是如此。由于发射通常发生在弛豫状态，Liptay 提出的改进处理方法可能更适合于估算溶质的激发态偶极矩（μ_E）。根据这一修改，荧光最大值（ν_f）与溶剂极性参数（$\Delta f'$）的关系为[56,57]：

$$\nu_f = -\frac{2\,\mu_e'(\mu_e'-\mu_g)\,\Delta f'}{hca^3} + C \qquad (4.6)$$

其中溶剂极性参数($\Delta f'$)可以表示为：

$$\Delta f' = \frac{(\varepsilon-1)}{(2\varepsilon+1)} - 0.5\left[\frac{(n^2-1)}{2n^2+1}\right] \tag{4.7}$$

尽管几组研究者使用 Liptay 的修正方程来提取溶质的激发态偶极矩，但 Lippert-Mataga 分析似乎更受欢迎。

为了定量研究溶剂对探针光物理性质的影响，Kamlet-Taft 分析在科学界非常流行[60,61]。Kamlet-Taft 分析为区分溶剂极性和氢键强度对探针吸收和发射最大值的作用提供了可能。为此，用溶剂的极化率(π^*)、氢键供体能力(α)和氢键受体能力(β)的变化来模拟由于介质的变化而导致的分子光谱特性的变化[例如，吸收(ν_{abs})和发射(ν_{emm})最大值/拉伸频率]。Kamlet-Taft 方程可表示为方程 4.8。

$$\nu = \nu^0 + s\pi^* + a\alpha + b\beta \tag{4.8}$$

其中，ν^0 是探针在气相中的最大吸收或发射频率[或红外(IR)拉伸频率]，而 ν 是在溶剂存在下的相应量。有时，当很难在气相中进行测量时，非极性溶剂中的相应值被用作 ν^0。s、a 和 b 是相应溶剂参数的系数，在文献中可以找到大量溶剂的溶剂极化率(π^*)、氢键给体能力(α)和氢键受体能力(β)的值。

Reichardt 溶剂参数，溶剂的 $E_T(30)$ 值(以 kcal mol^{-1} 表示)来自吡啶 N-酚酸甜菜碱的负溶剂化变色[62]。上述参数表示为：

$$E_T(30) = hc\nu_{max}N_A = \frac{28591}{\lambda_{max}} \tag{4.9}$$

其中 h，c 和 N_A 分别代表普朗克常数、光速和阿伏伽德罗常数。ν_{max}(cm^{-1})和 λ_{max}(nm)表示上述染料的 $\pi-\pi^*$ 电荷转移(CT)带的最大吸收频率和最大吸收波长。Marcus[63]对 $E_T(30)$ 使用了线性溶剂化能关系，并表明它可以与 Kamlet-Taft 溶剂参数相关，如公式 4.10 所示：

$$E_T(30) = 30.2 + 12.99(\pi^* - 0.21\delta) + 14.45\alpha + 2.13\beta \tag{4.10}$$

从该方程式可以明显看出，$E_T(30)$ 参数考虑了溶剂极性和氢键能力。

Catalan[64]提出了一个基于四个溶剂经验参数的溶剂化显色标度，即溶剂的极化率(SP)、偶极度(SdP)、酸度(SA)和碱度(SB)。作者将非特异性溶剂效应分为偶极项和极化率项。溶剂化显色标度可以数学表示为：

$$A = A_0 + bSA + cSB + dSP + eSdP \tag{4.11}$$

其中 A 是分子在溶剂中的溶剂依赖性物理化学性质，而 A_0 是分子在气相中的相同性质。$b-e$ 是回归系数，用于衡量溶质溶剂化相关性质的不同参数。

Cole 和同事[65]使用 Kamlet-Taft 分析以及 Catalan 提出的模型来合理化溶剂化对几种香豆素染料吸收和发射性质的影响。作者发现拟合结果有助于解释溶剂化对上述染料的影响。作者还指出，经验溶剂参数在拟合质量或某些预测相互作用的无效性方面是失败的，这些表明溶液中存在其他类型的溶质-溶剂相互作用，例如显著的构象变化或溶液中的溶质聚集。

Renger 团队[66]推导出了一个表达式，以理解非极性溶质在非极性介质中的溶剂化变色。他们的研究表明，较高的激发态将引起较大的溶剂变色红移。他们还声称，与其他理论相反，溶剂变色红移不取决于跃迁激发态的振子强度，而是反映了基态和激发态之间分散的溶质-溶剂相互作用的变化，可以由分子内电子相关的各向异性确定。

4.3 ICT 过程中溶剂极性、黏度和温度的影响

众所周知，ICT 过程取决于介质的性质。溶剂的极性和黏度以及温度会影响分子的 ICT 过程。因此，ICT 分子被用作荧光传感器，以探测许多生物系统的微观极性和微观黏度以及细胞水平的热传感器。ICT 探针在上述领域中的应用将在第 5 章中讨论。在本节中，我们将讨论一些有关溶剂对 ICT 过程影响研究的代表性示例。

Hicks 等人[67]是报道关于溶剂极性对 4-N,N-二甲基氨基苯甲腈(DMABN)的 ICT 过程影响的最早研究之一。他们的研究结果表明，介质的极性在分子的异构化动力学中起着重要作用，在此过程中，偶极矩发生了很大的变化。在上述过程中，结构变化通常描述为粒子在一维势能曲线上的运动，其初始和最终状态由势垒隔开。作者在势能交叉理论中提到了溶质-溶剂耦合的三个区域，这也解释了溶液中处于激发态的分子结构变化的实验结果。在弱耦合极限中，势垒穿越的速率随该耦合的增加(例如，碰撞频率和黏度)而增加。在该区域中的溶剂碰撞有助于溶质获得能量，从而使溶质可以到达势垒的顶部。在中间区域，速率首先接近最大值，然后随着耦合的增加速率下降。正如作者所提到的，在高耦合区域中，运动变得(更为剧烈)扩散。粒子在该区域需要许多小的前进和后退的步骤，以越过势垒到达最终结构。在所谓的 Smoluchowski 极限中，势垒穿过的速率与溶剂偶联成反比。Hicks 等人[67]研究表明，扭曲分子内电荷转移(TICT)过程的势垒高度(E_a)随溶剂极性参数 $E_T(30)$ 的增加而线性减小，如公式 4.12 所示。

$$E_a = E_a^0 - A[E_{30}(30) - 30] \tag{4.12}$$

其中 E_a^0 是在 $E_T(30)$ 值等于 30kcal/mol 的烷烃溶剂中的活化能，而 A 表示势垒高度随溶剂极性变化的强烈程度。

尽管这一理论最初是为 DMABN 提出的，但人们发现该理论有助于解释许多其他 ICT 分子的极性相关行为[68]。由于溶剂极性的降低限制了 ICT 过程，因此根据该模型，ICT 发射的寿命预计将随着溶剂极性的降低而单调增加。Das 等人[69]使用该模型解释了溶剂极性对两种苯氨基萘磺酸盐，即 2-甲苯基-6-萘磺酸盐(TNS)和 1-苯胺基-8-萘磺酸盐(ANS)，光谱响应的影响。作者表示了特定

介质中 TICT 过程的总速率(k_T)，如公式 4.13 所示。

$$k_T = k_T^0 \exp(-E_a/RT) \tag{4.13}$$

其中 R 是通用气体常数，T 是绝对温度。

将公式 4.12 和公式 4.13 组合在一起，可以看到 k_T 随溶剂极性参数 $E_T(30)$ 的增加呈指数增加。

作者认为，辐射过程的速率(k_R)受溶剂极性的影响不大，并且将非辐射过程的速率(k_{NR})作为 TICT 速率(k_T)和其他过程的速率(k_X)的总和，可以写为：

$$k_{NR} = k_T + k_X \tag{4.14}$$

如果 ICT 过程的速率如极性溶剂中所预期的那样很高，则 $k_T \gg k_R + k_X$。在此近似值下：

$$\frac{1}{\tau_f} \approx k_T^0 \exp\left[-E_a^0 + A\{E_{30}(30) - 30\} \right] \tag{4.15}$$

然后得到：

$$\ln\left(\frac{1}{\tau_f}\right) = B + A E_T(30) \tag{4.16}$$

其中 B 是常数，因此，可以预期 $\ln(1/\tau)$ 与 $E_T(30)$ 的关系为一条直线。作者发现，TNS 中 $\ln(1/\tau)$ 与 $E_T(30)$ 的关系曲线在高极性下确实是一条直线，这表明在该极性下，ICT 过程是该分子的主要非辐射途径。但是，在低极性区域，上述曲线偏离线性。为了使这种行为合理化，作者研究了添加外部重原子(乙基碘化物)对 TNS 寿命的影响，因为重原子会增强系统间穿越(ISC)，从而缩短辐射寿命。他们发现，添加乙基碘化物会缩短 TNS 的寿命。因此，作者得出结论，ISC 是激发态失活的重要通道，尤其是在低极性区域。作者还发现，对于 ANS，荧光的寿命和量子产率会随着溶剂极性的增加而单调降低，而乙基碘化物对这些参数的影响可忽略不计。因此，他们得出结论，对于 ANS，ICT 过程是主要的激发态失活途径，与溶剂极性无关。

Chang 和 Cheung[70]提出了一个模型来解释溶剂极性对几种 TICT 分子非辐射速率的影响。他们表明，该模型非常适合于溶解在一系列乙醇－水混合物中的罗丹明 B 以及同一介质中的 8-苯胺基-1-萘磺酸盐。他们提出了一种评估溶剂极性校正的非辐射率(k_{cor})的模型：

$$k_{cor} = k_{NR} \left[\frac{\beta\left[E_T(30) - 30\text{kcal/mol} \right]}{RT} \right] \tag{4.17}$$

其中 β 是一个无量纲参数，用于确定活化势垒随溶剂极性变化的强度。基于罗丹明 B 的 β 是负值，作者认为该分子从平面态到扭曲态的势垒随着溶剂极性的增加而降低。作者还指出，溶剂黏度对这些分子的非辐射速率常数具有一定影响。这些分子的速率常数通常随着溶剂黏度而增加，这些分子的非辐射失活率会降低。作者在研究中使用了黏度范围较窄的溶剂，以避免黏度对他们研究结果的影响。

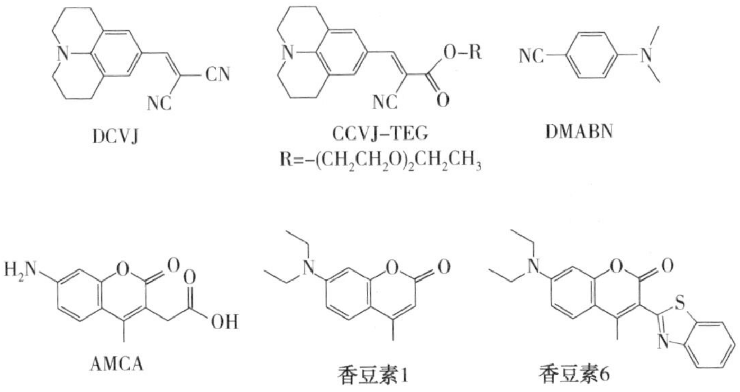

图 4.3　DCVJ，CCVJ-TEG，DMABN，AMCA，香豆素 1 和香豆素 6 的
化学结构（Haidekker 等人 2005[71]，经 Elsevier 许可转载）

Theodorakis 及其同事[71]研究了溶剂极性和黏度对几种 ICT 分子发射特性的影响，目的是区分极性和黏度对这些分子的荧光特性的影响。在他们的研究中使用的探针分子是被称为分子转子的 9-(二氰基乙烯基)-朱洛立定(DCVJ)和 9-(2-氰基-2-羟基羰基)-乙烯基朱洛立定-三乙二醇酯(CCVJ-TEG)(图 4.3)(有关分子转子的进一步讨论，详见第 6 章)。他们将其结果与著名的 ICT 探针 DMABN 和三种香豆素衍生物，即[(7-氨基-4-甲基香豆素-3-乙酰基)氨基]己酸(缩写为 AMCA)，香豆素 1 和香豆素 6 的结果进行了比较。分子转子通常是显示 TICT 的荧光分子，其发射行为取决于这些分子中一个或多个基团的旋转。由于介质黏度的增加会限制这些分子中基团的旋转，因此这些分子的荧光量子产率取决于介质的黏度。通常，在分子转子中，激发态从 TICT 态非辐射地失活，并且不显示双重辐射。为了了解探针对溶剂极性和黏度的敏感性差异，作者在几种溶剂中对上述染料进行了稳态吸收和荧光光谱测量。他们的结果表明，DMABN 的斯托克斯位移以及发射强度在很大程度上依赖介质的极性。DMABN 的局部激发(LE)峰强度显著增加，而 ICT 峰随着黏度的增加而缓慢增加，同时保持介质的极性几乎不变。因此，作者将 DMABN 发射的这些变化归因于中等黏度。由于这些分子的发射行为随介质极性和黏度的变化而变化，因此作者得出结论，很难将这些影响从这些参数中分离出来。香豆素染料的发射对溶剂极性有很强的依赖性，而对介质黏度的依赖性很弱。分子转子的发射强度随黏度的增加而强烈增加。作者表明，DCVJ 和 CCVJ-TEG 的发射强度变化取决于介质的黏度，可以进行量化如公式 4.18 所示。

$$I_{Peak} = C\eta^{x} \tag{4.18}$$

其中 η 是介质的黏度，而 C 和 x 是常数。

作者声称，如果可以消除(或最小化)极性对发射强度的影响，则幂律关系可以更好地描述发射强度随黏度的变化。这是一项重要的任务，因为要用作分子转子，必须分离极性和黏度对探针发射特性的影响。由于分子转子的发射强度取决于在黏性介质中形成 TICT 态的能力，因此探针的斯托克斯位移并不是很重要，尽管斯托克斯位移变化较小的分子更适合于研究微黏度。作者提出的结果可用于设计分子转子，以研究几个重要系统的微黏度。

Darling 及其同事[72]研究了温度和介质黏度对 4-对二甲氨基苯乙烯基吡啶盐在几种质子溶剂中 ICT 发射的影响。作者通过向纯水中添加蔗糖、甘油或聚乙二醇来改变介质的黏度。他们提到，不可能完全分离 ICT 过程中介质的极性和黏度效应。因此，作者在研究黏度对上述探针的影响时，尽量使极性的影响最小化。他们认为，可以使用 Debye-Stokes-Einstein 模型对旋转溶质与溶剂产生高摩擦力的溶液中分子的弛豫动力学进行建模。因此，在特定温度 T 下，溶剂分子的取向弛豫时间(τ_{or})可以表示为：

$$\tau_{or} = C(\eta/T) \tag{4.19}$$

其中 C 是探针(溶质)分子的几何相关旋转摩擦系数，而 η 是介质的剪切黏度。

假定除 CT 以外的其他失活通道的贡献可忽略不计，作者表明探针分子的荧光量子产率与介质的黏度成正比，与介质的温度成反比。在许多基于 ICT 的分子中，据报道在黏性介质中荧光的量子产率(ϕ)增加，因此，当预期 ϕ 值与溶剂黏度之间存在线性关系时，必须谨慎对待所涉及的近似值。

Palit 和同事[73]报道了主要用于感应淀粉样原纤维的分子转子——硫黄素-T 的超快扭转动力学。他们发现，在乙腈中，LE 转化为 ICT 的反应时间约为 0.73ps，而在碳酸丙烯酯(一种比乙腈黏度更高的溶剂)中增加到约 3.2ps。作者提到，激发态的衰减速率能够基于介质的黏度和温度的变化来模拟，通过使二甲基苯胺基团围绕单键扭转而经历势垒穿越过程或通过围绕双键的旋转运动而进行构象松弛的过程。上述衰减率(k)可拟合为幂函数，如公式 4.20 所示。

$$k = Z\eta^{-\alpha}\exp\left(\frac{E_\alpha}{RT}\right)(0<\alpha<1) \tag{4.20}$$

$$\ln(k) = -\alpha\ln(\eta) + \ln(Z) - \frac{E_\alpha}{RT} \tag{4.21}$$

其中 Z 是指前因子，E_α 是过程的活化能，T 和 R 分别表示绝对温度和通用气体常数，而 α 是常数。

因此，在给定温度下，在一系列具有类似性质的溶剂中，如果假定 E_α 为常数，可以观察到 $\ln(k)$ 和 $\ln(\eta)$ 之间的线性关系。实际上，硫黄素-T 的 $\ln(k)$ 和 $\ln(\eta)$ 图是线性的，从中提取的 α 值约为 0.70。正如作者所提到的，部分黏度依赖性的起源的一些可能原因是 Stokes-Einstein 关系的破坏、特定的溶质-溶剂相互作用、势能面的多维性和与时间相关的摩擦。作者以溶质大于溶剂分子为由，否认了硫黄素-T 的 Stokes-Einstein 关系破裂的可能性。据报道，该分子势能面的多维性是该分子中分数黏度依赖性的原因之一。

Nath 及其同事[74]研究了介质的黏度对淀粉样纤维传感器硫黄素-T 的超快键扭转动力学的影响。作者使用飞秒荧光上转换仪器在乙腈、乙二醇及其混合物中对探针分子进行了稳态和时间分辨荧光测量。作者将激发态的超快衰减归因于分子中心 C—C 键周围的超快扭转运动。他们发现衰减轨迹遵循非指数动力学。因此，他们使用三指数函数拟合衰减迹线，并计算了硫黄素-T 在不同介质中激发态的平均寿命。他们的研究表明，该探针在乙腈中的平均寿命为 0.61ps，在乙二醇中的平均寿命为 17.64ps。作者基于介质黏度解释了光谱行为。由于乙二醇的黏度比乙腈高得多，因此预计后者的激发态衰减会更慢。最近，Stsiapura 等人[75]报道了溶剂极性对硫黄素-T 的非辐射衰变速率的影响。他们回顾了早期关于硫黄素-T 的黏度依赖性荧光量子产率(ϕ)的研究，并得出结论，尽管该分子的 ϕ 值在 293~323K 的温度范围内可以用线性函数 $\phi = a + b(\eta/T)$ 很好地解释，但参数 a 和 b 的值随溶剂分子性质的变化而显著变化。此外，所有研究溶剂的 ϕ 的总数据集均未遵循统一的线性相关性，这表明除黏度以外的其他溶剂特性在塑造 ϕ 值方面发挥了作用。作者发现非辐射衰减率与辐射衰减率之比(k_{NR}/k_R)与溶剂的极性性质之间存在相关性。

Dixon 等人[76]研究了小牛胸腺 DNA 结合在钌（Ⅱ）聚吡啶萘二亚胺分子内电子转移过程中的作用，其中 RuII(bpy)$_2$(bpy-CONH—)$^{2+}$ 电子供体通过 —CH$_2$CH$_2$CH$_2$— 共价连接到二亚胺（NDI）受体单元。DNA 与上述探针（Ru-NDI）的结合是通过吸收光谱的低色性以及圆二色光谱确认的。他们的结果表明，即使在与 DNA 结合后，Ru-NDI 的激发态物种的寿命也几乎保持不变，而它们的相对幅度却发生了显著变化。

值得一提的是，由于多个 ICT 探针被用作分子转子和荧光传感器，因此必须格外小心将非辐射衰减分配给分子中的 ICT 过程。Escudero[77]依据含时密度泛函理论（TDDFT）以及完全活性空间自洽场（CASSCF）理论水平上使用了量子化学计算，阐明了几个众所周知的光诱导电子转移（PET）分子中荧光淬灭的起源。作者指出，在荧光传感器和开关的研究中，荧光淬灭被自动分配给这些分子中的 PET 过程，从而导致错误的结果。即使分子中的 PET 过程在热力学上是可行的，该过程也可能不会发生，因为它可能不够快，无法与其他失活通道竞争。作者提出了一种机制，称其为暗态淬灭，以解释几种可以结合质子、阳离子和阴离子的荧光团的光物理性质。在暗状态，即不吸收或发射辐射的状态，通常难以进行实验，而理论研究有时有助于理解这些状态的性质。正如他所说的那样，作者所做的分析超出了分析前沿分子轨道能级图和寻找 PET 过程热力学可行性的通用策略。相反，他分析了所研究分子中最低能量激发态的 PES。作者选择了供体–受体(D-A)系统，该系统由于通过 PET 过程失活而在光激发时不显示荧光(关闭状态)，而在存在分析物的情况下，PET 过程会被阻断，荧光被激活(开启状态)。图 4.4 描绘了作者在研究中考虑的一些化合物及其在 TD-PBE0/6-31G* 理论水平上计算的各自势能图，图中还显示了垂直吸收和发射能量(单位：eV)及其振子强度。作者发现化合物 1 的氨基与苯环共面，氨基的孤对电子轨道在苯环的最高占据分子轨道(HOMO)内离域。该化合物的 S_0 至 S_1 吸收的振子强度(f)约为 0.115。一旦被光激发到 S_1 态，系统就会沿着涉及氨基的扭转运动演变，从而导致 $(S_1)_{min}$ 几何形状。在这种几何形状下，作者发现氨基相对于苯环是扭曲的。因此，在这种状态下，它对应于一个 TICT 物质。氨基的孤对电子不再在苯环上离域，振子强度趋近于零($f=0.000$)，即该状态变为暗状态。在 TICT 最小值处可忽略的振子强度使得无辐射失活路径优于辐射失活。另一方面，化合物 2(1 的质子化物质)显示出 LE 极小值的发射，其振子强度为 0.055。因此，化合物 1 在酸化时显示开启荧光。作者报道了在添加钾盐后，在无金属体系中化合物 3 的荧光量子产率从几乎为零开始增加。在化合物 5 中，它是一个"开启"的物质，光物理性质主要由 BODIPY 部分的 $\pi\pi^*$ 状态决定。相反，在化合物 6 中，作者发现 ICT 的 S_1 态变成了暗态。因此，作者得出结论，PET 过程始终不是这些探针中荧光淬灭的原因。

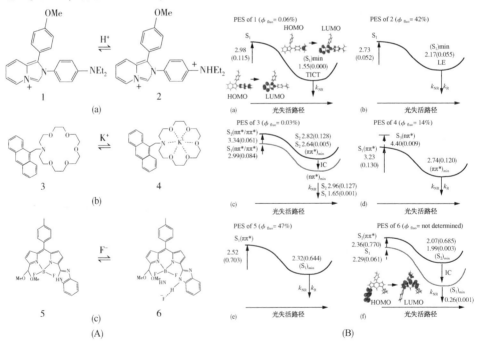

图 4.4 (A)由 Escudero 研究的化合物(1~6)的化学结构；(B)化合物(1~6)的势能面示意图，能量以 eV 表示，跃迁的振子强度在括号内表示，同时也给出了 ϕ 的实验值

(Escudero 2016[77]，经美国化学会许可转载)

4.4　一些 ICT 分子的溶剂化研究

介质在塑造 ICT 探针的结构和特性方面发挥着举足轻重的作用。有一些报道使用了不同的实验和理论工具研究了基于 CT 的有机分子的溶剂效应。Fayer 团队[78]、Fleming 团队[2]、Maroncelli 团队[79-81]、Barbara 团队[82-84]、Huppert 团队[85-87]、Agmon[88] 以及许多其他研究小组研究了溶剂对 ICT 探针的影响。Zewail、Eisenthal 团队[89] 报道了溶剂对 ICT 分子影响的研究。他们使用系统的方法来理解 DMABN 在超音速射流膨胀和热化蒸气中的气相溶剂化,研究了气相 DMABN 及其与水、乙醇、丙酮和氨的化学计量簇的基态和激发态振动光谱。这些研究得出的结论是,1:1 的溶剂-溶质簇不足以引起对分子的局部扰动以发生电荷分离。

N-吡咯苯腈(PBN)是 DMABN 的同类物,是研究最多的 ICT 溶剂效应分子之一[90]。在 PBN 中(图 4.5),DMABN 的二甲氨基被吡咯环取代,由于吡咯环具有六个 π 电子,被认为是比二甲氨基更好的电子给体基团。因此,预计 PBN 将表现出比 DMABN 更高效的 ICT 过程。Rettig 等人[90] 首次报道了 PBN 中 ICT 过程的双重发射和实验研究。

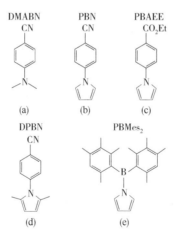

图 4.5　DMABN、PBN 和相关分子的结构
(Rettig 等人 1998[90],经美国化学会许可转载)

在室温下,PBN 在 286nm 处吸收,该峰几乎对溶剂极性不敏感。作者将 PBN 的吸收主要分配给^1L_a型态(以 Platt 符号表示),而^1L_b型态的贡献较小。他们还提到,根据取代情况,^1L_b和^1L_a作为 S_1 态和 S_2 态的作用可以互换。在非极性溶剂正己烷中,在室温下以及在低温下(冷冻乙醇)都观察到 PBN 的双重发射。在室温下在极性溶剂中观察到的宽发射带在 480nm 附近具有最大值,被归为极性

CT 态。在 153K 的冷冻乙醇中，PBN 分别在 320nm 和 430nm 附近显示出两个较弱的峰。在大约 320nm 处相对较弱的峰归属于该分子的 LE(S_2)状态。作者还发现，LE 峰和 ICT 峰的相对强度以及溶剂化变色位移强烈依赖于温度和激发波长。作者将 PBN、PBAEE 和 DPBN(图 4.5)的结果与 DMABN(ICT 系统的原型)进行了比较。他们还注意到，化合物 PBMes$_2$ 具有与研究中的分子相当的供体/受体能力，尽管它在受主强度上有所不同。Lippert-Mataga 分析表明，PBN 和 DPBN 的基态和激发态之间的偶极矩变化分别为 19.2D 和 18.8D。

他们的基态偶极矩约为 3.2D，他们估计这些分子的激发态偶极矩约为 22D。PBN、PBAEE 和 DPBN 的最大荧光相对于最大吸收发生的斯托克斯位移大于 10000cm^{-1}。他们发现，尽管 DPBN 的斯托克斯位移比 PBN 强得多，但所有三种探针发射最大值的红移均与溶剂 Lippert 极性参数(Δf)的相关性非常相似。从这些结果中，作者推测这些化合物的 CT 态本质上非常相似。由于二甲基-吡咯烷部分的供电子能力的增强以及发射几何形状的差异，DPBN 中较大的斯托克斯位移归因于 CT 态更强的稳定性。对于 PBN、PBAEE 和 DPBN，这些分子的较长辐射寿命分别约为 130ns、120ns 和 700ns，这表明存在禁止发射的可能性。预扭曲衍生物 DPBN、PBN 和 PBAEE 的荧光速率常数的差异也导致其发射态结构不同，可能比其他结构更扭曲。作者还得出结论，在 PBN 中，CT 状态可能不会松弛到 90°，这可能导致其完全轨道解耦。LE 和 ICT 波段的相对强度取决于温度和激发波长，表明 ICT 发射存在能量势垒。

Belau 等人[91]研究了吡咯苯(PB)和 PBN 在紫外范围内的射流冷却荧光和共振增强多光子电离(REMPI)激发光谱。他们在 0-0 波段以上 2200cm^{-1} 处激发时，在气相中大约 310nm 处仅观察到 PBN 的单个发射峰。观察到的具有较长寿命(17ns±2ns)的 PBN 荧光归属于 S_1(L_b 型)态，而吸收光谱归属于 L_a 型的 S_2 态。作者得出的结论是，S_1 态和 S_2 态之间的能隙很小，约为 400~500cm^{-1}。这表明这两个态之间有效的无辐射耦合是可能的，从而导致了 S_1 态的布局和发射。Parusel[92]报道了 PBN 激发态 CT 过程的密度泛函理论/多参考组态相互作用(DFT/MRCI)研究。作者考虑了 PBN 的 C2 对称性，发现了该分子中与 TICT 过程相关的两个 CT 态(2B 和 3A)和两个允许的 $\pi\pi^*$ 态(1B 和 2A)。根据结果，作者认为 PBN 的荧光红移起源于 1B-TICT 状态。最近，Dreuw 及其同事[93]报道了溶剂极性对 PBN 的 TICT 反应势垒高度的影响。作者使用了从头算，包括偏振传播器[ADC(3)]水平理论的三阶代数图解构造来解释 PBN 的实验发现，包括溶剂、温度和激发波长对其发射特性的影响。现已使用类导体极化连续模型(C-PCM)和类导体屏蔽模型(COSMO)来研究溶剂对 PBN 相关激发态跃迁能的影响。作者指出，PBN 在基态具有 C2 对称性，要达到正交构象，需要克服约 0.13eV 的小扭转势垒。他们的计算预测 PBN 的 S_1 态是局部 $\pi\pi^*$ 状态，具有 B 对称性的低 CT

特性(他们称其为 1B),可以将其分配为实验中观察到的 LE 态(L_b 型态)。A 对称的 S₂ 态称为 2A,而他们发现位于最低的 CT 态具有 B 对称性(称为 2B)。作者得出结论,在气相中,光激发使 PBN 进入明亮的 2A(ππ*)状态,在该状态下分子仅扭曲几度,直到与邻近的 1B(LE)态相交(图 4.6)。通过该 2A/1B 交点后,分子弛豫到 1B(LE)态最小值,并从该状态失活到基态,导致系统仅从 LE 态发射。但是,在极性溶剂中,情况完全发生改变,2B 态和 2A 态都变得稳定。这导致随着溶剂极性的增加,沿着扭转坐标的能垒减小。最终在极性溶剂中,沿着扭曲坐标的势垒消失,因此促进了扭曲。作者发现,在 63°处,2B 态的能量最低。因此,PBN 中红移发射的发生与达到 2B 态的 TICT 最小值能力有关。

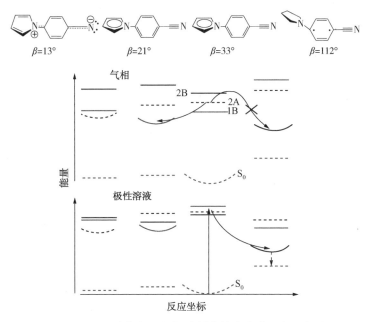

图 4.6　PBN 在气相和极性溶剂中的光化学反应示意图
(Bohnwagner 等人 2016[93],经美国化学会许可转载)

我们使用实验和理论相结合的方法,研究了溶剂化对水中 ICT 探针 3−(苯基氨基)−2−环己烯−1−酮(PACO)的影响[94]。从理论上研究了 PACO 与水分子的微观簇的形成,发现探针分子与水形成了 1∶3 分子簇(图 4.7)。使用自洽反应场(SCRF)模型来处理宏观或本体溶剂化,我们从理论上计算了气相中 PACO、气相中 1∶3 PACO−H₂O 团簇、水中宏观溶剂化 PACO 和水中宏观溶剂化 1∶3 PACO−H₂O 团簇的吸收光谱。与实验记录的 PACO 在水中的吸收光谱进行比较后发现,特定溶剂化和本体溶剂化对于合理化解释该分子在水溶剂中的行为非常重要。Yun 等人[95]设计了一种新型的基于乙二胺(EDA)的化学传感器,即 2,2′−[(3−氧代环己烷−1−烯−1,2−二基)双(氮杂二烯基)]二苯甲酸二甲酯,开启 Cu²⁺

离子的荧光传感，他们得出结论，烯胺酮部分的 ICT 过程是该分子中的荧光淬灭的原因。

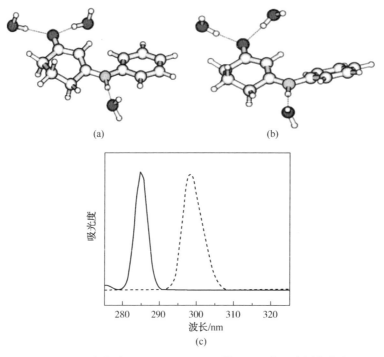

(a)   (b)

(c)

图 4.7　(a)气相中 1∶3PACO-H$_2$O 团簇；(b)宏观溶剂化水中

1∶3PACO-H$_2$O 团簇的理论计算结构以及(c)相应的模拟吸收光谱

(分别为实线和虚线)(Misra 等人 2009[94]，经美国化学会许可转载)

　　Barbara 及其同事[82-84]采用实验研究了甜菜碱染料的溶剂效应。Maroncelli 及其同事[79-81]通过实验研究了溶剂在几种基于 ICT 的分子中对 ICT 过程的作用，包括香豆素 153 和 9-(4-联苯)-10-甲基吖啶(BPAc$^+$)、结晶紫内酯(CVL)和二苯乙烯衍生物。Huppert 及其团队[85-87]研究了溶剂化对电子转移探针 6-(4-甲苯基)氨基-2-萘磺基 N,N-二甲基酰胺(TNSDMA)的影响。Fayer 及其同事报道了溶剂对基于 D-A 的电子转移探针、十八烷基罗丹明 B(ODRB)和 N,N-二甲基苯胺(DMA)的影响[78]。该小组还报告了溶剂对罗丹明 3B 的 CT 过程影响的研究。Bhattacharyya 及其同事[96-99]使用理论工具研究了溶剂对 DMABN 的作用。Guchhait 及其同事[100-103]研究了溶剂对 N,N'-二甲氨基萘-丙烯酸，和对 2-甲氧基-4-(N,N-二甲氨基)苯甲醛(两种著名的 ICT 探针)的乙酯的影响，还有其他一些关于介质对 CT 过程影响的研究实例。感兴趣的读者可以阅读一下有关溶剂(尤其是氢键)对 CT 工艺的影响的评论[104]。

　　我们之前已经注意到，一些 ICT 分子在极性溶剂中表现出这些分子的 LE 和

ICT 类型的双重发射，而在非极性溶剂中仅能观察到 LE 类型的单发射峰。因此，ICT 和 LE 类型的荧光量子产率之比是研究溶剂对 ICT 过程影响的重要参数。ICT 过程可以使用方案 4.1 进行说明[105]。

在方案 4.1 中，辐射吸收（$h\nu$）导致分子进入 LE 态，然后再进入 ICT 态。k_a 和 k_d 分别是正向和反向 ICT 反应的速率常数。$k_f(LE)$ 和 $k_f(ICT)$ 是辐射速率常数，而 $\tau_0(LE)$ 和 $\tau_0(ICT)$ 分别是 LE 和 ICT 物质的荧光寿命。ICT（ϕ_{ICT}）和 LE（ϕ_{ICT}）类型的荧光量子产率之比可以表示为：

$$\frac{\phi(ICT)}{\phi(LE)} = \frac{k_f(ICT)}{k_f(LE)} \frac{k_a}{k_d + \frac{1}{\tau_0}(ICT)} \tag{4.22}$$

Zachariasse 等人[105]报道，除非是非常大的反应焓，k_a 和 k_d 一般在室温下远大于 $1/\tau_0(ICT)$。然后可以将上面的等式改写为：

$$\frac{\phi(ICT)}{\phi(LE)} = \frac{k_f(ICT)}{k_f(LE)} \frac{k_a}{k_d} \tag{4.23}$$

据报道，对于 DMABN，k_a 与 k_d 的比率强烈依赖于溶剂，并且通常随着溶剂极性的增加而增加。298K 下，上述比例在甲苯中为 0.40（$\varepsilon = 2.37$），在乙醚中增加至 2.30（$\varepsilon = 4.24$）。据报道，在相同温度下，DMABN 在丙酮中的 k_a/k_d 为 511（$\varepsilon = 36.7$）[106]。另外，$k_f(LE)$ 与 $k_f(ICT)$ 的比值对极性的依赖性小得多。例如，在甲苯中，$k_f(ICT)/k_f(LE)$ 为 0.33，在乙腈中为 0.12。这些结果清楚地表明，ϕ_{ICT}/ϕ_{LE} 的值主要由 k_a/k_d 的值决定。Fujiwara 等人[107]报道 4-氟-N,N-二甲基苯胺（FDMA）在非极性（正己烷）和极性（乙腈）溶剂中的 ϕ_{ICT} 与 ϕ_{LE} 的值约为 2.0。Zachariasse 等人的结果[105]则让人质疑 ϕ_{ICT} 与 ϕ_{LE} 比率与溶剂极性的非相关性，他们没有在该分子中发现任何 ICT 特征（它们称之为 DMA4F）。他们将结果归因于该分子的两个最低单线态[$\Delta(S1，S2)$]之间的高能量差，据报道在正己烷中为 8300cm^{-1}。DMA4F 的 $\Delta(S1，S2)$ 值甚至大于 N,N-二甲基苯胺（DMA）的值。作者还声称，Fujiwara 及其同事通过 TDDFT 计算在 FDMA（或 DMA4F）中发现 TICT 现象，并认为这可能是由于计算方法的人为因素所致。

最近，Bohnwagner 和 Dreuw[108]使用高级量子化学方法，如 TDDFT、耦合簇理论（CC2）和代数图解构造方案[ADC(2)，ADC(3)]，研究了 FDMA 在气相和溶液中的失活途径。他们使用两种不同的溶剂化模型模拟了溶剂对该分子吸收和发射性质的影响，即 C-PCM 中的微扰态特定校正方案（ptSS-PCM）和状态特定平衡 C-PCM（SS-PCM），发现模拟的吸收和发射能量与实验结果能够合理匹配。他们的计算表明，S_2 态是一种光学上允许的明亮 $\pi\pi^*$ 状态，而 S_1 态也具有 $\pi\pi^*$ 特性，但其振子强度比前者弱得多。实验观察到的强烈蓝移吸收归因于 S_2 态的激发，而较弱的红移吸收则归因于从基态到 S_1 态的激发。作者通过考虑三个关键几何形状，即 S_0 平衡几何形状、最稳定的 S_1 几何形状和 S_1/S_0 近似圆锥的相交 (CI) 几何形状，计算最低单重态和三重态之间的能隙和自旋轨道耦合常数，估计了 ISC 的概率。他们发现，无论几何形状如何，计算出的自旋-轨道耦合都很小。虽然辐射和非辐射跃迁的概率仍然不确定，作者仍预测了初始激发到 S_2 态后辐射失活的两种途径。首先，FDMA 的 S_2 态可能会通过一个易于访问的 S_2/S_1 CI 松弛到平面 S_1 态最小值，从该 CI 可以发生荧光；其次，S_2 态可能利用低位 S_1/S_0 CI 沿着苯环的类前富烯振动模式通过非辐射跃迁衰减到基态。所提及的 FDMA 失活机制如图 4.8 所示。作者得出结论，尽管 FDMA 在结构上与 DMABN 和 PBN 相关，但无论溶剂的极性如何，该分子都不会显示双重荧光。他们还推断，先前预测的扭曲 S_1 态或 TICT 态是由于 TDDFT 方法的计算伪影所致，并且当泛函中的非局域 Hartree-Fock 交换量增加时，TICT 状态就消失了。

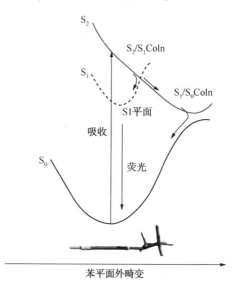

图 4.8　Bohnwagner 和 Dreuw 提出的 FDMA 失活机制示意图。
在光激发到明亮的 S_2 态后，被激发的分子可以弛豫到 S_1 态
（最小 S_1 平面）并发出荧光，或者可以通过内部转换无辐射衰减到基态
（Bohnwagner 和 Dreuw 2017 年[108]，经美国化学会许可转载）

　　如本书中多次提到的，介质的特性在形成 ICT 探针的光物理方面起着至关重要的作用。Sen 及其同事[109] 使用时间分辨吸收和荧光光谱结合量子化学计算，报道了硫黄素-T 在氯仿和甲醇中的超快激发态动力学。为了合理解释硫黄素-T 在氯仿中的荧光量子产率比在甲醇中高 30 倍，作者提出了一种新的 ICT 途径（称为 ICT-2）以及通常的 ICT 状态（称为 ICT-1）。激发导致分子进入 LE 态，它可以通过这两种途径中的任何一种进行退激发。作者指出，相对于苯并噻唑环，

ICT-1 途径沿着二甲基苯胺基部分的扭转坐标非常快。他们发现，尽管从 LE 到 ICT-1 的途径在本质上很可能是无障碍的，但 LE 和 ICT-2 态之间存在着固有的激活势垒。研究发现上述激活势垒是溶剂依赖性的，因为据报道其在甲醇和氯仿中的值分别为 0.59 和 1.58kcal mol^{-1}。他们的 TDDFT 计算和温度相关研究也支持 LE 和 ICT-2 态之间存在激活势垒。作者提到，沿二甲氨基扭转坐标的振幅运动导致 ICT-2 态。他们报道 ICT-1 和 ICT-2 态的寿命在甲醇中分别为 0.8ps 和 2.5ps，在氯仿中分别为 9.1ps 和 50.6ps。他们将氯仿中硫黄素-T 的较高量子产率归因于该溶剂中 LE 和 ICT-2 态之间较高的活化势垒。在甲醇中，室温下分子的能量足以越过势垒达到 ICT-2 态，从而导致探针在甲醇中的量子产率较小。利用上述结果，作者认为，尽管 ICT-2 途径在某些溶剂中可能具有活性，但硫黄素-T 的 LE 族主要通过 ICT-1 途径衰减。图 4.9 显示了建议的硫黄素-T 弛豫途径。第 3 章中提供了使用飞秒瞬态吸收(TA)和荧光上转换技术理解其他一些 ICT 分子的激发态光物理的其他示例。

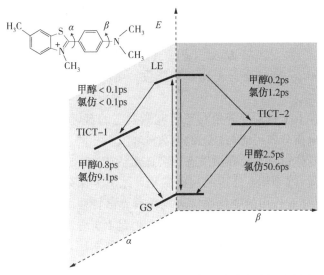

图 4.9　硫黄素-T 在氯仿和甲醇中的激发态弛豫路径示意图。尽管局部激发的分子可能会通过 ICT-1 机制衰减，但 ICT-2 机制也可能会起作用，具体取决于溶剂(Mukherjee 等人 2016[109]，经 Elsevier 许可转载)

4.5　氢键对 ICT 的影响

分子系统中的氢键过程在化学和生物学中至关重要。因此，通过研究分子簇或在本体溶剂中的结构和动力学性质来研究氢键，可深入了解分子的微观和宏观行为。对特定大小分子簇的研究为在定制环境中研究分子的特定行为提供了额外的机会。用溶剂研究分子的微团簇有助于系统地研究体溶剂化对分子的影响。迄今为止，大多数关于氢键的研究都致力于分子的基态。近年来，随着一些最先进的时间分辨光谱技术的出现，在电子激发态下氢键的研究受到越来越多的关注。

具有亚皮秒分辨率的 TA 光谱、飞秒时间分辨荧光光谱、时间分辨振动光谱等被广泛用于研究介质对分子激发态性质的影响。这些研究的一些例子在上一章节和第 3 章中都有讨论。近年来，互补量子化学计算也被广泛用于探索激发态氢键的不同方面。组态相互作用、单组态相互作用（CIS）、单双组态相互作用（CISD）、TDDFT 以及最近的 CASSCF 方法已成功用于此目的。由于使用多组态自洽场（MCSCF）方法优化大有机分子的激发态成本高昂，因此在 TDDFT 理论水平上为此目的进行的计算一直是一种流行的选择。在硬件和软件方面计算设施的进步使科学界可以使用越来越多的复杂技术进行量子化学研究。由于微团簇（AB_n）的形成而计算稳定能（E_{SE}）的最常见方法是计算能量差，如公式 4.24 所示：

$$E_{SE} = -\left[E_{AB_n} - (E_A + nE_B)\right] \tag{4.24}$$

其中 E_A 和 E_B 分别是分子 A 和 B 的能量，而 E_{AB_n} 是分子复合物 AB_n 平衡时总基态能量。

经历光诱导 ICT 过程的分子对于研究激发态的氢键很有趣。目前已知，ICT 分子激发态的电荷分布可能与基态的电荷分布大不相同。因此，这些分子中存在的氢键供体和受体位点预计在激发态下会被激活或失活，从而影响与溶剂分子的相互作用。溶质-溶剂相互作用的这种变化导致 ICT 探针相对于基态稳定或不稳定。溶质-溶剂相互作用的变化通常表现在其光谱特性上。尽管一些研究致力于研究介质的极性和黏度对 ICT 过程的影响，但是 ICT 探针和溶剂分子之间的氢键对前述过程的影响很少。Krishnamoorthy 及其同事[104]综述了氢键对 ICT 和质子转移过程的影响及其在分子识别和传感中的应用。通常认为带电荷的供体与基态的溶剂形成氢键。在光激发及 ICT 态形成后，供体获得正电荷，激发态供体与溶剂分子之间的氢键将断裂。ICT 过程增强了受体基团上的电荷，这可以帮助受体基团与溶剂形成新的氢键或增强现有的氢键。DMABN 是一种被广泛用于研究激发态 ICT 过程的分子，是充分研究 ICT 过程中氢键作用的探针之一。香豆素染料是另一类 ICT 分子，用于研究影响 ICT 状态形成的氢键。Nouchi 等人[110]提出了一项关于氢键对 DMABN 的 ICT 过程的影响的早期研究。他们研究了 DMABN 在非氢键聚合物介质中的 ICT 过程。作者声称，基态时溶质-溶剂氢键的形成是激发态 ICT 发射的先决条件。他们还提出，由于与溶剂的氢键作用，基态下获得的 DMABN 扭曲构象在光激发时发射。这一理论后来受到几个研究小组的质疑，因此并没有得到太多的支持。因为 Pilloud 等人[111]报告说，即使使用干燥的乙腈作为溶剂，也可以观察到 DMABN 的 LE 和 ICT 态双重发射。他们还报告说，向这种非质子溶剂中添加水会降低 LE 和 ICT 发射的强度比。Pal 等人[112]已经通过实验研究了几种质子溶剂中香豆素-1 染料的激发态光物理性质。作者报告说，在极性质子溶剂中，荧光的量子产率(ϕ_f)以及染料的激发态寿命(τ_f)急剧下降。在溶剂参数(Δf)大于 0.28 的高极性溶剂中，τ_f 的值与温度有关。根据他们的实验结果，作者得出结论，除了在极性介质中获得的稳定性外，探针分子与溶剂之间的分子间氢键为探针提供了额外的稳定性。Mitra 等人[113]使用稳态和时间分辨光谱研究了反式-对(二甲氨基)肉桂酸乙酯(EDAC)，在不同极性和氢键能力的溶剂中的 ICT 过程。作者报告说，由于介质极性的增加，作为 EDAC 中 ICT 过程的标志，发射最大值发生了很大变化。与非质子溶剂相比，氢键溶剂中的发射特性明显不同，这使他们得出结论，氢键在该分子的 ICT 过程中起着至关重要的作用。根据氢键溶剂中 ICT 发射的减少，他们还预测了供体和溶剂分子之间氢键形成与 ICT 过程之间的竞争。

Datta 及其同事[49]研究了溶剂对 3-氨基喹啉激发态动力学的影响(图 4.10)。作者发现，非辐射衰减率随着极性的增加而降低，并且在临界极性处会突然跳变。该结果与直觉相反，因为随着 ICT 分子极性的增加，预计会有较大的斯托克斯位移，同时伴随着由于非辐射速率增加而导致的量子产率下降。为了定量了解介质极性和氢键对该分子光物理性质的影响，作者对吸收和发射最大值的变化进行了 Kamlet-Taft 分析。作者还对这种分子在不同溶剂中的非辐射衰减率(k_{NR})进行了相同的分析。他们发现，介质极性在形成该探针的吸收光谱方面贡献最大，而氢键参数对形成发射曲线的贡献增加。他们的结果还表明，k_{NR} 的值主要由溶剂的氢键接受能力决定。作者得出结论，溶剂通过其氢键接受特性与氨基的氢原子相互作用，从而稳定 ICT 状态并阻碍氨基的翻转运动。氢键供体溶剂通过在环氮原子上赋予部分正电荷来稳定该分子的 ICT 状态，尽管作者发现此过程可能会通过阻断氨基氮原子的孤对电子来阻碍 ICT。

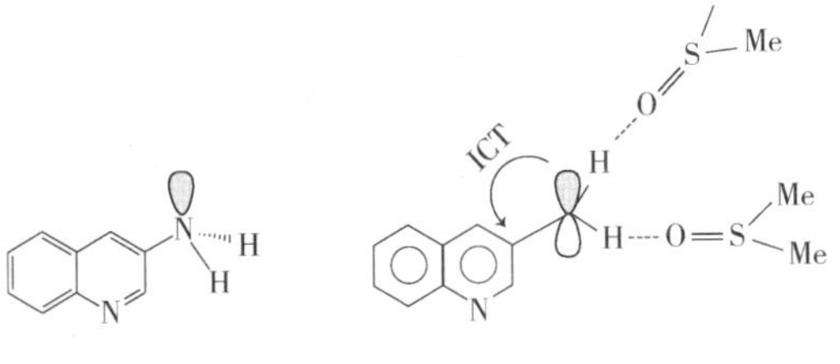

图 4.10　溶剂对 3-氨基喹啉 ICT 过程中溶剂效应的示意图
(详见正文)(Panda 和 Datta 2006[49]，经美国物理研究所许可转载)

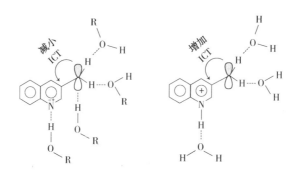

图 4.10　溶剂对 3-氨基喹啉 ICT 过程中溶剂效应的示意图
（详见正文）（Panda 和 Datta 2006[49]，经美国物理研究所许可转载）（续）

4.6　共振辅助氢键（RAHB）

从前面的讨论中可以明显看出，氢键在决定一些分子的光物理性质中起着至关重要的作用。如果氢键供体和氢键受体基团通过 π 电子桥连接，则氢键和电荷的局部化会相互影响。Gilli 等人[114]引入了共振辅助氢键（RAHB）的概念，以解决 π 电子离域和氢键之间的相互作用。Misra 等人研究了 1,4-二氧六环-水混合物中 β-烯胺酮的 RAHB 过程[115]。在 DFT 水平上进行了量子化学计算，以预测自由 PACO 和 PACO-nH$_2$O 分子簇（n = 1 ~ 3）中氢键长度和角度。结果似乎与 RAHB 描述符所建议的趋势一致，所获得的氢键能在气相中也具有相同的模式。

Gehlen 等人[116]回顾了几种基于 ICT 的分子中的 RAHB 过程，即含有 β-烯胺酮部分的 1-氨基芘、9-氨基吖啶和腺嘌呤衍生物。作者指出，取代基的吸电子性质和介质的极性会影响酮胺/烯醇-亚胺的平衡，从而导致这些分子光谱性质的变化。RAHB 过程被认为是这些分子荧光性质变化的原因。

4.7　溶剂混合物和密闭介质中的 ICT 研究

有时，仅使用纯溶剂很难根据连续变化的溶剂特性来解析分子的所需特性，为了解决这个问题，二元或三元溶剂混合物的使用发展非常迅速[85-88]。为了了解氢键对溶质的影响，质子和非质子溶剂的混合物是研究探针光物理性质的常用选择。极性和非极性溶剂的混合物可用于探测分子的极性诱导效应。当极性探针溶解在非极性和极性溶剂的二元混合物中时，预计探针会以不同方式与这两种溶剂相互作用，这可能会产生所谓的优先溶剂化[117-120]。首先，溶剂可以与溶质形成氢键，形成具有特定形状和几何形状的结构。其次，溶剂还可以以非化学计量的方式与溶质相互作用，即溶剂可以通过与其相反的偶极子包围极性探针，这就是所谓的介电富集[118]。因此，ICT 探针是研究溶剂混合物中溶剂化的理想探针。最重要原因是 ICT 分子在激发态比基态具有更高的偶极矩（有例外，例如甜菜碱-30 在激发态下的偶极矩要比基态低）。由于 ICT 分子的极性，极性溶剂将使探针的激发态比基态具有更高的稳定性。这是在极性溶剂中 ICT 形成速率普遍增加的原因之一。因此，ICT 分子被广泛用作纯溶剂和二元溶剂混合物中的溶剂显色探针。（感兴趣的读者可以阅读本章提到的 Huppert、Maroncelli 和 Fayer 的研究）。

从上一节的讨论中可以明显看出，介质的特性在 ICT 过程中起着重要作用。一些研究致力于探索胶束、反胶束和离子液体中的 ICT 过程。Sarkar 团队[121]使用稳态和时间分辨光谱技术研究环糊精纳米腔中尼罗红的 ICT 过程。他们报告说，与纯水相比，该分子在 β-环糊精中的非辐射衰减速率降低了约 2.5 倍，而在 γ-环糊精中该分子的非辐射衰变速率则略有降低。该研究小组[122]也研究了与普通水相比，香豆素 490 在气溶胶 OT（AOT）-庚烷反胶束水池中的 ICT 速率。尽管与纯水中相比，分子在上述反胶束水池中的溶剂化动力学降低了数千倍，但 ICT 速率仅降低了约 3.5 倍。

4.8 固态 ICT 研究

前面的讨论表明，ICT 过程主要在凝聚相中进行研究。由于浓度淬灭和结构限制（可能阻止它们获得 ICT 反应所需的有利结构）这两个原因，只有少数分子在固态下会显示 ICT。最近，Chujo 团队[123]报道了他们归属于 TICT 态的固态蒽-邻甲硼烷二元组的发射（图 4.11）。从该分子在溶液相中观察到的最大发射分别为 LE 和 ICT 态的双发射分别位于为 450nm 和 600nm。它们已经表明 600nm 的峰随着溶剂极性的增加而红移，而 450nm 的峰几乎与介质的极性无关。Lippert-Mataga 分析显示，450nm 附近发射带的近似线的斜率几乎为零，表明该分子基态与 LE 态之间的偶极矩变化可忽略不计。对 600nm 峰值的相同分析表明，基态与 ICT 态之间偶极矩发生了显著变化。作者发现，该分子在聚集态和晶态下的发射强度很高，而在溶液相中的发射强度很低。在 77K 的 2-Me THF 冷冻基质中，该分子主要显示出 LE 态的发射。TICT 带的强度随着温度的升高而增加。这使得作者得出结论，加热时可以增强邻-碳硼烷部分的旋转。根据该分子的 X 射线晶体结构，他们得出结论，由于邻-碳环烷部分的致密球形结构，光激发后该基团可能发生旋转。他们在 DFT[B3LYP/6-31G(d)]理论水平上进行的量子化学计算表明，该分子在气相中的旋转势垒在激发态下约为 8kcal/mol。他们还使用量子力学和分子力学（QM/MM）方法研究了基态和激发态晶体堆积中的能垒，其中中心分子采用量子力学处理（TDDFT 方法），而中心分子的周围使用通用力场进行建模。他们的 QM/MM 研究表明，形成结晶的能垒在基态和激发态下分别约为20kcal/mol 和 19kcal/mol。作者声称，尽管从单分子到晶体堆积，旋转的能垒增加了，但对于形成 TICT 态的旋转来说，其能量值仍然非常低。根据这些研究，他们得出结论，由于邻-碳硼烷部分紧密的球形结构，即使在结晶状态下，该基团的旋转也是可能的。

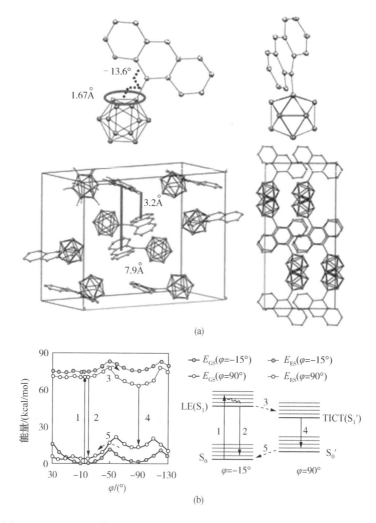

图 4. 11　（a）Chujo 等人研究的蒽-邻-碳硼烷二元组的分子结构和堆积图；
（b）从量子化学计算获得的可变二面角（φ）的二元组的基态和激发态能级。
图中还给出了二元组的假设吸收和发射过程（Chujo 等人 2017[123]，
经 John Wiley&Sons 许可转载）

同一小组已经合成了几种多功能的邻碳硼烷-芘二元组化合物，并研究了其固态发射性能[124]。他们的目标是制备具有双重发射、聚集诱导发射（AIE）以及结晶诱导发射（CIE）增强和发光颜色变化的多功能发光分子。他们合成了具有极其明亮的固态发光特性的芘取代邻碳硼烷衍生物。

还有其他一些基于 ICT 的分子显示固态发射特性的报告。例如，Yuan 等人[125]已经报道了基于三苯胺（TPA）和 2,3,3-三苯丙烯腈（TPAN）单元的 D-A 分子 TPA3TPAN 和 DTPA4TPAN 的固态发射（图 4.12）。作者报告说，尽管这些分子由于聚集引起的淬灭（ACQ）而在普通溶剂中不发荧光，但当它们以纳米颗粒、固体粉末和薄膜的形式聚集时，会变得高度发光。他们报告说，ICT 和 AIE 工艺的结合导致 TPA3TPAN 和 DTPA4TPAN 产生亮黄色发射，量子效率分别为 33.2% 和 38.2%。

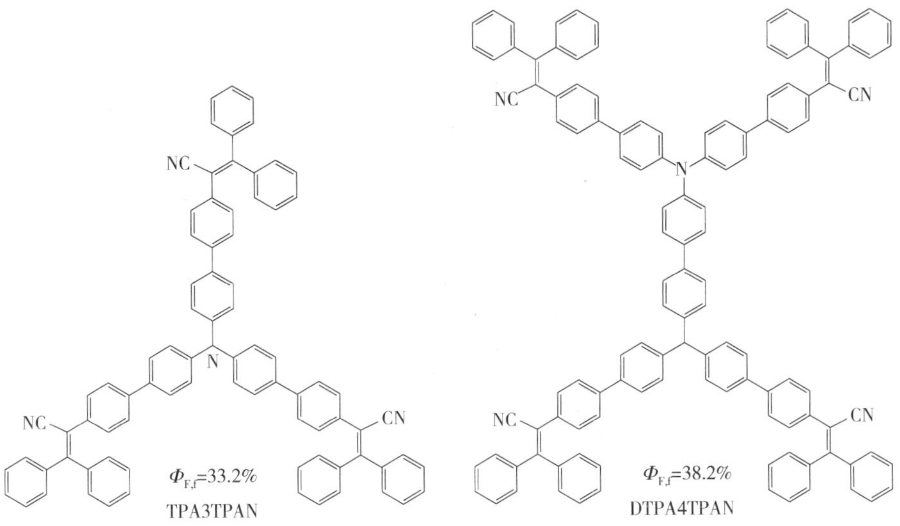

图 4.12　TPA3TPAN 和 DTPA4TPAN 的化学结构

（Yuan 等人 2012[125]，经美国化学会许可转载）

Wan 及其同事[126]报道了三苯胺-碳硼烷二元组的固态发射。作者报告说，三苯胺-邻-碳硼烷二元组在溶液中表现出 LE 和 ICT 态的双重发射。正如预期的那样，LE 发射与溶剂无关，而 ICT 发射的强度和波长则取决于介质的特性。作者报告三苯胺-邻-碳硼烷二元组通过 AIE 过程产生的明亮固态发射。

从前面的讨论中可以明显看出，介质的特性在 ICT 分子的光物理过程形成中起着至关重要的作用。在激发态 ICT 过程中，分子通常被激发到 LE 态，由此产生具有较低能量和较高偶极矩的 ICT 物质。激发态 ICT 过程通常发生在极性溶剂中，因为极性介质发挥了极性 ICT 态的稳定性，这可以通过发射最大值的红移来看出。但是，也有一些例外，因为 ICT 过程可能会导致基态两性离子分子的蓝移发射最大值。对于这些分子，处于激发态的偶极矩低于处于基态的偶极矩。虽然大部分 ICT 研究都是在溶液中进行的，但也有一些在气相中进行的研究可以在文献中找到。近年来，为了将基于 ICT 的材料用于技术应用，几项关于固态 ICT 过程的研究已经报道过了。如前所述，介质的极性和氢键形成能力在确定 ICT 态及其结构的形成速率方面起着重要作用。因此，在多种介质(包括混合溶剂和受限介质)中对 ICT 过程进行研究以详细了解其基本原理也就不足为奇了。由于 ICT 探针被用作荧光传感器，用于检测溶液和生物样品中的分子和离子(见第 6 章)，预计在不久的将来会有更多关于 ICT 过程中溶剂效应的研究报道。

参 考 文 献

1 Reichardt, C. (1998) *Solvents and Solvent Effects in Organic Chemistry*, Wiley-VCH Verlag GmbH & Co. KGaA, Weinheim.

2 Maronceli, M., MacInnis, J., and Fleming, G.R. (1989) *Science*, **243**, 1674.

3 Florusse, L.J., Peters, C.J., Schoonman, J., Hester, K.C., Koh, C.A., Dec, S.F., Marsh, K.N., and Sloan, E.D. (2004) *Science*, **306**, 469.

4 Cerny, J., Tong, X., Hobza, P., and Muller-Dethlefs, K. (2008) *J. Phys. Chem.*, **128**, 114319.

5 Sakota, K., Shimazaki, Y., and Sekiya, H. (2009) *J. Chem. Phys.*, **130**, 231105.

6 Larsen, R.W., Zielke, P., and Suhm, M.A. (2007) *J. Chem. Phys.*, **126**, 194307.

7 Tanabe, S., Ebata, T., Fujii, M., and Mikami, N. (1993) *Chem. Phys. Lett.*, **215**, 347.

8 Scharge, T., Luckhaus, D., and Suhm, M.A. (2008) *Chem. Phys.*, **346**, 167.

9 Barbu-Debus, K.L., Sen, A., Broquier, M., and Zehnaker, A. (2011) *Phys. Chem. Chem. Phys.*, **13**, 13985.

10 Raczyński, P., Dawid, A., Dendzik, Z., and Gburski, Z. (2005) *J. Mol. Struct.*, **750**, 18.

11 Hauchecorne, D., van der Veken, B.J., Moiana, A., and Herrebout, W.A. (2010) *Chem. Phys.*, **374**, 30.

12 Miller, D.J. and Lisy, J.M. (2008) *J. Am. Chem. Soc.*, **130**, 15381.

13 Li, X., Oomens, J., Eyler, J.R., Moore, D.T., and Iyengar, S.S. (2010) *J. Chem. Phys.*, **132**, 244301.

14 Pathak, A.K., Samanta, A.K., Maity, D.K., Mukherjee, T., and Ghosh, S.K. (2010) *J. Phys. Chem. Lett.*, **1**, 886.

15 Sobolewski, A.L. and Domcke, W. (2007) *J. Phys. Chem. A*, **111**, 11726.

16 Brutschy, B. (2000) *Chem. Rev.*, **100**, 3891.

17 Robertson, W.H., Diken, E.G., Price, E.A., Shin, J.W., and Johnson, M.A. (2003) *Science*, **299**, 1367.

18 de Abreu e Silva, E.S., Duarte, H.A., and Belchior, J.C. (2006) *Chem. Phys.*, **323**, 553.

19 Danilov, V.I., Van Mourik, T., and Poltev, V.I. (2006) *Chem. Phys. Lett.*, **429**, 255.

20 Sobolewski, A.L. and Domcke, W. (2008) *Chem. Phys. Lett.*, **457**, 404.

21 Knapp, C.J., Xu, Y., and Jäger, W. (2011) *J. Mol. Spectrosc.*, **268**, 130.

22 Buck, U. and Huisken, F. (2000) *Chem. Rev.*, **100**, 3863.

23 Miller, D.J. and Lisy, J.M. (2007) *J. Phys. Chem. A*, **111**, 12409.

24 Pathak, A.K., Mukherjee, T., and Maity, D.K. (2008) *J. Phys. Chem. A*, **112**, 744.

25 Sett, P., Mishra, T., Chowdhury, J., Ghosh, M., Chattopadhyay, S., Sarkar, S.K., and Mallick, P.K. (2008) *J. Chem. Phys.*, **128**, 144507.

26 Watanabe, T., Ebata, T., Tanabe, S., and Mikami, N. (1996) *J. Chem. Phys.*, **105**, 408.

27 Zakharov, M., Krauss, O., Nosenko, Y., Brutschy, B., and Drew, A. (2009) *J. Am. Chem. Soc.*, **131**, 461.

28 Vaden, T.D. and Lisy, J.M. (2005) *J. Phys. Chem. A*, **109**, 3880.

29 Striplin, D.R., Reece, S.Y., McCafferty, D.G., Wall, C.G., Friesen, D.A., Erickson, W., and Meyer, T.J. (2004) *J. Am. Chem. Soc.*, **126**, 5282.

30 Druzhinin, S.I., Kovalenko, S.A., Senyushkina, T.A., Demeter, A., and Zachariasse, K.A. (2010) *J. Phys. Chem. A*, **114**, 1621.

31 Weigel, A. and Ernsting, N.P. (2010) *J. Phys. Chem. B*, **114**, 7879.

32 Tarakeswar, P., Kim, K.S., Djafari, S., Buchhold, K., Reimann, B., Barth, H.-D., and Brutschy, B. (2001) *J. Chem. Phys.*, **114**, 4016.

33 Miyazaki, M., Fujii, A., Ebata, T., and Mikami, N. (2004) *Science*, **304**, 1134.

34 Dickinson, J.A., Hockridge, M.R., Kroemer, R.T., Robertson, E.G., Simons, P., McCombie, J., and Walker, M. (1998) *J. Am. Chem. Soc.*, **120**, 2622.

35 Pathak, A.K., Mukherjee, T., and Maity, D.K. (2006) *J. Chem. Phys.*, **124**, 024322.

36 Reiman, B., Buchhold, K., Vaupel, S., Brutschy, B., Havlas, Z., Spirko, V., and Hobza, P. (2001) *J. Phys. Chem. A*, **105**, 5560.

37 Han, K.-L. and Zhao, G.-J. (2011) *Acc. Chem. Res.* doi: 10.1021/ar200135h.

38 Carmona, C., Galan, M., Angulo, G., Munoz, M.A., Guardado, P., and Balon, M. (2000) *Phys. Chem. Chem. Phys.*, **2**, 5076.

39 Tsuji, N., Ishiuchi, S., Sakai, M., Fuji, M., Ebata, T., Jouvet, C., and Dedonder-Lardeux, C. (2006) *Phys. Chem. Chem. Phys.*, **8**, 114.

40 Banno, M., Ohta, K., Yamaguchi, S., Iría, S., and Tominaga, K. (2009) *Acc. Chem. Res.*, **42**, 1259.

41 Cramer, C.J. and Truhler, D.G. (1999) *Chem. Rev.*, **99**, 2161.

42 Kirkwood, G. (1934) *J. Chem. Phys.*, **2**, 351.

43 Nakano, M. *et al* (2017) *Chem. Lett.*, **46**, 536.

44 Gutierrez, F., Trzcionka, J., Doloncle, R., Poteau, R., and Chouini-Lalanne, N. (2005) *New J. Chem.*, **29**, 570.

45 Gedeck, P. and Schneider, S. (1997) *J. Photochem. Photobiol., A*, **105**, 165.

46 Georgieva, I., Aquino, A.J.A., Plasser, F., Trendafilova, N., Kohn, A., and Lischka, H. (2015) *J. Phys. Chem. A*, **119**, 6232.

47 Lippert Von, E. (1957) *Z. Electrochem.*, **61**, 962.

48 Mataga, N., Kaifu, Y., and Koizumi, N. (1956) *Bull. Chem. Soc. Jpn.*, **29**, 465.

49 Panda, D. and Datta, A. (2006) *J. Chem. Phys.*, **125**, 054513.

50 Pereira, R.V. and Gehlen, M.H. (2006) *J. Phys. Chem. A*, **110**, 7539–7546.

51 Moyon, N.S., Chandra, A.K., and Mitra, S. (2010) *J. Phys. Chem. A*, **114**, 60–67.

52 Mukherjee, S., Sahu, K., Roy, D., Mondal, S.K., and Bhattacharyya, K. (2004) *Chem. Phys. Lett.*, **384**, 128–133.

53 Zhu *et al* (2016) *Sci. Rep.*, **6**, 24313.

54 Misra, R. and Kar, S. (2012) *Chem. Phys.*, **397**, 65.

55 Ramkumar, V. and Kannan, P. (2016) *J. Lumin.*, **169**, 204.

56 Liptay, W. (1965) *Z. Naturforsch.*, **20a**, 1441.

57 Sumalekshmy, S. and Gopidas, K.R. (2005) *Photochem. Photobiol. Sci.*, **4**, 539.

58 Sumalekshmy, S. and Gopidas, K.R. (2004) *J. Phys. Chem. B*, **108**, 3705.

59 Rettig, W. (1982) *J. Mol. Struct.*, **84**, 303.

60 Kamlet, M.J., Abboud, J.L.M., Abraham, M.H., and Taft, R.W. (1983) *J. Org. Chem.*, **48**, 2877.

61 Kamlet, M.J., Abboud, J.M., and Taft, R.W. (1981) *Prog. Phys. Org. Chem.*, **13**, 485.

62 Reichardt, C. (1994) *Chem. Rev.*, **94**, 2319.

63 Marcus, Y. (1991) *J. Solution Chem.*, **20**, 929.

64 Catalan, J. (2009) *J. Phys. Chem. B*, **113**, 5951.

65 Liu, X., Cole, J.M., and Low, K.S. (2013) *J. Phys. Chem. C*, **117**, 14731.

66 Renger, T. *et al* (2008) *Proc. Natl. Acad. Sci. U.S.A.*, **105**, 13235.

67 Hicks, J.M., Vandersall, M., Babarogic, Z., and Eisenthal, K.B. (1985) *Chem. Phys. Lett.*, **116**, 18.

68 Simons, J.D. and Su, S.G. (1990) *J. Phys. Chem.*, **94**, 3656.

69 Das, K., Sarkar, N., Nath, D., and Bhattacharyya, K. (1992) *Spectrochim. Acta*, **48A**, 1701.

70 Chang, T.L. and Cheung, H.C. (1990) *Chem. Phys. Lett.*, **173**, 343.

71 Haidekker, M.A., Brady, T.P., Lichlyter, D., and Theodorakis, E.A. (2005) *Bioorg. Chem.*, **33**, 415.

72 Wandelt, B., Tukewitsch, P., Stranix, B.R., and Darling, G.D. (1995) *J. Chem. Soc., Faraday Trans.*, **91**, 4199.

73 Ghosh, R. and Palit, D.K. (2014) *ChemPhysChem*, **15**, 4126.

74 Singh, P.K., Kumbhakar, M., Pal, H., and Nath, S. (2010) *J. Phys. Chem. B*, **114**, 5920.

75 Stsiapura, V.I., Kurhuzuzenkau, S.A., Kuzmitsky, V.A., Bouganov, O.V., and Tikhomirov, S.A. (2016) *J. Phys. Chem. A*, **120**, 5481.

76 Dixon, D.W. *et al* (1999) *Inorg. Chem.*, **38**, 5526.

77 Escudero, D. (2016) *Acc. Chem. Res.*, **49**, 1816.

78 Fenn, E.E., Moilanen, D.E., Levinger, N.E., and Fayer, M.D. (2009) *J. Am. Chem. Soc.*, **131**, 5530.

79 Reynolds, L., Gardecki, J.A., Frankland, S.J.V., Horng, M.L., and Maroncelli, M. (1996) *J. Phys. Chem.*, **100**, 10337.

80 Li, X., Liang, M., Chakraborty, A., Kondo, M., and Maroncelli, M. (2011) *J. Phys. Chem. B*, **115**, 6592.

81 Li, X. and Maroncelli, M. (2011) *J. Phys. Chem. A*, **115**, 3746.

82 Barbara, P.F. and Jarzeba, W. (1988) *Acc. Chem. Res.*, **21**, 195.

83 Barbara, P.F., Walker, G.C., and Smith, T.P. (1992) *Science*, **256**, 975.

84 Reid, P.J. and Barbara, P.F. (1995) *J. Phys. Chem.*, **99**, 3554.

85 Solntsev, K.M. and Huppert, D. (1999) *J. Phys. Chem. A*, **103**, 6984.

86 Molotsky, T. and Huppert, D. (2003) *J. Phys. Chem. A*, **107**, 2769.

87 Molotsky, T. and Huppert, D. (2003) *J. Phys. Chem. A*, **107**, 8449.

88 Agmon, N. (2002) *J. Phys. Chem. A*, **106**, 7256.

89 Eisenthal, K.B. *et al* (1987) *J. Phys. Chem.*, **91**, 6162.

90 Rettig, W. *et al* (1998) *J. Phys. Chem. A*, **102**, 7754.

91 Belau, L., Haas, Y., and Rettig, W. (2002) *Chem. Phys. Lett.*, **364**, 157.

92 Parusel, A.A. (2000) *Phys. Chem. Chem. Phys.*, **2**, 5545.

93 Bohnwagner, M.V., Burghardt, I., and Dreuw, A. (2016) *J. Phys. Chem. A*, **120**, 14.

94 Misra, R. *et al* (2009) *J. Phys. Chem. B*, **113**, 10779.

95 Yun, S.H. *et al* (2017) *Sens. Actuators, B*, **240**, 988.

96 Bhattacharyya, K. and Chowdhury, M. (1993) *Chem. Rev.*, **93**, 507.

97 Nag, A., Kundu, T., and Bhattacharyya, K. (1989) *Chem. Phys. Lett.*, **160**, 257.

98 Sarkar, N., Das, K., Nath, D.N., and Bhattacharyya, K. (1994) *Langmuir*, **10**, 326.

99 Majumdar, D., Sen, R., Bhattacharyya, K., and Bhattacharyya, S.P. (1991) *J. Phys. Chem.*, **95**, 4324.

100 Chakraborty, A., Kar, S., and Guchhait, N. (2006) *Chem. Phys.*, **324**, 733.

101 Singh, R.B., Mahanta, S., Kar, S., and Guchhait, N. (2007) *Chem. Phys.*, **342**, 33.

102 Samanta, A., Paul, B.K., Mahanta, S., Singh, R.B., Kar, S., and Guchhait, N. (2010) *J. Photochem. Photobiol., A*, **212**, 161.

103 Samanta, A., Paul, B.K., and Guchhait, N. (2012) *J. Lumin.*, **132**, 517.

104 Chipem, F.A.S., Mishra, A., and Krishnamoorthy, G. (2012) *Phys. Chem. Chem. Phys.*, **14**, 8775.

105 Zachariasse, K.A. *et al.* (2017) *J. Phys. Chem. A*, **121**, 1223.

106 Zachariasse, K.A. *et al.* (2006) *J. Phys. Chem. A*, **110**, 2955.

107 Fujiwara, T. *et al.* (2013) *Chem. Phys. Lett.*, **586**, −70.

108 Bohnwagner, M.V. and Dreuw, A. (2017) *J. Phys. Chem. A*, **121**, 5834.

109 Mukherjee, P., Rafiq, S., and Sen, P. (2016) *J. Photochem. Photobiol., A*, **328**, 136.

110 Nouchi, G. *et al* (1989) *Chem. Phys. Lett.*, **157**, 393.

111 Pilloud, D. *et al* (1987) *Chem. Phys. Lett.*, **137**, −130.

112 Pal, H. *et al* (2005) *Chem. Phys.*, **315**, 277.

113 Mitra, S. *et al* (2007) *J. Lumin.*, **127**, 508.

114 Gilli, G. *et al* (1989) *J. Am. Chem. Soc.*, **111**, 1023.

115 Misra, R. *et al* (2015) *J. Photochem. Photobiol., A*, **302**, 23.

116 Gehlen, M.H., Simas, E.R., Pereira, R.V., and Sabatini, C.A. (2012) in *Reviews in Fluorescence 2010* (ed. C.D. Geddes), Springer.

117 Raju, B.B. and Costa, S.M.B. (1999) *Phys. Chem. Chem. Phys.*, **1**, 3539.

118 Henseler, A., von Raumer, M., and Suppan, P. (1996) *J. Chem. Soc., Faraday Trans.*, **92** (3), 391.

119 Zurawski, W. and Scarlata, S. (1994) *Photochem. Photobiol.*, **60**, 343.

120 Khajehpour, M. and Kauffman, J.F. (2000) *J. Phys. Chem. A*, **104**, 7151.

121 Sarkar, N. *et al* (2004) *Chem. Phys. Lett.*, **388**, 150.

122 Sarkar, N. *et al* (2001) *Chem. Phys. Lett.*, **342**, 303.

123 Chujo, Y. *et al.* (2017) *Angew. Chem. Int. Ed.*, **56**, 254.

124 Nishino, K., Yamamoto, H., Tanaka, K., and Chujo, Y. (2016) *Org. Lett.*, **18**, 4064.

125 Yuan, W.Z., Gong, Y., Chem, S. *et al.* (2012) *Chem. Mater.*, **24**, 1518.

126 Wan, Y., Li, J., Peng, X. *et al* (2017) *RSC Adv.*, 7, 35543.

5 ICT 分子的非线性光学响应

5.1 引言

能够转换光束的各种参数的分子和材料的需求量很大，它们构成了一类称为非线性光学（NLO）分子和材料的物质。我们所说的光束参数有频率、相位、振幅、偏振等。这种变换在技术上很重要，并且在非线性光学中得到了广泛的研究。在 NLO 中，我们知道光传播通过的介质的介电极化对光的电场做出非线性响应。当光的电场强度非常高，通常与原子间电场强度相同时，就会出现这种非线性响应。在激光中很容易实现如此大小的电场，因此自从激光被发现以来，NLO 的领域发展得非常显著且迅速[1,2]。最常见的 NLO 响应是二次谐波产生（SHG），也称为倍频。在此，在 SHG 中，两个频率为 ω 的光子消失，出现一个频率为 2ω 的单个光子（根据能量守恒）。导致 SHG 的介质的非线性特性是二阶极化率 $\chi^{(2)}$，而对于分子，它被称为第一超极化率（β）。类似地，在适当的材料和适当的光电场强度下观察到其他非线性响应，例如三次谐波（THG）或更高次谐波（HHG）。特别令人感兴趣的是产生和频（SFG）的 NLO 过程，其中两个不同频率（ω_1，ω_2）的光子消失，产生了频率为 $\omega = \omega_1 + \omega_2$ 的单个光子。在高阶 NLO 响应中，电光 Kerr 效应，强度依赖的折射率和自聚焦引起了广泛关注。其他一些具有技术影响的非线性响应包括四波混合、交叉相位调制、多光子吸收（两个或多个光子同时被吸收）和多光子电离。

对分子内电荷转移（ICT）分子产生无限兴趣的原因之一是其对光电场的非线性响应能力[3,118]。已知许多此类分子具有较高的一阶和二阶超极化率，其中一些分子显示双光子吸收（TPA）光谱。如果可以将此类 ICT 发色团转化为具有高 NLO 响应的材料（例如，高 $\chi^{(2)}$ 和 $\chi^{(3)}$），我们就有了制造具有所需特性的材料的明确途径。事实上，用电子供体（D）和电子受体（A）基团封端的有机 π 体系提供了一类分子（D-π-A），通常称为有机推拉系统，其中供体-受体相互作用（所谓的 ICT）负责产生 D-π-A 发色团（也称为电荷转移发色团）的独特光电性质。ICT 或供体-受体之间相互作用导致形成延伸到整个 D-π-A 系统的"新"低能 π 分子轨道（MO）。通过可见光很容易将电子激发到新的低能 MO 中，这说明了这种 ICT 发色团通常是有色的。ICT 也会使发色团极化并导致非零偶极矩的产生。

在价键语言中，电荷转移构型(D^+-π-A^-)通常对激发态的贡献大于对基态的贡献，这意味着 D-π-A 分子不仅具有低能吸收带(可见光区)，但在受电子激发时，其偶极矩($\Delta\mu \gg 0$)也有较大变化。事实证明，这两个属性确保了分子显示非零的第一超极化率(假定 D-π-A 系统是非中心对称的)。简单的图片为 ICT 生色团的合成提供了简单的设计思路。此处无须提及的是，从分子发色团到材料的转变需要更详细的标准，因为材料必须具有机械强度、光学透明性和抗光损伤性等。然而，从理论上设计分子发色团可以转化为 NLO 材料的可能性，激发了人们对 ICT 分子非线性光学响应理论研究的浓厚兴趣。最初使用的与技术相关的NLO 材料全部是无机材料。它们已经并且仍被用于高速全光交换、光学计算(包括存储)、电信等领域。例如，KH_2PO_4、$LiNbO_3$ 等仍被用作 SHG 的材料。然而，这些材料不是柔性的或耐用的，有机 ICT 生色团具有足够的柔韧性和可控的耐久性，因此对新光电材料的研究越来越多地指向有机 ICT 分子。

5.2　NLO 对电场的响应

我们简要回顾了介质的不同非线性响应如何源自介电极化。假设介质所暴露的光场不太大，则可以将特定时间点的介电极化密度 $P(t)$ 扩展为该时间点的电场 $E(t)$ 的泰勒级数：

$$P(t) = \varepsilon_0 [\chi^{(1)} E(t) + \chi^{(2)} E^2(t) + \chi^{(3)} E^3(t) + \cdots] \tag{5.1}$$

为了简单起见，我们将 $E(t)$ 视为标量，在方程 5.1 中，$\chi^{(n)}$ 是介质的 n 阶电极化率，模拟介质的 n 阶非线性。我们在这里注意到 $\chi^{(n)}$ 是矩阵($n+1$)的秩张量，它代表了介质的对称性以及相互作用的参量性质。为了研究由特定阶次的电极化率引起的非线性响应，只讨论二阶非线性。在这种情况下，非线性极化密度 P_{NL} 为：

$$P_{NL} = \varepsilon_0 \chi^{(2)} E^2(t) \tag{5.2}$$

让我们进一步假设 $E(t)$ 是一个双分量场，即

$$E(t) = E_1 \cos(\omega_1 t) + E_2 \cos(\omega_2 t) \tag{5.3}$$

这意味着介质被迫以 ω_1 和 ω_2 的频率振荡，我们可以把方程 5.3 改写为更为复杂的形式：

$$E(t) = \frac{1}{2} E_1 (e^{-i\omega_1 t} + e^{i\omega_1 t}) + \frac{1}{2} E_2 (e^{-i\omega_2 t} + e^{i\omega_2 t}) \tag{5.4}$$

我们可以如此定义 $E(t)$，

$$P_{NL} = \frac{\varepsilon_0 \chi^{(2)}}{4} [|E_1|^2 e^{-i2\omega_1 t} + |E_2|^2 e^{-i2\omega_2 t} + 2 E_1 E_2 e^{-i(\omega_1+\omega_2)t} + 2 E_1 E_2^* e^{-i(\omega_1-\omega_2)t} +$$
$$\{|E_1|^2 + |E_2|^2\} + A]$$

$$\tag{5.5}$$

其中 A 是复共轭项。

在该表达式中，前两项表示频率为 $2\omega_1$ 和 $2\omega_1$ 的 SHG，第三项和第四项表示 SFG 和差频的产生，大括号中的项表示所谓的光学整流(零频率)。因此，我们已经确定了所有与 $\chi^{(2)}$ 相关的非线性过程，我们可以用相同的方式将分析扩展到高阶非线性，例如识别与 $\chi^{(3)}$ 相关的过程。

孤立分子对均匀静电场的响应(线性和非线性)可以用以下任何展开式表示(如果严格遵守 Hellmann-Feynman 定理，它们将提供相同的结果)。

$$E_i(F) = E_0 - \sum_i \mu_i^o E_i - \sum_{ij} \alpha_{ij} E_i E_j - \frac{1}{2!} \sum_{ijk} \beta_{ijk} E_i E_j E_k - \tag{5.6}$$

$$\frac{1}{3!} \sum_{ijkl} \gamma_{ijkl} E_i E_j E_k E_l - \cdots$$

$$\mu_i(F) = \mu_i^0 + \frac{1}{2} \sum_j \alpha_{ij} F_j + \frac{1}{6} \sum_{jk} \beta_{ijk} F_j F_k + \frac{1}{24} \sum_{jkl} \gamma_{ijkl} F_j F_k F_l + \cdots \tag{5.7}$$

E_0 是分子的场自由能，而 μ_i^0 是分子永久偶极矩的第 i 个分量。α 表示分子的偶极极化率张量，β 表示分子的第一超极化率张量，γ 表示第二超极化率张量，极化率和超极化率可以很容易地与相应的电极化率 $\chi^{(n)}$ 联系起来。如果施加的外电场随时间变化，则分子的 NLO 响应将变为与频率相关的量，如 $\alpha(\omega)$，$\beta(\omega)$，$\gamma(\omega)$ 等。

5.3　ICT 分子 NLO 响应的理论计算

ICT 生色团 NLO 响应特性的理论计算一直受到关注。微观计算是分子在静态和时变电场中基于波函数的表示框架内进行的。这意味着该问题已经在与时间相关和与时间无关的薛定谔方程水平上得到解决了。在与时间无关的水平上，通过调用与时间无关的有限场 Hartree-Fock 近似，可以解决静电场的多电子问题。本质上，该方法计算了许多精心设计的电场中分子能量。将与场相关的能量(或偶极矩)拟合到公式 5.6 或公式 5.7 中，并且所需的响应特性可以通过微分和外推到场的零值获得。已经发现，Hartree-Fock 水平的计算不足以重现与文献中可用的实验数据的良好匹配。因此，大多数基于波函数的计算通过 MP2 或 MP4 计算在电场下分子能量得到进一步改进。如果以频率相关的响应特性为目标，该方法通常涉及时间相关的 Hartree-Fock 方法(TDHF)或分子特定几何形状的 CPHF 方法。如今，大多数计算都引用了时间相关的密度泛函理论(TDDFT)，因为它是大分子最容易实现的技术。必须使用足够大的基组，以使计算量成为真正的场不变物理量。三劈裂的 Sadlej 基组[4,5]通常被认为足以进行极化率计算。泛函的选择有些棘手——区间分离泛函已被认为可以在分子的 α、β 或 γ 值计算中表面很好。

最常见的目标 NLO 响应是第一超极化率 β（二阶响应），β 是具有 27 个分量的 3 阶张量。利用表示 β 张量的 3×3×3 矩阵的 Kleinman 对称将数量减少到 10。为了与实验数据进行比较，将分量整合为一个单值（β_{total}）。

$$\beta_{total} = \left[\beta_x^2 + \beta_y^2 + \beta_z^2\right]^{\frac{1}{2}} \tag{5.8}$$

其中，$\beta_i = \beta_{iii} + \sum_{i \neq j}(\beta_{ijj} + \beta_{jij} + \beta_{jji})$（$i = x,\ y,\ z$）。使用 Kleinman 对称，$\beta_x = (\beta_{xxx} + \beta_{xyy} + \beta_{xzz})$。类似地，有 $\beta_y = (\beta_{yyy} + \beta_{yxx} + \beta_{yzz})$ 和 $\beta_z = (\beta_{zzz} + \beta_{zyy} + \beta_{zxx})$ 或 $\beta_{vector}(\beta_{vec})$ 投射在偶极子 $\beta \cdot \mu$ 上，μ 是分子的偶极矩。β_{vec} 在静态下的极值可以使用以下公式从第一超极化率的张量分量来计算：

$$\beta_{vec} = \frac{(\beta_x \mu_x + \beta_y \mu_y + \beta_z \mu_z)}{\mu} \tag{5.9}$$

对 ICT 生色团第一超极化率建模的最早尝试可以追溯到 Ouder[5,6]。在他著名的双态模型中，频率相关的第一超极化率 $\beta(\omega)$ 被证明是：

$$\beta_\omega = \frac{3}{2} \frac{e^2}{\hbar} \left[\frac{\omega_{12} f_0 \Delta\mu_{12}}{(\omega_{12}^2 - \omega^2)(\omega_{12}^2 - 4\omega^2)}\right] \tag{5.10}$$

其中 ω_{12} 是振子强度为 f_0 的 ICT 跃迁的能量，$\Delta\mu_{12}$ 是伴随 1→2 跃迁（1≡基态，2≡ICT 状态）发生的偶极矩变化，而 ω 是探测光的频率。显然，如方程 5.10 所示，$\beta(\omega)$ 的离散特征在于 $\omega = \omega_{12}$ 和 $\omega_{12}/2$ 处 β 值较大。因此，人们可以从这种 ICT 发色团中预测并产生二次谐波。同样，极性环境中 ICT 跃迁能量的显著红移将导致由第一超极化率 β 表示的 NLO 响应的增强。如果我们定义 $\omega = 0$，则可以使用 Ouder 模型近似地计算静态第一超极化率。Ouder 的简单模型已被广泛使用，甚至被滥用，但直到今天仍然保持着它的有用性，它引发了许多研究[7,8]。例如，Sen 等人[7]使用该模型从理论上研究了 4-N,N-二甲基氨基苯腈（DMABN）第一次超极化率的溶剂调制类型。这些作者预测了在低溶剂极性体系中溶剂极性对 $\beta(\omega)$ 的显著影响。在另一项研究中[8]，Sen 等人报告了一些扭曲分子内电荷转移（TICT）分子及其类似物在半经验水平上计算超极化率的详细理论模型，他们还提出并评估了计算 ICT 分子超极化率并预测 β 值和电子结构两者之间相关性的简单模型。在 20 世纪 90 年代初，计算大多局限于半经验水平，如 CNDO/S、INDO/S 和 MNDO 等。从 90 年代中期开始，计算电子结构和响应特性的软件和硬件方面都得到了快速发展。然后，研究人员开始越来越多地使用从头算电子结构方法来计算和分析原子和分子的线性和非线性响应特性。结果表明，在计算 β 和 γ 值时必须考虑电子相关效应以达到精度。Sim 等人[9]研究了在计算典型 ICT 分子（如对硝基苯胺）的 $\beta(-2\omega;\ \omega,\ \omega)$ 时考虑电子相关性的重要性。Albert 等人[10]使用半经验理论来探讨 D-π-A 发色团中什么样的桥会导致 NLO 响应的增强。他们的工作表明，D-π-A 系统的 NLO 响应对"桥"的电子过量比对其芳香性更敏感。因此，对于相同的供体和受体对，电子过量的杂环桥预期比芳族桥更能增加 NLO 响应。Abotto 及其同事[11]使用从头算耦合扰动 Hartree-Fock(CPHF)理论水平，证明了 ICT 生色团的结构设计可以与溶剂极性诱导效应协同作用，从而在一个新的高度极化的叠氮—(CH ═CH—噻吩基)二氰基甲烷发色团家族中出现强大的 NLO 响应。因此，需要在理论工具中充分考虑到介质效应，以计算从溶液相电场诱导二次谐波产生(EFISH)实验获得的超极化率。Wang 等人[12]利用共振和非共振超瑞利散射(HRS)实验提出，许多 ICT 发色团 β 值的分散表明，发色团在激发态下的振动结构是形成该发色团 NLO 响应的一个重要属性。作者使用了一个双电子振动态理论模型来解释观察到的色散。

在理论研究的基础上[13]，发现有三种途径可用于优化 D-B-A(B≡桥)系统的 NLO 响应。第一种选择是选择共轭桥接单元，并增加桥两侧的电子供体和受体单元的数量。第二种选择是改变桥的性质，第三种选择是增加桥的共轭长度。一种完全不同的方法是扭曲共轭本身的性质[14]。因此，有人提出一个问题：给定一个供体(D)、一个受体(A)和一个桥接单元(B)，产生最佳 NLO 响应的结构安排是什么？理论和实验研究似乎表明，由于共轭桥接单元的畸变，多烯桥接的 D-B-A 系统可以在 NLO 响应中表现出很大的变化。例如，共轭桥可以从图 5.1 中的类多烯结构(Ⅰ)变形为类花青结构(Ⅱ)和类聚甲炔结构(Ⅲ)。畸变类型取决于给体(X)和受体(Y)的强度以及溶剂极性。

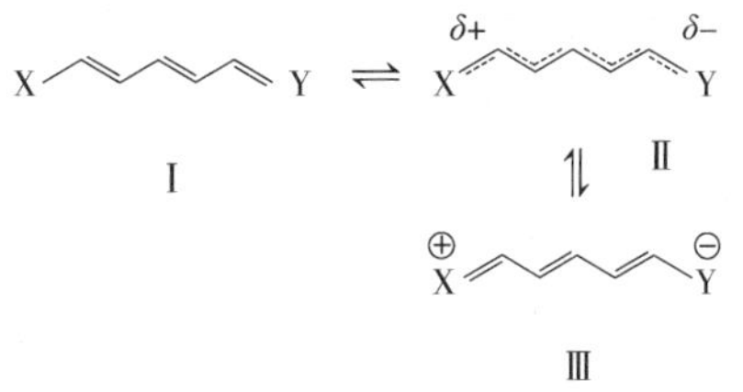

图 5.1　进行长程分子内电荷转移的 DA 系统中的共振结构

Chen 等人[14]提出了价键-构型相互作用(VB-CI)连续溶剂化模型，以预测极性介质中的溶剂化对有机 ICT 分子[如 1,1′-二氰基-6-(二丁胺)-己三烯]NLO 响应特性的影响(图 5.2)。仅使用一个溶剂相关参数(ε-溶剂的介电常数)的简单的理论模型就可以导出吸收频率(ω)、极化率(α)和超极化率(β, γ 等)的解析表达式以及键长改变因子。

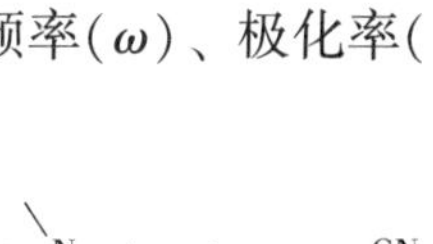

图 5.2　1,1′-二氰基-6-(二丁胺)-己三烯的化学结构

因此，可以非常成功地利用双态模型主题的简单变化来理解结构基序变化的不同方面，从而增强 ICT 分子的 NLO 响应[14]。Nandi 等人[15]采用半经验有限域

自洽场(SCF)方法和比例自洽反应场方法，研究了对硝基苯胺、5-二甲氨基-5′-硝基-2,2′-二噻吩(DNBT)和1,1′-二氰基-6-氨基-己三烯(DCH)的溶剂调制超极化率的理论估计值。作者声称，理论$\beta\mu$值与通过EFISH实验在溶剂中预测的β值相一致，而理论上估计的β_0值则与从HRS实验获得的β值相吻合。

Barzoukas及其同事[16]提出了供体-受体分子的两种形式的两种状态描述，并确定了表征分子和分子所处环境的重要因素。此外，他们定义了一个与DA分子在基态和激发态之间偶极矩变化($\Delta\mu$)成比例的参数。该参数被认为与通过半经验方法计算出的超极化率有显著的相关性。该方法已被推广到考虑溶剂极性对超极化率的影响。Jaquemin等人[17]利用Ikura等人[18]引入的长程校正密度泛函理论(DFT)和Yanni等人[19]的库仑衰减模型CAM-B3LYP来计算越来越长的聚甲亚胺低聚物的静态第一超极化率。对于中长低聚物，长程校正的超极化率略小于MP2计算的超极化率。CAM-B3LYP极大地提高了B3LYP计算所预测的超极化率的质量。

Fonescca等人[20]已经报道了偶氮-烯胺酮异构体的MP2水平静态超极化率，他们仔细分析了由供体和受体的不同组合诱导的NLO响应的调节。超极化率是通过CPHF方法使用不同的基组进行分析计算的。作者还报道了使用有限域方法数值计算的MP2水平超极化率，这引起了人们对计算的第一超极化率的几何依赖性的关注，似乎生色团中供体基团的相对取向对超极化率的大小有重要影响。

Fonesca等人[21]在从头算CPHF水平上计算了供体-受体取代的偶氮-烯胺酮的两种几何异构体(Z，E)的动态线性和第一超极化率(图5.3)。还报告了MP2水平的静态结果，相关的动态值通过乘法校正方案估算，作者预测提高供体强度会增强对角线分量。Misra等人[22]使用从头算有限域MP2和TDHF方法，Sadlej系列pVTZ基组，研究了许多β-烯胺酮的线性和NLO响应特性。这些烯胺酮是一类具有较强NLO响应的新型ICT分子，可以通过在苯环的对位上引入放电子或吸电子取代基进行调制。

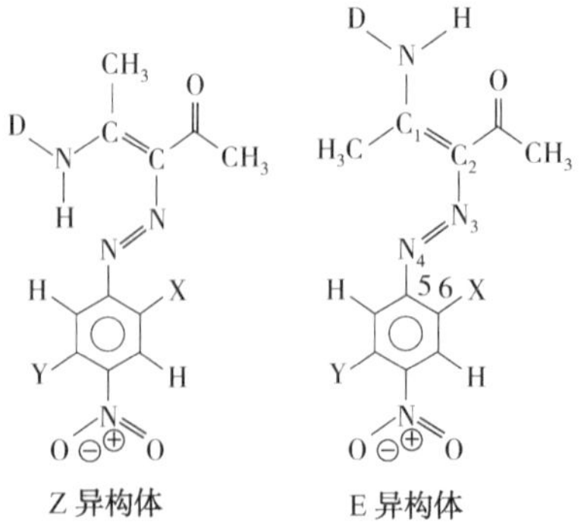

图5.3　由Fonescca等人研究的供体-受体取代的偶氮-烯胺酮的Z和
E异构体的化学结构(Fonescca等人2017[21]，经Elsevier许可转载)

Kang 等人[23]最近合成并表征了一系列基于非常规扭曲 π 电子系统的电子生色团。这些生色团在固态下具有较大的环-环二面角扭曲角（80°~89°），即使在溶液相中也似乎保持不变。基于状态平均的完全活性空间 SCF 方法的高水平计算为实验观察到的异常高超极化率（非共振 $\mu \cdot \beta$ 在 1907nm 处高达 488000×10^{-48} esu）提供了新的理论基础，并解释了这些分子的 NLO 响应的重要溶剂调节作用。作者声称，他们的工作提出了分子超极化率和电光的新范式。

Zyss 等人[24]提供了支持在对环烷（pCP）分子中通过空间电荷转移的证据，其中供体和受体部分通过空间约束的 π-π 堆积相互作用。通过使用集体电子振荡器方法的理论计算，证实了涉及完整的端对端分子结构的集体非线性极化。这些计算表明，与线性响应特性相比，电子-空穴对离域在高阶非线性响应的出现中起着重要作用。我们可能会提到，强贯穿空间 CT 支配的 NLO 分子/材料很少见，因此 Zyss 等人报道的分子类别[24]值得特别提及。

Li 等人[25]最近报道了 $(ZnO)_n$ 团簇的第一和第二超极化率（β，γ）的 DFT 计算。计算是使用 GGA/PBE、LDA/PZ 和 B3LYP 泛函进行的，结果明确指出计算的 β 和 γ 值强烈依赖分子的大小和形状。作者从稳定性、电子离域体积和 ZnO 团簇中的化学键等方面对这种依赖性提供了合理的解释。

最近，Misra[26]使用 CAM-B3LYP 泛函和 6-31G(d, p)、6-31+G(d, p)、cc-pVTZ 基组对一些新型芳基取代的硼二吡咯烷（BODIPY）染料的线性和 NLO 响应特性进行了 DFT 计算（图 5.4）。对一些系统进行了 MP2 计算以进行比较。研究发现，ICT 过程和结构变化都会影响这些分子中的 NLO 响应。量子化学研究表明，这些分子的 CT 过程大部分是单向的。这些分子的总第一超极化率（β_{total}）值也主要由 CT 方向的响应决定。众所周知，β_{vec} 和 β_{total} 的比率也提供了有关分子中 CT 方向的重要信息[27]，如：

$$\frac{\beta_{vec}}{\beta_{total}} = \cos\theta \qquad (5.11)$$

其中 θ 是由 β_{vec} 分量形成的矢量与偶极矩矢量之间的夹角。

探针分子的第一超极化率的向量分量（β_{vec}）与 β_{total} 的比率接近 1，除了一些单独的或者结合结构变化具有受体基团取代的分子。因此，$\cos\theta$ 的值也支持这些分子中的单向 CT 过程。研究发现，在一些芳环上有受体基团取代的分子中，β_{vec} 和 β_{total} 的比率并不一致。利用这些分子的 MO 照片，可以推断在一些受体基团单独取代或与 BODIPY 部分的甲基取代结合的分子中，开辟另一种 CT 途径。

几个研究小组已经报道，电子桥，即连接供体和受体单元的 π 共轭网络在决定 CT 程度和影响分子的 NLO 响应方面起着至关重要的作用。Shimada 及其同事[28]合成了一系列含强电子供体和受体基团的乙硅烷桥接供体-受体结构（图 5.5），目的是研究它们的荧光和 NLO 响应特性。这些化合物显示出紫色至蓝色的发射，发射最大值在 360~420nm 之间，固态时量子产率高达 0.8。他们的量子化学计算还表明，局部激发态和 ICT 态都有助于这些化合物的发光特性。具有对-N,N-二甲氨基和邻氰基取代的化合物在固态下表现出高的光学倍频。

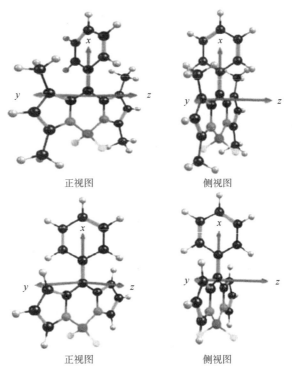

正视图   侧视图

正视图   侧视图

图 5.4　两种具有代表性的芳基取代 BODIPY 染料的正视图和侧视图，

x、y 和 z 方向以供参考(Misra 2017[26]，经美国化学会许可转载)

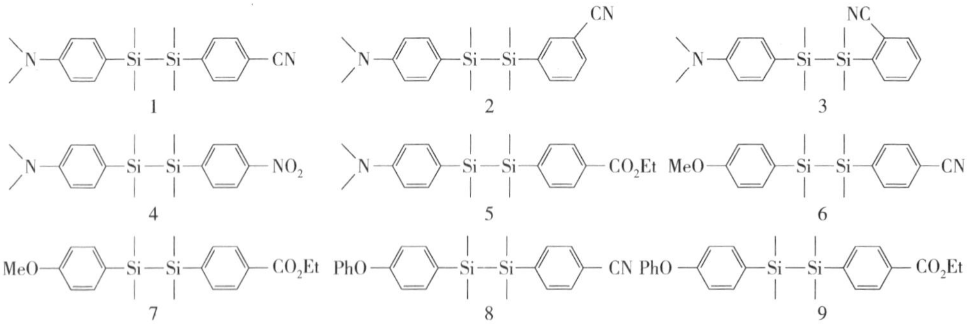

图 5.5　Shimada 等人研究的含给电子和吸电子基团的不对称 1,2-二芳基二硅烷衍生物的

化学结构(Shimada 等人 2005[28]，经美国化学会许可转载)

Zhou 等人[29]报道了在一些供体-共轭桥-受体(D-B-A)系统中异常大的二阶 NLO 响应，其中石墨烯纳米带(GNR)被用作电子桥(图 5.6)。作者发现

D(NH$_2$)–GNR–A(NO$_2$)系统的静态第一超极化率(β_0)高达 2.5×10^{6}a. u. 。其中 GNR 的大小在造就这些化合物的 NLO 响应特性中起着至关重要的作用。

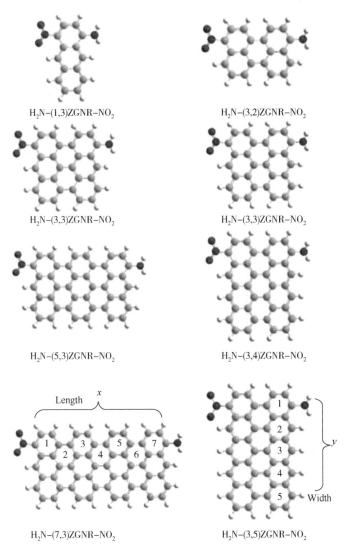

图 5.6　Zhou 等人研究的 NLO 发色团的结构

(Zhou 等人 2011[29]，经 John Wiley & Sons 许可转载)

Nandi[30]使用量子化学计算研究了许多四脱氢二萘[10]并环烯衍生物对二阶 NLO 响应的桥接效应。作者还研究了几种 DFT 泛函对所研究分子的第一超极化率预测值的影响，结果是这些预测值彼此大致相同。他们报告了使用 CAM– B3LYP 和 M06-2X 泛函获得的第一超极化率值是相近的差额匹配。基于他们的计算，作者声称可以通过乙炔键的修饰来调节四脱氢二萘[10]并环烯衍生物的第一超极化率。这些分子的 CT 范围和静态第一超极化率(β_0)的增加归因于引入了不同含电负性原子的环结构。作者发现，使用呋喃和杂蒽作为桥接单元是提高β_0值的最有效途径。他们调用了双态模型来解释结果，发现该模型最为合理地解释了由于使用不同的桥接单元获得的β_0的变化。

Qiu 及其同事[31]研究了一些基于 4-(二乙氨基)芳基供体和强三氰基乙烯基二氢呋喃(TCF)受体的 D-A-π-A 和 D-D-π-A 体系的二阶 NLO 响应，并将其性能与相应的 D-π-A 化合物进行了比较。他们合成了带有额外受体(-CN)或供体基团(噻吩)的化合物 A 和 C(图 5.7)，使用化合物 B 和 D 作为参考。他们发现，将氰基作为附加的受体(D-A-π-A)或噻吩作为附加的供体(D-D-π-A)添加到 D-π-A 体系中，与它们的原体系相比，显示出相似或更好的 NLO 响应和更好的光学透明度。

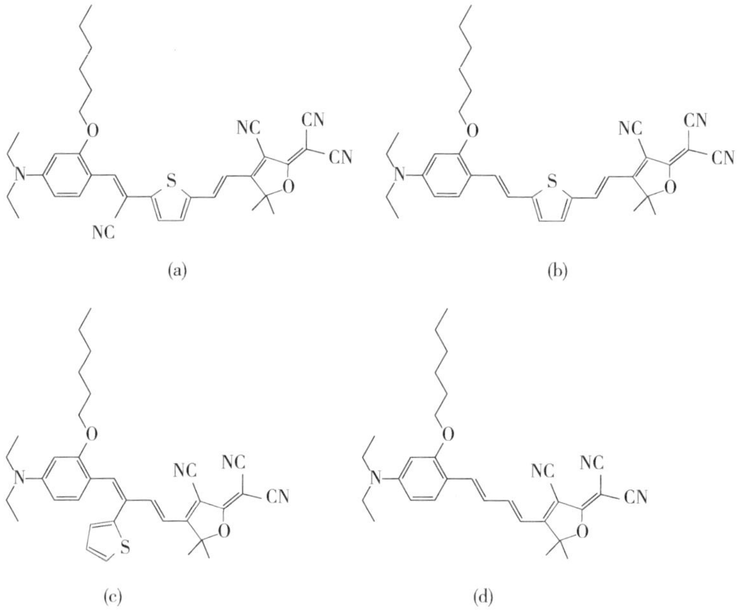

图 5.7　Qiu 及其同事研究的分子的化学结构
(Qiu 及其同事 2011[31]，经英国皇家化学会许可转载)

Xu 等人[32]探讨了供体和桥接单元中杂原子置换对一系列基于 CT 的生色团的二阶 NLO 响应的影响(图 5.8)。它们的晶体结构分析和理论计算预测，在这些分子的合适位置掺入杂原子不仅提高了第一超极化率的值，而且减少了分子间的相互作用，这有助于他们在极性膜的电场中将分子超极化率转化为宏观电光活性。作者还发现，作为隔离基团的供体或桥接单元的长链可以减少分子间静电相互作用，从而增强这些分子的宏观电光活性。

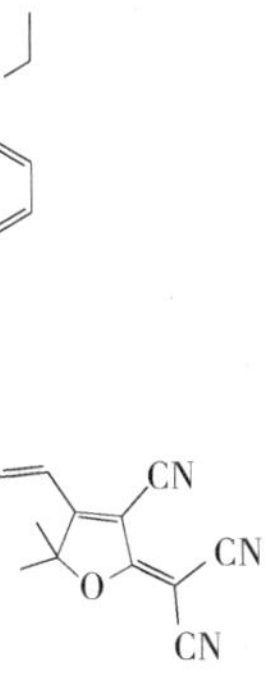

图 5.8 Xu 等人研究的化合物的化学结构

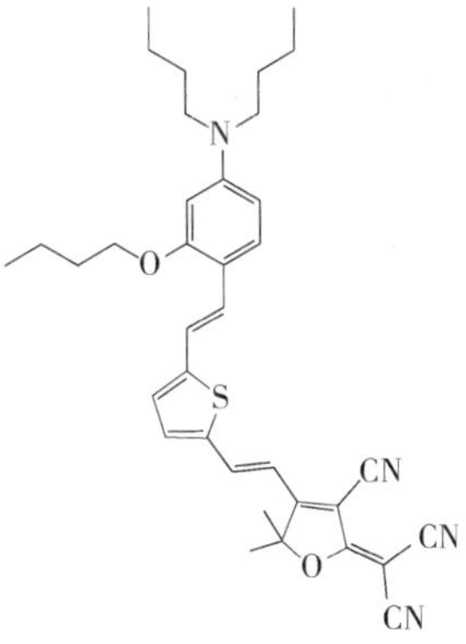

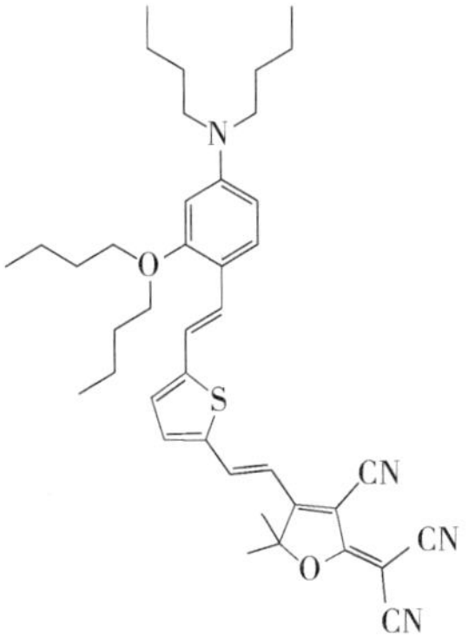

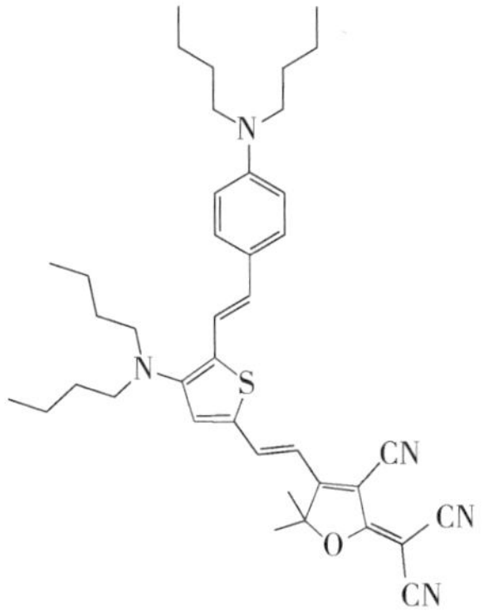

（Xu 等人 2015[32]，经英国皇家化学会授权转载）

  Ratner、Marks 和同事[33]研究了一些多重扭曲电光发色团的二阶 NLO 响应特性（图 5.9）。作者报告了一系列供体-受体聚芳基发色团的合成、结构、光学光谱和的二阶 NLO 研究，特别是双环 2TTMC、双氰基（4-（3,5-二甲基-1-（2-丙基庚基）吡啶-1-鎓-4-基）-3-甲苯基）甲烷；三环 3TTMC；二氰基（4'-（3,5-二甲基-1-（2-丙基庚基）吡啶-1-鎓-4-基）-2,2',3',5',6'-五甲基[1,1'-联苯]-4-基）甲烷；和四环 4TTMC，二氰基（4''-（3,5-二甲基-1-（2-丙基庚基）吡啶-1-鎓-4-基）-2,2',3',6,6'-五甲基[1,1'：4',1'-三苯基]-4-基）甲烷。作者指出，这些化合物迄今尚未实现 π-扩展和平面性的实质扭曲。作者使用溶液相直流 EFISH 方法测量了 $\mu\beta_{vec}$，即发色团偶极矩（μ）和沿着 μ 方向的分子一阶超极化率 β_{vec} 张量的矢量部分（见公式 5.9）的乘积。作者采用单晶 X 射线衍射、DFT 计算以及 B3LYP/INDO-SOS 分析来解释这些分子的高 NLO 响应特性。他们的研究结果表明，亚芳基链从两个环增加到三个或四个环，显著增加了所研究分子的

NLO 响应。他们还报道说，对于三个或更多的环连接，大的 NLO 响应需要在发色团的供体和受体位点附近进行空间强制 π 系统扭曲。

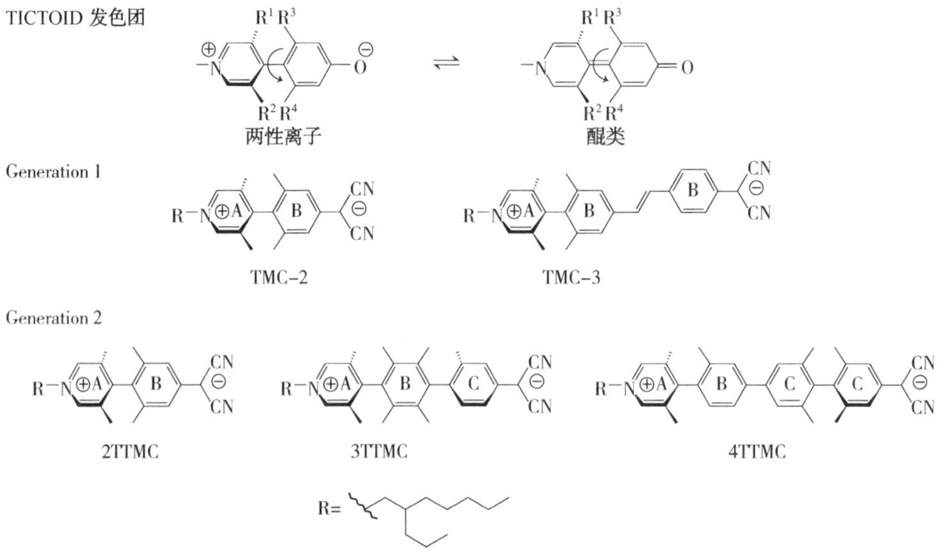

图 5.9　Ratner、Marks 及其合作者研究的超大响应、扭曲的 π 系统电光色团
（Ratner、Marks 及其合作者 2015[33]，经美国化学会许可转载）

Misra 等人[34]研究了一系列 9,10-供体-受体-取代的蒽类衍生物的二阶 NLO 响应特性。具有相同供体但不同受体和/或间隔物的分子之间第一超极化率（β_{total}）的变化表明 ICT 过程对这些分子的 NLO 响应特性的影响。作者试图找出计算的 β_{total} 与供体强度、受体强度、供体-受体相互作用以及使用遗传算法（GA）在相关参数空间中搜索的供体和受体组的受体分离之间是否存在任何相关性。他们的研究结果表明，这些分子的 β_{total} 主要由供体和受体的加成决定。

我们在前面已经提到，几个 ICT 分子的供体（D）和受体（A）基团通过 π 电子桥（也称为间隔物）连接，导致了高二阶 NLO 响应。从本节的讨论中可以明显看出，通过明智地选择供体和/或受体基团，以及改变连接 π 电子桥的性质，可以调整若干发色团的 NLO 响应特性。除了本章描述的报告外，还有其他几项研究[35-47]旨在通过结构调整来优化 NLO 响应。

Borini 等人[48]系统地研究了以不同的供体和受体基团组合封端的全反式聚乙炔中的结构超极化相关性。他们在 CAM-B3LYP 泛函的密度泛函响应理论框架下，计算了键长交替（BLA）参数、纵向极化率和第一、第二超极化率。BLA 是一个衡量离域程度的参数，被发现与 α 和 β 有很强的相关性，而与 β 的相关性较小。观察到的趋势（理论）证实了传统理论智慧的预期，即 NLO 响应基本上取决于选择具有高共轭效率的主链和适当选择供体-受体对。

分析结果揭示了 α 和 γ 关于链长度的简单幂律行为。β-链长的依赖性被证明更加复杂。Whitaker 等人早先也研究了 NLO 响应的共轭路径长度依赖性[40]。这些作者通过 EFISH 测量实验研究了对硝基苯胺(PNA)和对硝基苯酚的胺和酚/醚类衍生物的二阶 NLO 响应，并采用半经验叠加态(SOSs)和有限场自洽计算方法进行理论研究。实验数据倾向于表明，4-硝基苯胺中的 N-苯基取代比 N-甲基取代更能提高第一超极化率。相比之下，与邻甲基取代相比，邻苯基取代对二阶 NLO 响应的增强程度要低得多(图 5.10)。观察到的行为与传统观点的预期相反。理论计算解释了观察到的反直觉行为，即 N-苯基部分在激发态中的参与度更强，以及由 N-苯基取代带来的共轭路径长度的延长。因此，取代基的诱导效应和其扩展 π 共轭网络的能力之间可能存在微妙的相互作用，通过 π 共轭网络，在外电场中发生电子极化。

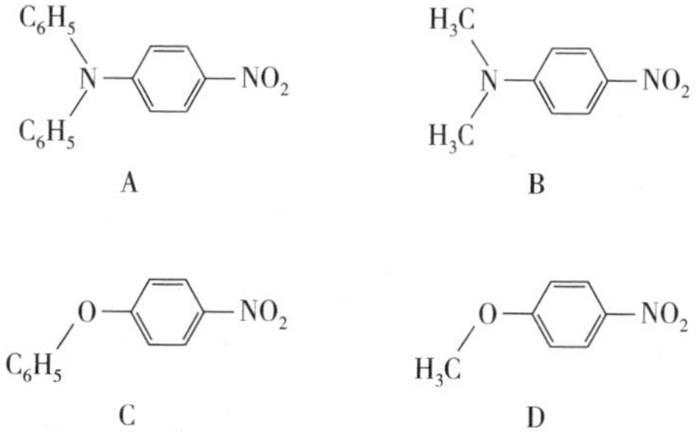

图 5.10　Whitaker 等人研究的一些分子的化学结构

Barlow 等人[49]研究了基于茂金属的二阶 NLO 染料(图 5.11)。从紫外-可见光谱和红外(IR)光谱研究中发现，这些化合物中的最低能量跃迁归属于金属-受体跃迁，而更高能量跃迁源于一个离域的最高占据分子 HOMO-3 轨道到一个基于受体的最低未占据分子轨道(LUMO)。Stark 光谱证实，这两种跃迁都会引发分子偶极矩的巨大变化，第一超极化率的理论表达式表明，这两个跃迁都对第一个超极化率有显著的贡献。因此，在这些系统中调节 NLO 响应要困难得多。

Janjua 等人[50]从量子力学角度设计了具有增强的二阶 NLO 响应的三联吡啶取代六钼酸盐。他们发现，理论计算表明 $[Mo_6O_{18}(N_4C_{25}H_{14}(CF_3)_2(CN)_2)]^{2-}$ 可能具有较大的二阶 NLO 响应。三联吡啶配体末端的电子受体基团如 F、Cl、Br、I、CF_3 和 CN 等的吸电子能力，引导 CT 沿 z 轴从聚氧化金属酸盐(POM)簇发生到三联吡啶段，从而增强了 NLO 响应。量子化学计算是使用 CAM-B3LYP 和 LC-B3LYP 等范围分离泛函来进行的，这些泛函在计算 NLO 响应特性时似乎比传统方法更有效。

现在有可能使用理论工具来设计具有大二阶 NLO 响应的不同类别的分子。将这些有机或金属有机分子转化为有用和有效的 NLO 材料并不是那么简单的。

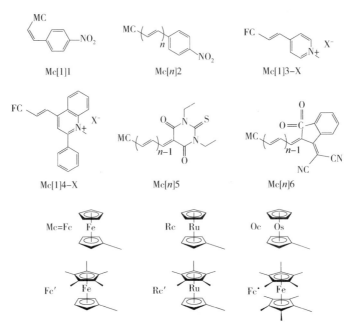

图 5.11　Barlow 等人讨论的茂金属基非线性光学发色团的结构

（Barlow 等人 1999[49]，经美国化学会许可转载）

在这种情况下，需要解决若干复杂的概念和实际问题。Marder 和 Perry[51] 研究了与设计新的基于分子的 NLO 材料相关的几个概念问题。其中一个问题涉及对于给定长度(L)的分子，二阶响应(β)的大小是否存在基本极限。如果它存在的话，如何去设计一个分子来实现最大的二阶响应。他们提出的第二个问题在实践中非常重要，涉及如何将设计的分子装入非中心对称的晶体中，以最大化特定的 NLO 响应。第三个问题研究了如何才能最好地提高极化聚合物中发色团的取向稳定性，以及是否可以开发出其他的配位策略。Marder 等人[52] 也谈到了定制分子材料的问题，这样就会出现一种新的非线性光学现象，如光折射。

从纯量子力学的角度来看，当外部电场诱导分子的基态和 CT 激发态之间的混合，导致电子密度向分子一端的掩蔽转移时，就会产生非线性极化。因此，分子中供体和受体单元之间的长度是一个经过调整以最大限度提高或增强 NLO 响应的因素。最近已经证明：

$$\beta \propto (\mu_{ee} - \mu_{gg}) \frac{\mu_{ge}^2}{E_{ge}^2} \tag{5.12}$$

其中 μ_{ee} 是激发态的偶极矩，而 μ_{gg} 是基态的偶极矩。μ_{ge} 是跃迁偶极矩（TDM），而 E_{ge} 代表 g→e 跃迁的能量。Marder 等人的四轨道通用模型预测 β 将达到峰值，该峰值是供体和受体端基的库仑能差的函数，该库仑能差通过连接供体

和受体单元的桥的轨道内的耦合强度归一化，即 $\theta = (\alpha_A - \alpha_D)/|z|$。典型的曲线图如图 5.12 所示。

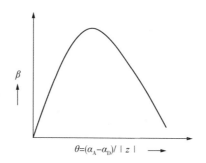

图 5.12　β 随 $\theta = (\alpha_A - \alpha_D)/|z|$ 的变化

$\theta = (\alpha_A - \alpha_D)/|z|$ 的小值表示一个以供体和受体轨道强烈混合为标志的状态，而大值的 θ 表示 D、A 轨道与桥的去耦合。作者观察到，除了少数例外，以足够强的供体和受体为末端的分子尚未合成以达到 $\beta-\theta$ 曲线上的最大值。事实上，对于给定类型的桥梁，寻找合适的 D-A 组合仍然是一个活跃的研究领域。作者还分析了 β 作为 BLA 参数函数的 β，发现 $\beta-\theta$ 曲线中的峰值更接近于菁极限，而不是键长交替多烯极限。还绘制并分析了 γ 的相关曲线，γ 的预测行为后来被实验证实[13]。看来，从巧妙构建的模型而不是大规模电子结构和响应计算中可以更好地获得广泛的设计线索。现在，决定或形成 α、β 和 γ 值的因素已被充分理解，因此可以成功地设计出具有所需二阶响应水平（β）的分子。我们对于从相应的基于分子的材料获得最佳 NLO 响应所采取的策略的理解仍存在很大差距。事实证明，大多数具有较大响应的分子在电磁光谱的可见区域吸收，这种吸收降低了它们作为二极管或 Nd∶YAG 激光器光倍频器的实用性。需要新的策略，以便在不牺牲"蓝色透明性"的情况下增强分子的非线性光学响应。其他问题涉及晶体生长和有机材料的技术加工。第 4 章讨论了一些具有 ICT 特性的固态材料的例子。然而，还需要进一步研究来解决上述问题，以开发用于技术应用的 NLO 活性材料的制备策略。

5.4　双光子吸收的研究

双光子吸收（TPA）在理论上被定义为与三阶非线性极化率的虚部有关的 NLO 现象。由于 TPA 是一种简单且研究最多的 NLO 现象，文献中出现了一些关于这一过程的实验和理论研究。近年来，大 TPA 截面有机分子的研究因其在多光子荧光显微成像、三维光学数据存储、光功率限制和光动力治疗等领域的巨大应用潜力而备受关注[53-55]。为此探索了几种分子，包括 ICT 分子、金属卟啉、分子

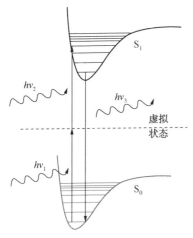

图 5.13 双光子吸收过程示意图
（Alam 等人 2014[62]，经美国
化学会许可转载）

锇子和量子点[56-59]。在本节中，我们将主要讨论一些基于 ICT 的分子的 TPA 活性。据报道，分子的 TPA 活性可以通过调节供体和受体基团的强度、共轭长度、介质的性质（极性和氢键合能力）和自聚集等来控制[60-62]。在 TPA 过程中（图 5.13），系统首先吸收一个单光子的能量 $h\nu_1$，激发到某个虚态，在松弛回到初始状态之前，它又吸收了另一个光子的能量 $h\nu_2$，几乎瞬间达到最终状态。在许多情况下，两个光子的能量是相同的，即 $h\nu_1 = h\nu_2$。系统的双光子活性一般用 TPA 截面（δ_{TP}）来表示。δ_{TP} 的值可以用半经验 SOS 方法或从头算响应理论来计算。

He 等人[63]报道并分析了 ICT 对多支化三苯胺衍生物 TPA 行为的影响。他们发现，主导因素是光激发后 ICT 的程度，而不是分支之间的耦合。在增强这种多支链分子的 TPA 能力方面，改变支链和核的供电子和受电子能力似乎比仅仅增加支链的数量更有效。Diaz 等人[64]从理论和实验上证明，六螺旋烯（本征手性）分子的 TPA 横截面和双光子圆二色谱（TPCD）信号受 ICT 的强度和电子离域性质和扩展的强烈影响。利用 B3LYP、CAM-B3LYP 泛函和 aug-cc-pVDZ、6-31++G(d, p) 基组，通过引用现代分析响应理论，从理论上模拟了通过双 L 扫描技术得到的 TPA 和 TPCD 光谱。

这方面研究的一个重要方面是努力从理论上理解结构——双光子活动的相关性，即什么样的结构操作会导致具有大 TPA 横截面的分子出现。例如，Kogej 等人[65]研究了供体-受体 π-共轭化合物的结构与双光子吸收率关系。这些关系建立在电子结构计算的基础上，为设计用于 0.6 ~1 μm 区域内基本光子波长的大 TPA 横截面的染料提供了战略线索。Rumi 等人[66]研究了双供体二苯聚烯和双（苯乙烯）苯衍生物等双光子吸收发色团的结构-活性关系。他们发现，基态和第一激发态单线态之间跃迁（μ_{ge}）和两个激发态单线态之间跃迁（$\mu_{ee'}$）的 TDMs 在形成 TPA 截面中起着重要作用。研究表明，链长的增加主要导致 μ_{ge} 的增加，而供体端基的添加或通过从二亚苯基-多烯型桥转为亚苯基-亚乙烯型桥则主要导致 $\mu_{ee'}$ 的增加。这些实验结果与作者的理论预测非常吻合。因此，这些作者能够在这些类别的分子的结构特征和它们的偶极耦合和相关状态能量之间提供有用的联系，可以利用这种联系来设计具有高 TPA 横截面的分子。

Alam 等人[67]研究了 4,4′-二甲氨基硝基二苯乙烯（DANS）分子大双光子活性的来源。他们采用二次响应理论和双态模型，发现无论是供体-受体对还是供体和受体部分之间的 π 共轭桥都无法单独解释 DANS 的大双光子活性。正是这两个因素的协同作用，导致了基态与虚态、虚态与 CT 态之间的大量重叠，并形成了相关分子非常大的双光子活性。这些发现可作为 TPA 材料设计的重要线索加以利用。

事实上，现在很容易通过控制共轭长度、CT 网络的维度、供体和受体端基的强度、溶剂极性、自聚集、氢键等因素来设计 TPA 活性材料。然而，设计过程中的一个障碍可能来自一个意想不到的源头和一个非常有趣的现象，这就是所谓的信道干扰。它指的是给定分子中双光子跃迁的两条不同光路之间的相长干涉或相消干涉(如果存在这种光路)。两个可选路径的建设性或破坏性由两个 TDM 矢量之间的角度决定。该现象最早由 Cronstrand 等人[68]报道。这个解释似乎适用于二维 CT 系统。Alam 及其同事最近回顾了一般背景下三维分子的信道干扰现象[62]。他们基于对相关量的一系列 TDDFT 计算，开发并检验了在二维情况下成功使用的信道控制思想的通用版本。事实证明，该模型可以应用于任何分子，而与维度和 CT 机制(如跨空间或跨键)无关，并且在气相或溶液中同样有效。基于该模型，作者从理论上提供了控制信道干扰的化学方法。该想法能否在高效双光子活性材料的设计中得到实际应用还有待进一步观察。

Alam[69]研究了取代联苯中供体和受体基团的相对位置对信道干扰的影响。作者所研究分子使用的缩写如下：4′-(二甲氨基)-2-联苯腈的 PDOA(对位供体-正受体)、4′-(二甲氨基)-3-联苯腈的 PDMA(对位-供体-受体)、3′-(二甲氨基)-4-联苯腈的 MDPA(对位供体-受体) 和 2′-(二甲氨基)-4-联苯腈的 ODPA(对位供体-对位受体)。这些分子的气相优化几何结构如图 5.14 所示。作者还试图解决这些分子的 TDMs 取向是否可以从理论上预测。从线性和二次响应理论获得的结果使作者推断，在对位上的供体基团取代会引起相长干涉，而邻位或间位供体的引入导致相消干涉。作者根据 TDM 矢量的相对方向解释了这些结果。并发现当供体基团位于受体基团的对位时，矢量以这样一种方式定向自身，即成对角度要么大于 90°，要么小于 90°。这种定向导致了分子中的相长干涉。作者还研究了介质对这些分子的双光子活性的影响，发现溶剂在形成 δ_{TP} 值方面发挥了重要作用。

Jha 等人[70]报道了四种常用参考荧光团的电子结构、单光子吸收和 TPA 特性(图 5.15)，即对双(邻甲氧基苯乙烯基)苯(Bis-MSB)、香豆素 307、荧光素和罗丹明 B。作者使用 TDDFT 计算了上述分子的单光子吸收和 TPA 光谱，并将其 TPA 结果与现有实验数据进行了比较。他们得出的结论是：在比较通过不同测量/计算获得的 TPA 横截面时必须谨慎。例如，在使用校准方法时，必须仔细检查这些方法受不受系统误差的影响。他们还提醒说，在比较 TPA 横截面数据时，所用的定义在所有情况下都必须相同。作者引用了 Z 扫描技术的例子，其中 TPA 横截面在许多情况下均受到与脉冲长度相关的逐步贡献的影响。

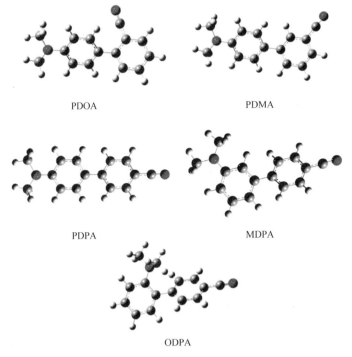

图 5.14　Alam 为 TPA 研究的分子(PDOA、PDMA、PDPA、MDPA 和
ODPA)结构(Alam 2015[69]，经英国皇家化学会许可转载)

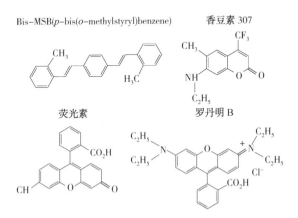

图 5.15　Jha 等人研究的分子化学结构
(Jha 等人 2008[70]，经 John Wiley & Sons 许可转载)

　　虽然已知具有激发态 ICT 的分子(一般具有 D-π-A 架构)表现出高 TPA 横截面[71]，但据报道，一些将受体基团位于两个供体基团之间的分子(D-π-A-π-

D)表现出比供体基团位于两个受体之间的分子(A–π–D–π–A)更大的 TPA 截面[72,73]。Ajayaghosh 及其同事[74]报道了由于 Zn^{2+} 离子的结合，以联吡啶为中心的 D–π–A–π–D(供体–受体–供体)型比率荧光分子探针的 TPA 横截面增强(图 5.16)。作者发现由于 Zn^{2+} 离子与探针分子(称之为 GBC)的结合，TPA 的横截面增加了 13 倍，同时荧光亮度在 620nm 处增加了 9 倍。他们证明了 GBC 在细胞体外和体内成像的能力。他们指出，探针分子良好的细胞通透性、高荧光量子产率、大的 TPA 横截面和高的双光子荧光亮度，为活细胞中游离锌离子的双光子成像提供了优于其他 TPA 分子的优势。

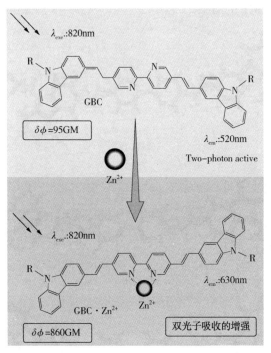

图 5.16　GBC(上图)和 GBC·Zn^{2+} 的化学结构，图中显示了
由于 Zn^{2+} 离子与 GBC 结合导致的双光子吸收的增强
(Divya 等人 2014[74]，经英国皇家化学会授权转载)

Odelius 等人[75]从理论上研究了 Ajayaghosh 及其同事[74]报道的 TPA 染料对 Zn^{2+} 的感应机制。作者研究了结合分子和自由探针分子的线性和 NLO 特性。他们还分别使用可极化连续介质模型和量子力学/分子力学(QM/MM)模型隐式和显式地考虑了溶质–溶剂相互作用。作者指出，由于存在连接间隔基团、咔唑基团和双吡啶基团的 4 个单键，他们分析的每个 GBC 物质都可以采用 10 个稳定的构象异构体。由于他们的结果表明，在室温下溶液中可以获得 GBC 的几种可能的构象异构体，这有助于 TPA 过程，因此作者研究了三种分子类型，即反式 GBC、

顺式 GBC 和顺式 GBC*Zn²⁺ (图 5.17)，以及它们的 10 个稳定构象异构体。他们发现，GBC 的自由态和结合态的单光子吸收主要是由 π→π* 跃迁所决定，该跃迁导致系统从基态进入第一激发态。相比之下，他们的量子化学计算表明，对于 GBC 的自由态和结合态，TPA 横截面对于 S_0 到 S_1 的跃迁都可以忽略不计。因此，作者推测第二激发态与强 TPA 过程有关。作者调用了一个三态模型来解释上述系统的双光子活动，该模型预测了第一激发态的关键作用，第一激发态通过 SOS 表达式对 S_0 到 S_2 跃迁的 TPA 活动做出了贡献。他们的研究还揭示，从第一激发态到第二激发态的跃迁矩的幅度增加是双光子活性增加三倍的原因，这是由于锌离子结合而导致的 ICT 的结果。

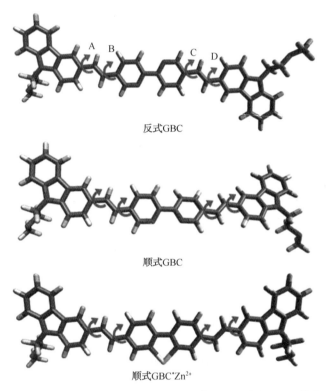

反式GBC

顺式GBC

顺式GBC*Zn²⁺

图 5.17　反式 GBC、顺式 GBC 和顺式 GBC*Zn²⁺的最稳定的 TTTT 构象异构体，
共轭路径中的单键用箭头标记(Bednarska 等人 2016[75]，经美国化学会授权转载)

5.5　ICT 分子的三阶 NLO 响应

到目前为止，我们主要关注的是具有大 β 值的 ICT 分子基材料，对具有大三阶光学非线性的分子和材料的需求越来越大。对于分子来说，这意味着设计具有

大的第二超极化率(γ)的分子是一个至关重要的问题。这种分子可以加工成用于光子应用的分子材料，如全光开关、数据处理、传感器保护等。Garito 等人[76]提出了一种机制，该机制可以显著增加共轭线性 π-分子体系中的 γ。他们表明，引入 π-体系的极化导致系统在基态和激发态的偶极矩之间的巨大差异，这可能导致极化多烯出现大的 γ 值。事实上，在半导体势阱中可以注意到类似的情况，一个平行的不对称性的引入已经被发现在光谱的中红外或远红外部分引起相当壮观的二阶和三阶非线性响应。

Marder 等人[77]研究了一系列极化类胡萝卜素中的大分子三阶光学非线性，其中基态中从多烯链到受体部分的 ICT 增加，并通过 THG 测量了作为波长函数的 γ 值。作者发现，具有最大 CT 的分子的 γ_{max} 显示增强了 35 倍，即 γ 在三光子共振峰值处测得，相对于对称 β-胡萝卜素分子而言，其本身具有非常大的三阶光学非线性。通过 Stark 测量，极化的分子揭示了基态和激发态之间偶极矩($\Delta\mu$)的巨大差异。INDO-MO-SCF 级的量子化学计算表明，具有大 $\Delta\mu$ 值的态之间的相互作用是大三阶 NLO 响应出现的重要决定因素，验证了 Garito 等人提出的机制。

早些时候，Naokioba 等人[78]合成了一种聚芳基乙炔(PAE)型 π-共轭聚合物，并评价了该类材料薄膜的三阶极化率($\chi^{(3)}$)。他们观察到当富含 π 电子的杂芳环被引入 π-共轭时，PAE 的电子吸收带发生红移，这表明 CT 相互作用在形成红移中的作用。当 CT 相互作用增加，并在近共振区达到约 10^{-11} esu 的值时，PAE 的 $\chi^{(3)}$ 值增加。这种增强主要归因于 CT 相互作用的增加。作者称，在 π-共轭中引入 CT 相互作用可能是设计具有大 $\chi^{(3)}$ 值材料的有效途径。Agarwal 等人[79]通过紧束缚近似计算一维共轭聚合物的非共振 $\chi^{(3)}$ 值。他们获得了线性和 NLO 参数之间的简单关系，例如，$\chi^{(3)} \propto N_d^6 \propto E_g^{-6}$，其中 N_d 为 π 电子离域参数，E_g 为光学带隙。当 BLA 参数降低时，N_d 增加。还发现 PAE 材料遵循理论关系，其中 $\chi^{(3)}$ 随着 BLA 趋于零而变大。

一些小组[80,81]利用"点击型"与适当活化的炔烃及随后的逆电环化进行近乎定量的[2+2]环加成反应，研究了一系列新的 D-π-A 分子体系，包括供体取代的四氰基乙烯(TCNE)和 7,7,8,8-四氰基喹二甲烷(TCNQ)加合物。事实证明，由此产生的非平面发色团自然相当稳定，可作为 ICT 工艺的理想平台。它们被认为是有前途的有机 NLO 材料。Wang 等人[82]最近设计并合成了一种寡(亚苯基-亚乙烯基)(OPV)桥 ICT 化合物，即(TCNQ)$_2$-OPV$_3$(图 5.18)，并在近红外激励下，在 4f 相干成像系统的入口处使用相位对象，通过非线性光学成像技术测量其三阶和五阶非线性折射率(n_2 和 n_4)。作者指出了该测量方法的几个优点，即光学对准简单，灵敏度非常高，同时对激光束的统计波动不敏感，能够同时测量非线性吸收和折射[83]。此外，无须扫描(如 Z 扫描法)，该方法就可以在一次激光发射中提取非线性系数的大小和符号信息。他们报告的 n_2 和 n_4 测量值分别为 $-1.676 \times 10^{-19} \, \mathrm{m^2/W}$ 和 $-1.273 \times 10^{-33} \, \mathrm{m^4/W^2}$。

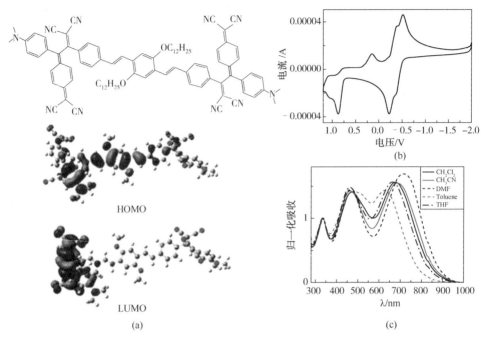

图 5.18　(a) 由 DFT[B3LYP/6-31G(d, p)] 优化几何结构得到的 $(TCNQ)_2OPV_3$ 的
化学结构(顶部),以及分子的 LUMO 和 HOMO 图像(底部)。为了便于计算,
十二烷基被甲基基团取代,为清晰起见,氢原子也被省略。(b) $(TCNQ)_2OPV_3$
在 CH_2Cl_2 中测量的循环伏安曲线。(+0.1MnBu$_4$PF$_6$,扫描速率为 0.2V/s)。
(c) 探针在不同溶剂中的紫外-可见吸收光谱(归一化)(Wang 等人 2017[82],
经皇家化学会许可转载)

Geskin 等人[84]对氨/硼酸二苯多烯两性离子中的分子结构与二阶和三阶 NLO 响应之间的相关性进行了量子化学分析,并指出了极化芳香基团的重要作用。他们在 MP2/6-31G 水平上获得了优化的分子几何结构。通过有限域实空间方法和 SOS 方法在 INDO 近似水平上估算了 NLO 响应。有限域实空间方法使他们能够直接识别分子的 NLO 活性片段,而 SOS 计算导致识别对 NLO 响应至关重要的虚拟激发和 CT 路径。这两种方法都强调了一个相当违反直觉的显著结果,即强极化的亚苯基在这些分子的大 NLO 响应出现中起着关键作用。

Alain 等人[85]合成并研究了几种不同链长和给体和受体部分的推拉式二苯基多烯。它们的响应特性是通过电光吸收实验和溶液中的三阶谐波产生来测量的。每个分子在可见光区域都表现出强烈的 ICT 带,同时伴随着激发时偶极矩的增加($\Delta\mu \gg 0$)。通过改变 D/A 强度来调整响应,这导致 $\Delta\mu$、β 和 γ 值随之增加。可以在不牺牲溶解度、稳定性和透明度的情况下，获得巨大的 $\Delta\mu$ 值(最高30D)和增强的非共振 β 和 γ 值[$\beta(0)=500\times10^{-30}$esu；$\gamma(0)=8000\times10^{-36}$esu]。

Hassan 等人[86]报道了一系列新化合物，它们是 Anderson 型多氧金属盐(CPOM)和卟啉部分的共价键杂化物。这些分子在 522nm 波长和 6ns 脉冲持续时间下都具有很强的反向可饱和吸收和自聚焦效应。因此，它们是光子学和光电子学中制造分子器件应用的有前途的候选材料。完全违反直觉的是，其中 POM 通过较短的桥与卟啉共价连接的杂化物比通过较长的桥连接的杂化物具有更强的 NLO 响应。此外，与含有单个卟啉部分的杂化物相比，通过 Z 扫描方法测量，具有与 POM 偶联的两种卟啉的杂化物具有优异的 NLO 响应。作者指出，从卟啉到 POM 单元的 CT 在增强 NLO 响应方面具有关键作用，而 POM 部分的 LUMO 水平的分布似乎是影响 γ 值的最重要因素。

Kato 等人[87]通过将 2,3-二氯-5,6-二氰基-1,4-苯醌(DDQ)与供体取代的炔烃进行[2+2]环加成，合成了一个新的高共轭推拉发色团家族，并利用其独特的反应性生成了一类新的供体-受体(D-A)官能化螺环化合物。这些环加合物显示出强烈的 ICT 相互作用，这可能是由于刚性双环结构产生的有效同共轭。在二茂铁衍生的推拉系统中发生了跨环 CT 相互作用，并在出现显著的三阶极化率中发挥了作用。在 TD-PBE1PBE/cc-pVTZ//PBE1PBE/6-31G(d)水平上的 TDDFT 计算预测的结果与实验跃迁能很好地一致。发现所有发色团中最长的波长吸收来源于以 N,N-二烷基氨基炔烃(DAA)为中心的 HOMO 和以烯二酮为中心的 LUMO 之间的跃迁。所有发色团中的 HOMO 和 LUMO 轨道在环丁烯片段上部分重叠，确定了通过环丁烷环观察到的同共轭 CT 相互作用的主要途径。

Teran 等人[88]最近报道了一系列含电子过量噻吩的供体-受体发色团的设计和合成，这些发色团具有稠合的 π 系统和受空间因素调节的芳基间扭曲角。其想法是利用多个非线性源之间的协同合作，从而增强三阶 NLO 响应。他们提出的结构利用了非线性的两个关键机制。第一个是 ICT，它因电子过剩噻吩环的存在而大大增强，降低了发色团的芳香性。第二个是扭曲的发色团几何结构，其产生密集的激发态(紧密排列)，基态和激发态之间的偶极矩变化($\Delta\mu$)大约是未扭曲发色团中可实现的 $\Delta\mu$ 值的两倍。图 5.19 列出了井字形噻吩基发色团的共振形式。这些作者利用非线性 Z 扫描测量结合光谱和电化学数据以及量子化学计算来阐明非线性折射率增强机制对分子结构的依赖性。结果是扭曲结构的第二超极化率的实部[Re(γ)]远大于虚部[Im(γ)]，其比值达到 100 时存在最强扭曲结构。这种发色团有望成为制备全光开关材料的候选材料。与具有大的第一超极化率的分子和材料不同，具有大的三阶非线性响应的分子和材料的设计线索才刚刚开始出现。期待在具有大 γ 的定制 NLO 材料领域的激动人心的发展，这些材料将会在全光开关、电信等领域得到器件应用。

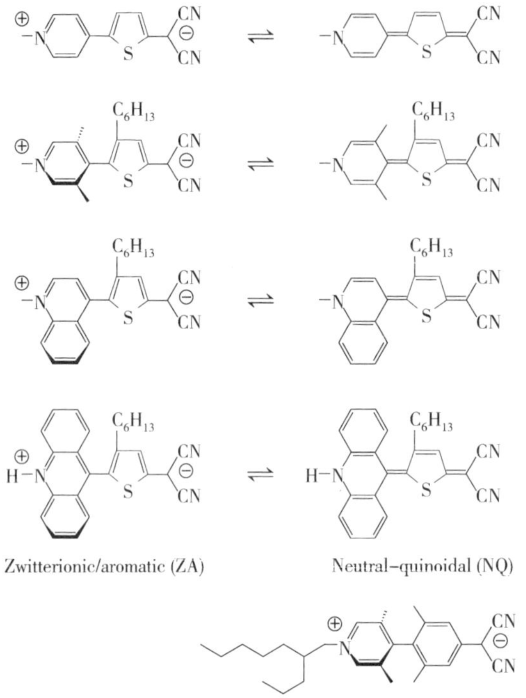

图 5.19　Teran 等人考虑的井字型噻吩基发色团的共振形式

（Teran 等人 2016[88]，经美国化学会许可转载）

5.6　非线性光学响应的实验研究

从前面的讨论可以看出，对 NLO 响应特性的研究在当代科学中具有极大的重要性。因此，文献中报道一些这方面的实验研究也就不足为奇了。HRS 可能是研究分子二阶 NLO 响应最流行的技术。其他几种实验技术，包括 EFISH、Z 扫描、THG、简并四波混频、光克尔门和 Kurtz 粉末技术，已经被用来研究有机分子的 NLO 响应特性。上述技术的详细讨论不在本书范围内，感兴趣的读者请参考文献[89]来获取更多详细信息。最近的一篇综述总结了其中一些技术在金属乙炔化物及其衍生物研究中的应用[90]。

Champagne 及其同事[91]报道了对一系列噁嗪衍生物的二阶 NLO 特性进行了实验和理论相结合的研究。他们的研究显示，这些分子可能有潜力用于 NLO 开关。在这些分子中，吲哚和噁嗪环连接处 C—O 键的断开是由 pH 值的变化引发的。这种酸引发的还原导致从封闭形式"a"到开放形式（b+）的转变。如图 5.20所示。正如作者所提到的，在本研究的早期，据报道噁嗪类化合物通过两个杂环连接处 C—O 键的断裂，经历了三种类型的开放途径，即光化学、氧化还原和酸性加成[92,93]。如果 C—O 键断裂过程经过光化学和氧化还原过程，这些开口会导致形成酚盐，而当酸触发时会产生酚发色部分，并允许 R1 基团和吲哚宁离子单元之间的 π–共轭。另据报道，与封闭形式的对应物相比，b 和 b+ 开放形式在其吸收光谱中显示出显著的变化。

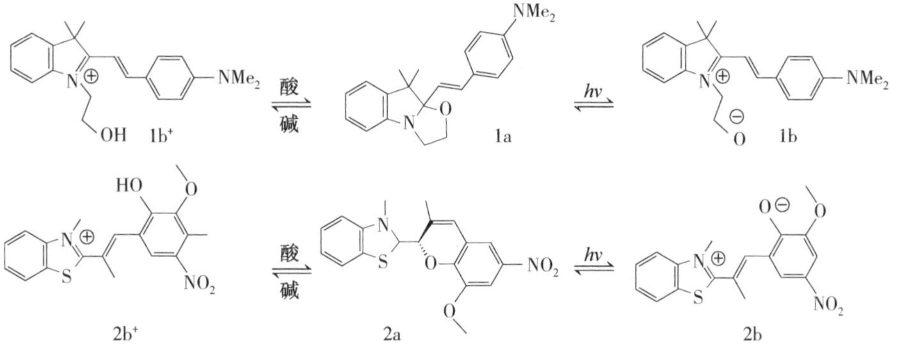

图 5.20 吲哚并噁唑烷(1a)和螺吡喃(2a)NLO 开关的化学结构，还显示了由酸/碱加成(1b+/2b+)或辐照(1b/2b)触发的开放形式的平衡结构（Beaujean 等人 2016[91]，经美国化学会许可转载）

值得一提的是，从 HRS 实验中可以得到两个重要的参数是 β_{HRS} 和去极化比（DR）。"完全"的 HRS 第一超极化率可以定义为[94]：

$$\beta_{HRS} = \sqrt{\langle \beta_{HRS}^2 \rangle} = \sqrt{\langle \beta_{ZZZ}^2 \rangle + \langle \beta_{ZXX}^2 \rangle} \tag{5.13}$$

其中，DR 定义为：

$$DR = \frac{\langle \beta_{ZZZ}^2 \rangle}{\langle \beta_{ZXX}^2 \rangle} \tag{5.14}$$

$\langle \beta_{ZZZ}^2 \rangle$ 和 $\langle \beta_{ZXX}^2 \rangle$ 的完整形式在没有假设克莱曼对称条件的情况下可以在参考文献[94]中找到。

DR 提供了关于 NLO 发色团的几何结构信息，即负责观察到的 NLO 响应的分子部分。

第一超极化率也可以分解为偶极（$J=1$）和八极（$J=3$）张量分量之和。假设 Kleinman 的条件，可以写出[94]：

$$\langle \beta_{ZZZ}^2 \rangle = \frac{9}{45} |\beta_{J=1}|^2 + \frac{6}{105} |\beta_{J=3}|^2 \tag{5.15}$$

$$\langle \beta_{ZXX}^2 \rangle = \frac{1}{45} |\beta_{J=1}|^2 + \frac{4}{105} |\beta_{J=3}|^2 \tag{5.16}$$

非线性各向异性参数(ρ)，定义为八极和偶极对超极化率的贡献比，包括八极和偶极分量的相对贡献，可以表示为[91]：

$$\rho = \frac{|\beta_{J=3}|}{|\beta_{J=1}|} \tag{5.17}$$

ρ 与 DR 紧密相关

$$DR = 9\frac{\left(1+\frac{2}{7}\rho^2\right)}{\left(1+\frac{12}{7}\rho^2\right)} \tag{5.18}$$

因此，β_{HRS}可以表示为[91]：

$$\beta_{HRS} = \sqrt{\frac{10}{45}|\beta_{J=1}|^2 + \frac{10}{105}|\beta_{J=3}|^2} = |\beta_{J=1}|\sqrt{\frac{2}{3}\left(\frac{1}{3}+\frac{1}{7}\rho^2\right)} \tag{5.19}$$

利用量子化学计算，Champagne 及其同事[91]研究了噁嗪衍生物的结构、电子、热力学、线性和 NLO 特性。从这些计算中，他们选择了四种化合物，即 3、4、11 和 12，它们的开放形式具有中等到大的 NLO 响应(β_{HRS})，和β_{HRS}对比度在使用 HRS 以及紫外吸收光谱的实验研究时有明显的区别。作者表征了这些化合物的开放和封闭形式，因为光生形式的寿命很短，在微秒级。通过在 1064nm 处通过激发获得的化合物 3 和 4，在氯仿中它们的封闭式（a）的β_{HRS}值分别为 1910 和 2050a. u. ，它们的开放式（b$^+$）的β_{HRS}值分别为 4820a. u. 和 4480a. u. 。化合物 11 和 12 的封闭形式在类似条件下的β_{HRS}分别为 5210a. u. 和 1970a. u. ，它们的开放形式在类似条件下分别为 52820a. u. 和 54530a. u. 。结果清楚地表明了高开/关 β_{HRS}比，这使得这些化合物适合用作 NLO 开关。作者还研究了供体/受体取代对所研究化合物的电子结构和性质的影响。他们的研究表明，与受体替代相比，供体组的替代会导致更大的β_{HRS}和β_{HRS}对比度。供体取代也被证明比受体取代更有利，并且前者的取代导致更小的激发能、更大的开放诱导 CT、BLA 的减少和更小的开放反应吉布斯能量。作者还对两性离子的开放形式（b）进行了理论计算，结果表明两种开放形式（b 和 b$^+$）的紫外-可见光谱是相似的，尽管它们的β_{HRS}值显著不同并且由取代基的性质决定。作者根据 b$^+$形式中硝基酚部分的存在解释了 b 和 b$^+$形式中β_{HRS}的变化，b$^+$形式中硝基酚部分比 b 形式中去质子化的硝基酚盐具有更小的β_{HRS}。

Buckley 等人[95]报道了 14 种偶极性阳离子的二阶 NLO 响应，这些偶极性阳离子含有共价连接到螺旋形受体的甲氧基或叔氨基电子供体基团（图 5.21）。作者合成了这些衍生物，并使用核磁共振（NMR）以及紫外-可见吸收光谱对其 TfO$^-$盐进行了表征。他们将最大值在 400~600nm 附近的强烈低能吸收归因于这些发色团的 ICT 状态。他们使用 800nm 激光的 HRS 技术测定了这些盐的分子二次

NLO 响应。对于低能吸收带，还使用 Stark（电吸收）光谱法间接测量了 NLO 响应。作者指出，可以将螺旋图形看作是二喹啉和螺旋烯结构的混合体。因此，螺旋结构的螺旋手性与它的类染料行为对于非线性光学研究可能是有趣的。此前，他们研究了含有叔氨基或二茂铁电子供体的螺旋形衍生物的非线性光学响应特性[96]。在具有甲氧基或叔氨基作为电子供体的螺旋形衍生物中，作者表明这些发色团的线性和 NLO 性质可以被广泛地调节。DFT 和 TDDFT 计算结果表明，发色团表现为双态系统，也就是说，它们只显示一个低能电子跃迁，主导其 NLO 响应。作者在乙腈中使用 800nm 激光对发色团的 TFO⁻ 盐进行了飞秒 HRS 测量，并使用双态模型 $[\beta_0(H)]$ 估计了它们的静态第一超极化率。甲氧基衍生物的 $\beta_0(H)$ 值一般随着 π-共轭网络的扩展而增加。$\beta_0(H)$ 的这种增强被认为与这些衍生物的低能 ICT 波段的红移一致。据报道，$\beta_0(H)$ 的数值相对适中，比具有二甲氨基的数值小得多。作者将这些结果归因于甲氧基的给电子能力比二甲氨基弱。作者在 77K 下形成的 PrCN 玻璃基体中进行了 Stark（电吸收）光谱研究，以得出激发态和基态之间的偶极矩变化值（$\Delta\mu_{12}$）。他们使用以下方程从 Stark 光谱测量结果中估算出静态第一超极率（β_0）。如果超极化张量沿 ICT 方向只有非零元素，则该方程是有效的。

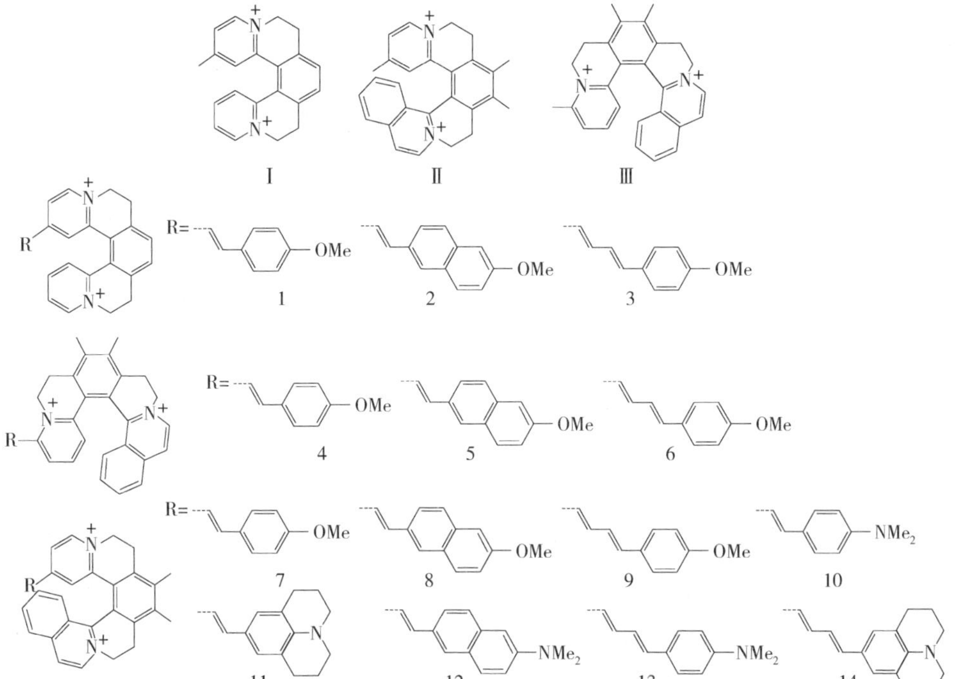

图 5.21　Buckley 等人研究的 NLO 发色团化学结构
（Buckley 等人 2017[95]，经美国化学会许可转载）

$$\beta_0 = \frac{3\Delta\mu_{12}(\Delta\mu_{12})^2}{(E_{max})^2} \qquad (5.20)$$

在这个表达式中，E_{max} 是 ICT 最大值的能量，以波数表示。μ_{12} 是可以通过利用下式获得的 TDM：

$$|\mu_{12}| = \left(\frac{f_{os}}{1.08\times10^{-5}E_{max}}\right) \qquad (5.21)$$

其中，f_{os} 是过渡态的振子强度。

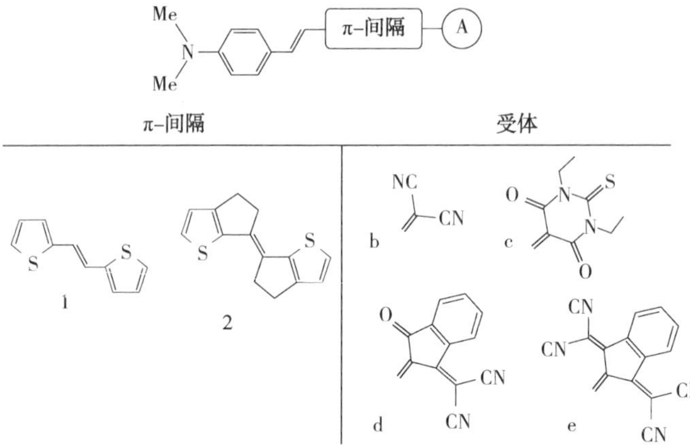

图 5.22　Navarrete 及其同事研究的 NLO 发色团的化学结构。
D/A 取代基连接到 π-共轭低聚噻吩间隔基团的末端 α，ω 位置。
所用发色团的缩写符号是根据它们的间隔基团和受体基团的组合
（Navarrete 及其合作者 2008[97]，经美国化学会许可转载）

作者发现，在每个系列中，通过公式(5.21)得到的[1-3][TfO₂]，[4-6][TfO₂]和[7-9][TfO₂]的第一超极化率值[β₀(S)]稳步增加。他们还发现，量子化学实验得到的第一超极化率值与 HRS 实验和 Stark 光谱研究得到的值基本一致。

Navarrete 及其同事[97]研究了一系列围绕二噻吩乙烯（DTE）间隔基团构建的 π 共轭推拉发色团的电子、振动、光学和 NLO 特性（图 5.22）。作者使用 UV-vis、IR 和 Raman 光谱技术以及 EFISH 测量，结合量子化学计算探索了受体和间隔基团的变化对这些分子的 NLO 响应特性的影响。

作者试图建立一系列具有共同供体基团但受体和 π 共轭间隔基团强度不同的发色团的结构-性质关系。他们采用 DTE 间隔基团或其共价桥接（即刚性化）的类似物作为间隔基团。作者明智地使用 Raman 光谱数据来比较研究分子中的 ICT 强度。他们指出，根据有效共轭坐标（ECC）理论，由于 π-共轭分子的准一维结构导致其存在有效的电子-声子耦合（或电子离域），特定的散射随着分子 π-共轭骨架 C＝C/C—C 的集体拉伸振动而选择性增强[98]。如第 3 章所述，Raman 光谱技术被报道用于研究几种 π−共轭分子的结构−性质关系[97,99,100]。Navarrete 及其同事的 EFISH 测量结果显示，NLO 发色团含有通过刚性化 DTE 间隔基连接的强电子受体基团，显示出很高的 $\mu\beta_0$ 值。作者指出，除 1d 和 2d 外，所研究的化合物的 $\mu\beta$ 不确定值小于 15%。由于化合物 1d 和 2d 的溶解度低，EFISH 测量的不确定性可能更高。由于这些不确定性，他们报告说，在二氯甲烷中化合物 2d 的 $\mu\beta$ 值最高（13000×10^{-48} esu），而化合物 4b 的值最低（1425×10^{-48} esu）。在氯仿溶剂中报告的 $\mu\beta$ 值与在二氯甲烷中观察到的值相当接近。他们观察到强烈的紫外−可见光吸收带，其峰值在 550~700nm 范围内。他们的量子化学研究表明，这些分子的吸收源于 HOMO 到 LUMO 的跃迁。由于溶剂极性的增加，这些化合物的吸收最大值出现红移，表明激发态具有 ICT 特征。作者将 $\mu\beta$ 的增强归因于受体强度的增加和由于受体基团吸电子强度的增加导致的激发能降低。他们的 TD-DFT 计算结果显示，从 1b 到 1e，激发能量下降了 0.35eV，而从 2b 到 2d，激发能量下降了 0.24eV。作者将 IR 光谱和 Raman 光谱之间的相似性归因于 ICT 的发生。从光谱和 NLO 测量结果来看，作者推测具有共价桥接间隔基团和强电子受体的体系，基态电子态的极化程度更高。

Wu 等人[101]研究了两种芘衍生物在无损宽带非线性折射中的应用。这些作者早先还报道了适当设计芘类衍生物可以在 500~1000nm 的宽光谱区域内获得超快反饱和吸收[102]。由于材料科学的发展，研究人员已经将研究重点从设计在特定波长下具有光学非线性的材料转移到宽带 NLO 材料上。Wu 等人[101]合成并采用 Z 扫描实验研究了（E）−1−4−（二甲氨基）−3−（芘−1−基）丙−2−烯−1−酮（DAPP−1）和（E）−3−4−（二甲氨基）苯基−1−（芘−1−基）丙−2−烯−1−酮（DAPP−2）的非线性吸收和非线性折射的符号和大小（图 5.23）。作者还研究了这些材料的紫外−可见吸收和发射特性、瞬态光学非线性，并进行了量子化学计算来解释结果。

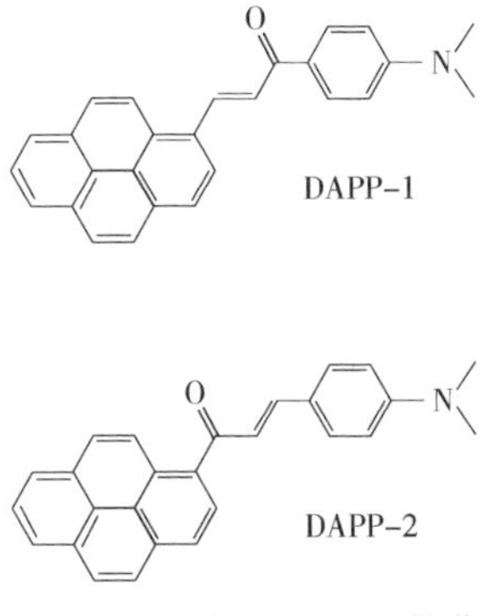

图 5.23　DAPP−1 和 DAPP−2 的化学结构
（Wu 等人 2017[101]，经 Elsevier 授权转载）

他们进行了飞秒 Z 扫描实验来研究 DAPP-1 和 DAPP-2 的光学非线性。作者将输入波长(λ)调整为 600nm、650nm、800nm 和 1030nm，以覆盖较宽的光谱范围。由于这两种化合物在其研究中使用的溶剂中的吸收强度在 525nm 左右接近于零，因此 Z 扫描实验在上述所有波长的非共振条件下进行。作者发现尽管含有石英比色皿在每个波长的反射，线性透射率也超过了 90%。他们使用 Sheik Bahae 理论[103]对测量的 Z 扫描数据进行了数值拟合，以评估强度相关的三阶光学非线性的大小。他们提取了三阶非线性吸收系数(β)和折射率(n_2)以及超极化率 γ 的实部和虚部。他们还利用以下关系计算了化合物在不同条件下的品质因数(F)。

$$F = \frac{n_2}{\beta\lambda} \tag{5.22}$$

他们的研究表明 DAPP-1 的 β 值随着入射光子的波长增加(即能量减少)而降低。例如，当入射光子的波长从 600nm 变为 800nm 时，DAPP-1 的 β 从 1.5×10^{-13} m/W 下降到 0.8×10^{-13} m/W。当入射光子的波长为 1030nm 时，DAPP-1 的 β 进一步降至 0.2×10^{-13} m/W。另一种化合物 DAPP-2 遵循相同的趋势，除了在 800nm 处，β 的值突然增加。由于 S_0 到 S_1 跃迁在许多非中心对称分子的 TPA 中起着重要作用[104]，作者认为 β 的突然增加可能源于双光子共振的 S_0 到 S_1 跃迁。他们发现，尽管这些化合物的分子结构十分相似，DAPP-1 比 DAPP-2 显示出更大的非线性吸收，而 DAPP-2 作为非线性折射剂的性能更好。作者在 DFT 理论水平上进行了量子化学计算，对结果进行了解释。他们的 DFT 计算表明，优化后的 DAPP-1 结构可以粗略地视为一个二维分子。他们还发现，尽管 CT 主导了这种分子从 HOMO 到 LUMO 的跃迁，但该跃迁还显示出了明显的 π-π^* 跃迁特征。由于平面 π 共轭的扩展可以显著增强 TPA，他们将 DAPP-1 较大的非线性吸收归因于其近似的二维结构。与观察到的 DAPP-1 相反，他们的 DFT 计算预测了 DAPP-2 中芘部分的平面外旋转，而分子其余部分保持在同一平面内。早前有报道表明[105]，扭曲结构在许多情况下会导致 CT 增强，导致更大的偶极矩，进而导致非线性折射增强和非线性吸收降低。作者认为，与 DAPP-1 相比，DAPP-2 有点扭曲的几何形状可能是更高的非线性折射和更低的非线性吸收的原因。

Ricci 等人[106]研究了两种阳离子发色团(一种为偶极发色团，另一种为四极发色团)的 TPA 过程，发现这些分子中的 TPA 过程随着激发态 ICT 过程的增加而增强。他们考虑了 D-π-A$^+$ 型的偶极探针和 D-π-A$^+$-π-D 型四极探针，其中二丁氨基作为电子供体，甲基吡啶鎓作为电子接受体，二噻吩作为富含 π 的间隔基团。这些化合物——他们称之为 C1 和 C2(图 5.24)——在可见光谱的红端附近出现吸收峰。

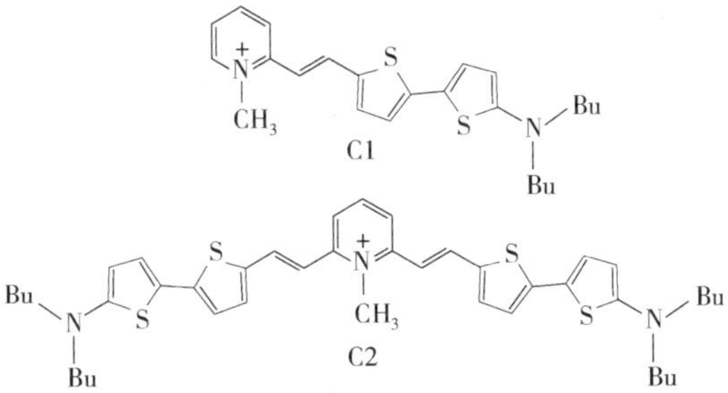

图 5.24　C1 和 C2 的分子结构

（Ricci 等人 2017[106]，经美国化学会许可转载）

随着溶剂极性的增加，这些探针在其吸收光谱中显示出负溶剂化变色，作者以光激发时电子密度的变化对此进行了合理解释。例如，C1 和 C2 在氯仿中的最大吸收分别为 627nm 和 654nm。在乙醇中它们的吸收最大值分别蓝移至 578nm 和 610nm，在甲醇中的吸收最大值蓝移至 570nm 和 602nm。他们的量子化学研究预测 C1 的基态偶极矩很大，在吸收光后达到的 Franck-Condon 几何形状中显著降低。作者发现，C1 的偶极矩在第一激发态（S_1）的弛豫过程中变化不大。作者进行了飞秒瞬态吸收和荧光上转换测量，结果发现 C1 的激发态动力学主要是由 S_1 态的溶剂弛豫主导。C1 的 S_1 态寿命以及量子产率虽然很低，但由于溶剂极性的变化几乎不受影响，这使得作者认为该分子的主要光致衰变途径是内部转化，而与他们研究中使用介质的性质无关。与在 C1 中观察到的情况相反，C2 显示了强激发态 CT 的特征。尽管这两个分子的发射光谱有重叠，但与 C1 相比，C2 的吸收光谱发生了红移。这表明激发仅定位在 C2 的一个分支上，荧光从该分支发生。这一观察结果得到了他们理论计算结果的支持，该计算预测 C2 的对称性将在其松弛的 S_1 几何形状中被破坏。作者指出，在他们研究中所使用的溶剂中，无论极性如何，C2 的对称性在 S_1 态下都发生了破坏。他们的超快光谱研究揭示了极性溶剂中两种显著不同的第一激发单线态，其中 ICT 态作为一个独立种类被有效地产生。与其偶极对应物（C1）相比，荧光量子产率的降低支持了 C2 的 ICT 态的形成。他们的量子化学计算预测了 C2 弛豫的第一激发态的 TICT 特征。值得一提的是，尽管 ICT 态的形成存在差异，但发现内部转换是两种分子的主要衰变途径。作者进行了飞秒分辨双光子激发荧光（TPEF）测量，以估计上述化合物的 TPA 截面[107]。由于这两种探针均在 650nm 处显示出单光子吸收最大值，因此作者采用 1300nm 的激发光，同时他们考虑用 800nm 来检测最大荧光峰。他们采用溶解在乙醇中的 2-（6-（4-二甲氨基苯基）-2,4-新戊烯-1,3,5-六三烯基）-3-甲基苯并噻唑鎓高氯酸盐（苯乙烯基 9M）作为 TPA 参考，以获得 TPA 截面[108]。他们的 TPEF 测量发现 C1 和 C2 的 TPA 截面分别为 500GM 和 1400GM。作者认为，与偶极分子相比，四极分子 C2 更高的 TPA 截面是由于该分子中更有效的激发态

ICT 过程。除了 C2 可能应用于基于 TPA 的器件外，作者还希望基于其在可见光谱红光侧的吸收，C1 和 C2 都可以作为光敏剂在有机光伏太阳能电池中应用的潜在候选者。

我们可以注意到，由于 TPA 材料在转换激光、信息技术、3D 成像等方面的广泛应用，基于 ICT 的 TPA 材料的研究是一个非常活跃的研究领域。因此，预计在未来几年中，将研究几种新的基于 ICT 的有机分子作为 TPA 材料的可能应用。

5.7 NLO 分子开关的研究

由于各种原因，包括设计分子电子学应用的器件和生物过程的建模等[109,110]，分子开关的研究已经成为热门。1999 年，Coe[111] 报道了一些有机和金属有机分子化合物中 NLO 响应特性的开关概念。分子中的 NLO 开关可以通过光子、分子质子化、氧化还原效应和磁性行为来实现。Nakatani 及其同事[112] 指出，如果使用外部刺激，一个分子可以处于两种不同的状态，并且这两种状态的 NLO 响应完全不同，则可以实现分子 NLO 开关。到目前为止，文献中已经报道了一些关于 NLO 开关的研究，本节将讨论一些有代表性的例子。McCleverty 等人[113] 回顾了可逆 NLO 开关的要求，并列举了几个溶液中二阶 NLO 响应的例子。他们指出，NLO 开关可以通过修改 NLO 活性分子的一部分来实现。供体−受体(D−A)分子中供体部分的效率可通过其质子化或氧化而降低。同样，受体部分的质子化或还原也会降低其效率。修饰连接供体和受体单元的电子桥也可用于调节 D−A 分子的 NLO 响应。作者报道了一些含金属化合物的氧化还原行为，并提到了使用上述策略的 NLO 开关的实例。最近，Xie 等人[114] 报道了利用螺噁嗪(图 5.25)的 NLO 开关特性作为选择性阳离子传感器的研究。众所周知，螺噁嗪是一种光致变色材料，它对光、温度和金属离子等多种外界刺激有响应，会发生可逆的结构变化。金属离子的引入会使闭合形式的螺噁嗪转化为开放形式的金属部花青，这种从封闭形式到开放形式的转化伴随着结构或 π 电子分布的变化。这种从封闭形式到开放形式的转换伴随着结构或 π 电子分布的变化。因此，这些开闭形式的螺噁嗪的 NLO 响应特性有明显的不同，使得该分子适合于探索 NLO 开关和在金属离子传感中的应用。作者进行了 DFT 计算，以优化螺噁嗪的开放式和封闭式结构和非线性光学响应特性，以及部花青的金属离子络合物。他们的计算结果表明，螺噁嗪在金属离子(Li^+、Na^+、K^+、Ag^+、Mg^{2+}、Ca^{2+}、Fe^{2+} 和 Zn^{2+})存在的情况下，转变为金属开放型部花青，并伴随着结构的变化以及更大的 π−共轭网络的形成。与螺噁嗪相比，所得部花青衍生物显示出高 10~21 倍的第一超极化率值。

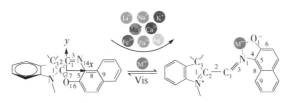

图 5.25　螺噁嗪(左)和阳离子络合部花青形式的结构

(Ye 等人 2017[114]，经英国皇家化学会许可转载)

作者使用了几种泛函(CAM-B3LYP、BH 和 HLYP、M06-2X 和 ωB97XD)和五个 Pople 基组，来评估计算参数对这些系统 NLO 响应特性的影响。他们使用 6-31+G(d)基组以及金属离子的 LanL2DZ 基组来计算螺噁嗪和部花青形式的金属络合物在气相以及溶液中的第一超极化率。他们还发现，除了螺噁嗪和部花青的 Fe^{2+} 复合物(其中 β_y 是主要的)，β_x 组分主要决定了所研究物质的 β_{total} 值，β_y 和 β_z 组分对 β_{total} 值的贡献很小。作者基于在螺噁嗪中 ICT 沿着 y 轴发生并且在部花青的 Fe^{2+} 复合物中有一小部分 CT 来解释该结果。在其余的复合物中，CT 沿 x 轴发生。作者进行的量子化学研究表明，引入各种金属离子可以增强螺噁嗪的第一超极化率，螺噁嗪被转化为具有不同结构和更大 π-共轭网络的金属开放型部花青。作者认为，这种 NLO 响应的增强是由于分子中吲哚啉单元到萘噁嗪单元的 CT 增强所致。

Nakatani 及其同事[112]报道了一种具有 5 个 6 元杂环的双硼酸盐化合物的 NLO 响应特性，并将其与相关的单硼酸盐化合物进行了比较。在 DFT(B3PW91 泛函和 6-31G*基组)近似水平上的量子化学研究表明，二硼酸盐衍生物在基态下呈现中心对称构象。因此，该化合物的二次一阶超极化率由于其中心对称性而消失。作者发现，外部电场的应用诱导了两个"推拉"亚基发生大的分子内旋转，达到 128°，在场强为 10^{-3}a. u. 时产生的 β 值为 49.2×10^{-30} cm⁵/esu。上述结果促使作者详细研究该化合物的 NLO 开关特性。NLO 活性分子的设计原理是将两个"推拉"NLO 发色团连接起来，两个发色团分别固定在化学轴的两端，当受到外电场时，它们可以围绕化学轴旋转。他们考虑了众所周知的 NLO 活性分子 DANS(分子 1)，为了制备配体(分子 2)，引入了轻微的化学修饰以提供将 NLO 发色团固定在与 CT 方向正交的化学轴上所需的连接。配体 2 用于设计硼酸盐化合物 3 和双硼酸盐化合物 4(图 5.26)。

作者使用 EFISH 技术在室温下通过实验研究了化合物 3 和 4 的 NLO 响应特性。为此，他们使用了 1907nm 的入射辐射，该辐射是通过使用氢电池(1m 长，40bar 压强)对纳秒 Nd∶YAG 脉冲激光器的 1064nm 基本光束进行拉曼频移获得的。EFISH 实验提供的 $\mu \times \beta_{vec}$ 显示化合物 4 的值是化合物 3 的 1.95 倍。为了使这一观察结果合理化，作者通过假设不同的扭转角 θ 值，对化合物 3 和 4 的 NLO 特

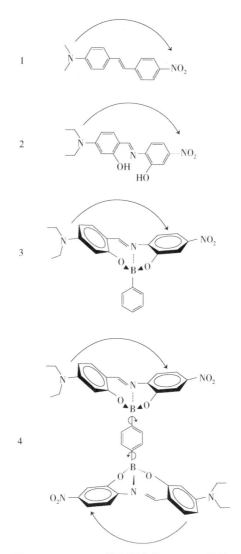

图 5.26　Nakatani 等人研究的 DANS、配体、
硼酸盐和双硼酸盐化合物的化学结构

（Nakatani 等人 2006[112]，经皇家化学会许可转载）

性进行了量子化学研究。如预期的一样，化合物 4 的中心对称基态显示 β 值为零。第一超极化率随着外电场的加强而增加，在电场为 10^{-3} a. u 时达到 $49.2 \times 10^{-30} cm^5/esu$。在此条件下，$\mu \times \beta_{vec}$ 值达到 $776D \times 10^{-30} cm^5/esu$。对化合物 3 和 4 计算的 EFISH 数据进行比较，发现在扭转角为 73° 时，化合物 4 的 $\mu \times \beta_{vec}$ 值是化合物 3 的 1.95 倍。作者发现，化合物 3 的 NLO 特性与化合物 4 不同，不依赖于场强度。化合物 4 的 NLO 响应增强是由于每个分子单元内的偶极排列。根据上

述结果，作者得出结论，尽管由围绕化学轴准自由旋转的两个推拉 NLO 亚基组成的硼酸盐发色团的基态本质上是中心对称的，第一超极化率为零，但使用外部电场可以显著增加其 β 值。

Su 等人[115]报道了二苯并硼杂环戊二烯(DBB)衍生物中 NLO 响应特性的可逆转换和调制，旨在设计二维 NLO 分子开关。DFT 计算表明，研究中考虑的 4 种 DBBs 的第一超极化率受到氟离子(F^-)附着和/或单电子还原的影响。作者们注意到，由于 F^- 离子的附着，三配位的 DBB 变成了四配位的二苯并硼杂环戊二烯(DBBF)(图 5.27)。他们发现 5-(2,4,6-三异丙基苯基)-2,8-二甲氧基-3,7-二噻吩基-5H-二苯并[d，b]硼环戊二烯(分子 3)和 5-苯基-3,7-双二硝基乙烯基-5H 二苯并[d，b]硼杂环戊二烯(分子 4)的氟化衍生物与它们的无氟类似物相比，表现出约 12 倍和 4 倍高的 β 值。据报道，分子 3 和 4 的氟化衍生物的 β 值分别为 64×10^{-30}esu 和 272×10^{-30}esu。类似地，分子 3 和 4 的单电子还原形式的 β 值分别比它们的中性对应物高 47 倍和 15 倍。作者发现，NLO 开关具有二维性。他们认为 β 的大非对角张量可能与垂直于分子偶极轴的 CT 跃迁有关。它们的态密度(DOSs)和前线分子轨道分析表明，氟离子在硼原子上的结合以及由于单电子还原过程导致 LUMOs 中硼原子的空位 p 轨道的 $p_\pi\rightarrow\pi^*$ 共轭的关闭。作者认为，上述过程导致了更高程度的垂直 CT 和更大的 β 值。利用上述结果，作者推断 F^- 离子的附着或还原显著影响所研究分子的 CT 特征。他们还提出，这些分子可以作为一种新型的"开/关"分子开关。

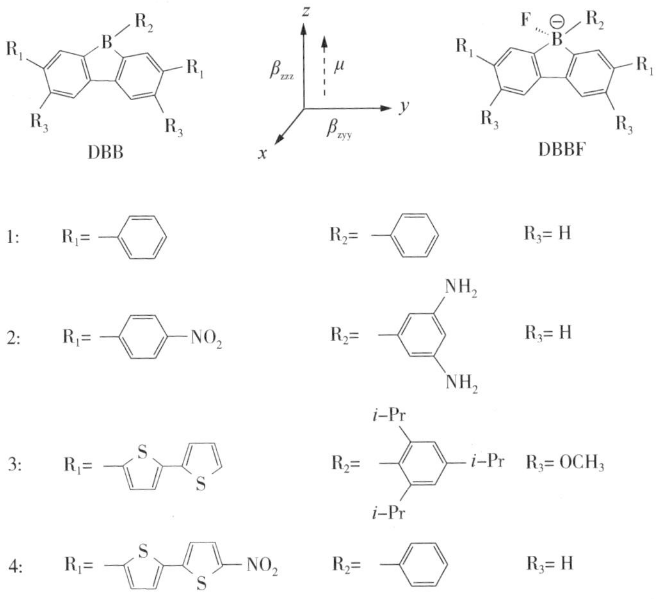

图 5.27　Su 及其同事研究的 DBB 和 DBBF 衍生物的化学结构
(Su 及其合作者 2009[115]，经美国化学会许可转载)

还有一些关于 NLO 开关的研究报告。例如，Xu 等人[116]报道了 4-二苯基氨基-苯基取代的吡嗪衍生物中的 NLO 开关过程。Liu 等人[117]在 DFT 理论水平上使用量子化学计算研究了 Ru（Ⅲ/Ⅱ）羧酸盐络合物的 NLO 开关特性。Ru（Ⅱ）COOH 和 Ru（Ⅲ）COOH 络合物可以通过质子转移过程形成 Ru（Ⅱ）COO⁻ 和 Ru（Ⅲ）COO⁻离子，其中 COO⁻ 基团作为强供体基团，Ru（Ⅲ）作为强受体基团。作者报告说，Ru（Ⅲ）COO⁻ 的第一超极化率（β）分别比 Ru（Ⅱ）COO⁻ 和 Ru（Ⅱ）COOH 的几乎高 36 倍和 48 倍。据报道，Ru（Ⅲ）COO⁻ 的 β 值几乎比 Ru（Ⅲ）COOH 的络合物高 215 倍。利用他们的结果，作者提出 Ru（Ⅲ/Ⅱ）羧酸盐络合物可以用作 NLO 开关。

在本章中，我们讨论了 NLO 响应的理论以及基于 ICT 的分子的 NLO 特性的实验研究。有几篇关于 ICT 基分子具有高第一超极化率，二阶 NLO 响应的测量的报道，而文献中可以找到一些关于三阶非线性光学反应的研究。对三阶非线性极化率的虚部以及 TPA 的研究也被报道用于开发新型 TPA 活性材料。包括 Z-扫描、HRS 和 EFISH 在内的实验技术正在单独使用或与高层次量子化学计算结合使用，以预测新分子，用于新的 NLO/TPA 活性材料的可能设计。考虑到该领域的重要性，预计在不久的将来会有更多基于 ICT 的分子的 NLO 研究报告。

参 考 文 献

1 Bloembargen, N. (1965) *Nonlinear Optics*, World Scientific.

2 Boyd, R.B. (2008) *Nonlinear Optics*, 3rd edn, Elsevier.

3 Marks, T.J. *et al* (1994) *Chem. Rev.*, **94**, 195.

4 D.S. Chemla (Ed.), *Nonlinear Optical Properties of Organic Molecules and Crystals* (vol. 1), 2012, Elsevier.

5 Ouder, J.L. (1977) *J. Chem. Phys.*, **67**, 446.

6 Ouder, J.L. and Chemla, D.S. (1977) *J. Chem. Phys.*, **67**, 2664.

7 Sen, R. *et al* (1992) *Chem. Phys. Lett.*, **190**, 443.

8 Sen, R. *et al* (1993) *J. Phys. Chem.*, **97**, 7491.

9 Sim, F. *et al* (1993) *J. Phys. Chem.*, **97**, 1158.

10 Albert, I.D.L. *et al* (1997) *J. Am. Chem. Soc.*, **119**, 6575.

11 Abotto, A. *et al* (2003) *Chem. Eur. J.*, **9**, 1991.

12 Wang, C.H. *et al* (2001) *J. Appl. Phys.*, **89**, 4209.

13 Marder, S.R. *et al* (1993) *Science*, **261**, 186.

14 Chen, G. *et al* (1994) *J. Chem. Phys.*, **101**, 5680.

15 Nandi, P.K. *et al* (2001) *J. Mol. Struct. (THEOCHEM)*, **119**, 545.

16 Barzoukas, M. *et al* (1996) *J. Nonlinear Opt. Phys. Mater.*, **05**, 757.

17 Jaquemin, D. *et al* (2001) *J. Chem. Phys.*, **115**, 3540.

18 Iikura *et al* (2001) *J. Chem. Phys.*, **115**, 3540.

19 Yanni, T., Tew, D.P., and Handy, N.C. (2004) *Chem. Phys. Lett.*, **393**, 51.

20 Fonescca, T.L. *et al* (2005) *Chem. Phys. Lett.*, **413**, 356.

21 Fonescca, T.L. *et al* (2007) *Chem. Phys. Lett.*, **442**, 259.

22 Misra, R., Bhattacharyya, S.P., and Maity, D.K. (2008) *Chem. Phys. Lett.*, **458**, 54.

23 Kang, H. *et al* (2007) *J. Am. Chem. Soc.*, **129**, 3267.

24 Zyss, J. *et al* (2000) *J. Am. Chem. Soc.*, **122**, 11956.

25 Li, L. *et al* (2008) *Phys. Chem. Chem. Phys.*, **10**, 6829.

26 Misra, R. (2017) *J. Phys. Chem. C*, **121**, 5731.

27 Machado, D.F. *et al* (2016) *J. Phys. Chem. C*, **120**, 17660.

28 Shimada, M., Yamanoi, Y., Matsushita, T., Kondo, T., Nishibori, E., Hatakeyama, A., Sigimoto, K., and Nishihara, H. (2005) *J. Am. Chem. Soc.*, **137**, 1024.

29 Zhou, Z.J., Li, X.P., Ma, F., Liu, Z.B., Li, Z.R., Huang, X.R., and Sun, C.C. (2011) *Chem. Eur. J.*, **17**, 2414.

30 Roy, R.S. and Nandi, P.K. (2015) *RSC Adv.*, **5**, 103729.

31 Liu, F., Yang, Y., Cong, S., Wang, H., Zhang, M., Bo, S., Liu, J., Zhen, Z., Liu, X., and Qiu, L. (2014) *RSC Adv.*, **4**, 52991.

32 Xu, H., Yang, D., Liu, F., Fu, M., Bo, S., Liu, X., and Cao, Y. (2015) *Phys. Chem. Chem. Phys.*, **17**, 29679.

33 Shi, Y., Frattarelli, D., Watanabe, N., Facchetti, A., Cariati, E., Righetto, S., Tordin, E., Zuccaccia, C., Macchioni, A., Wegener, S.L., Stern, C.L., Ratner, M.A., and Marks, T.J. (2015) *J. Am. Chem. Soc.*, **137**, 12521.

34 Misra, R., Sharma, R., and Bhattacharyya, S.P. (2010) *J. Comput. Methods Sci. Eng.*, **10**, 149.

35 Chen, L.T., Tam, W., Marder, S.R., Stiegman, A.E., Rikken, G., and Spangler, C.W. (1991) *J. Phys. Chem.*, **95**, 10643.

36 Marder, S.R., Beratan, D.N., and Cheng, L.-T. (1991) *Science*, **252**, 103.

37 Brédas, J.L., Adant, C., Tackx, P., Persoons, A., and Pierce, B.M. (1994) *Chem. Rev.*, **94**, 243.

38 Kanis, D.R., Ratner, M.A., and Marks, T.J. (1994) *Chem. Rev.*, **94**, 195.

39 Dalton, L.R., Harper, A.W., Ghosn, R., Steier, W.H., Ziari, M., Fetterman, H., Shi, Y., Mustacich, R.V., Jen, A.K.Y., and Shea, K.J. (1995) *Chem. Mater.*, **7**, 1060.

40 Whitaker, C.M., Patterson, E.V., Kott, K.L., and McMahon, R.J. (1996) *J. Am. Chem. Soc.*, **118**, 9966.

41 Verbiest, T., Houbrechts, S., Kauranen, M., Clays, C., and Persoons, A. (1997) *J. Mater. Chem.*, **7**, 2175.

42 Papadopoulos, M.G., Leszczynski, J., and Sadlej, A.J. (eds) (2006) *Nonlinear Optical Properties of Matter: from Molecules to Condensed Phases*, Springer, Dordrecht.

43 Nandi, P.K., Panja, N., and Ghanty, T.K. (2008) *J. Phys. Chem. A*, **112**, 4844.

44 Nandi, P.K., Panja, N., and Ghanty, T.K. (2009) *J. Phys. Chem. A*, **113**, 2623.

45 Murugan, N.A., Kongsted, J., Rinkevicius, Z., and Ågren, H. (2010) *Proc. Natl. Acad. Sci. U.S.A.*, **107**, 16453.

46 Nandi, P.K., Panja, N., and Ghanty, T.K. (2010) *Theor. Chem. Acc.*, **126**, 323.

47 Johnson, L.E., Dalton, L.R., and Robinson, B.H. (2014) *Acc. Chem. Res.*, **47**, 3258.

48 Borini, S., Limacher, P.A., and Luthi, H.P. (2009) *J. Chem. Phys.*, **131**, 124105.

49 Barlow, S., Bunting, H.E., Ringham, C., Green, J.C., Bublitz, G.U., Boxer, S.G., Perry, J.W., and Marder, S.R. (1999) *J. Am. Chem. Soc.*, **121**, 3715.

50 Janjua, M.R.S.A., Guan, W., Yan, L., Su, Z.M., Karim, A., and Akbar, J. (2010) *Eur. J. Inorg. Chem.*, **10**, 3466.

51 Marder, S.R. and Perry, J.W. (1993) *Adv. Mater.*, **5**, 804.

52 Marder, S.R., Kippelen, B., Jen, A.K.Y., and Peyghambarian, N. (1997) *Nature*, **388**, 845.

53 Adegoke, O.O., Ince, M., Mishra, A., Green, A., Varnavski, O., Martínez-Díaz, M., Bauerle, P., Torres, T., and III Goodson, T. (2013) *J. Phys. Chem. C*, **117**, 20912.

54 Parthenopoulos, D.A. and Rentzepis, P.M. (1989) *Science*, **245**, 843.

55 Arnbjerg, J., Jiménez-Banzo, A., Paterson, M.J., Nonell, S., Borrell, J.I., Christiansen, O., and Ogilby, P.R. (2007) *J. Am. Chem. Soc.*, **129**, 5188.

56 Dichtel, W.R., Serin, J.M., Edder, C., Frechet, J.M.J., Matuszewski, M., Tan, L.S., Ohulchanskyy, T.Y., and Prasad, P.N. (2004) *J. Am. Chem. Soc.*, **126**, 5380.

57 Drobizhev, M., Karotki, A., Kruk, M., Krivokapic, A., Anderson, H.L., and Rebane, A. (2003) *Chem. Phys. Lett.*, **370**, 690.

58 He, J., Mi, J., Li, H., and Ji, W. (2005) *J. Phys. Chem. B*, **109**, 19184.

59 He, G.S., Tan, L.S., Zheng, Q., and Prasad, P.N. (2008) *Chem. Rev.*, **108**, 1245.

60 Ferrighi, L., Frediani, L., and Ruud, K. (2007) *J. Phys. Chem. B*, **111**, 8965.

61 Liu, K., Wang, Y., Tu, Y., Ågren, H., and Luo, Y. (2008) *J. Phys. Chem. B*, **112**, 4387.

62 Alam, M.M., Chattopadhyaya, M., Chakrabarti, S., and Ruud, K. (2014) *Acc. Chem. Res.*, **47**, 1604.

63 He, X., Xu, B., Liu, Y., Yang, Y., and Tian, W. (2012) *J. Appl. Phys.*, **111**, 053516.

64 Diaz, C., Vesga, Y., Echevarria, L., Stara, I.G., Stary, I., Anger, E., Shen, C., Moussa, M.E.S., Vanthuyne, M., Crassous, J., Rizzo, A., and Hernandez, F.E. (2015) *RSC Adv.*, **5**, 17429.

65 Kogej, T., Beljonne, D., Meyers, F., Perry, J.W., Marder, S.R., and Bredas, J.L. (1998) *Chem. Phys. Lett.*, **298**, 1.

66 Rumi, M., Ehrlich, J.E., Heikal, A.A., Perry, J.W., Barlow, S., Hu, Z., McCord-Maughon, D., Parker, T.C., Rockel, H., Thayumanavan, S., Marder, S.R., Beljonne, D., and Bredas, J.L. (2009) *J. Am. Chem. Soc.*, **122**, 9500.

67 Alam, M.M., Chattopadhyaya, M., and Chakrabarti, S. (2012) *J. Phys. Chem. A*, **116**, 11034.

68 Cronstrand, P., Luo, Y., and Årgen, H. (2002) *Chem. Phys. Lett.*, **352**, 262.

69 Alam, M.M. (2015) *Phys. Chem. Chem. Phys.*, **17**, 17571.

70 Jha, P.C., Wang, Y., and Årgen, H. (2008) *ChemPhysChem*, **9**, 111.

71 Bhaskar, A., Ramakrishna, G., Lu, Z., Twieg, R., Hales, J.M., Hagan, D.J., Stryland, E.V., and Goodson, T.J. III, (2006) *J. Am. Chem. Soc.*, **128**, 11840.

72 Zheng, Q., He, G.S., and Prasad, P.N. (2005) *J. Mater. Chem.*, **15**, 579.

73 Albota, M. *et al* (1998) *Science*, **281**, 1653.

74 Divya, K.P., Sreejith, S., Ashok kumar, P., Yuzhan, K., Peng, Q., Maji, S.K., Tong, Y., Yu, H., Zhao, Y., Ramamurthy, P., and Ajayaghosh, A. (2014) *Chem. Sci.*, **5**, 3469.

75 Bednarska, J., Zalesny, R., Murugan, N.A., Bartkowiak, W., Årgen, H., and Odelius, M. (2016) *J. Phys. Chem. B*, **120**, 9067.

76 Garito, A.F., Helfin, J.R. *et al* (1988) *Proc. Soc. Photo. Opt. Instrum. Eng.*, **971**, 2.

77 Marder, S.R. *et al* (1997) *Science*, **276**, 1233.

78 Ooba, N., Tomaru, S., Kurihara, T., Kaino, T., Yamada, W., Takaji, M., and Yamamoto, T. (1995) *Jpn. J. Appl. Phys.*, **34**, 3139.

79 Agarwal, G.P. *et al* (1978) *Phys. Rev. B: Condens. Matter*, **17**, 776.

80 Kivala, M. *et al* (2007) *Angew. Chem. Int. Ed.*, **46**, 6357.

81 Zhou, W. *et al* (2009) *Adv. Funct. Mater.*, **19**, 141.

82 Wang, C., Fan, C., Yuan, C. *et al* (2017) *RSC Adv.*, 7, 4825.

83 Li, Y. *et al* (2008) *Opt. Express*, **16**, 6251.

84 Geskin, V.M., Lambert, C., and Bredas, J.L. (2003) *J. Am. Chem. Soc.*, **125**, 15651.

85 Alain, V., Redoglia, S., Blancard-Desce, M. *et al* (1999) *Chem. Phys.*, **245**, 51.

86 Hassan, S., Asif, H.M., Zhou, Y., Zhang, L. *et al* (2016) *J. Phys. Chem. C*, **120**, 27587.

87 Kato, S., Roberts Beels, M.T., La Porta, P. *et al* (2010) *Angew. Chem. Int. Ed.*, **49**, 6207.

88 Teran, N.B., He, G.S., Baev, A., Shi, Y., Swihart, M.T., Prasad, P.N., Marks, T.J., and Reynolds, J.R. (2016) *J. Am. Chem. Soc.*, **138**, 6975.

89 Sutherland, R.L. (1992) *Handbook of Nonlinear Optics*, Marcekl Dekker, New York.

90 Powell, C.E. and Humphrey, M.G. (2004) *Coord. Chem. Rev.*, **248**, 725.

91 Beaujean, P., Bondu, F., Plaquet, A., Garcia-Amoros, J., Cusido, J., Raymo, F.M., Castet, F., Rodriguez, V., and Champagne, B. (2016) *J. Am. Chem. Soc.*, **138**, 5052.

92 Zhu, S., Li, M., Tang, S., Zhang, Y.M., Yang, B., and Zhang, S.X.A. (2014) *Eur. J. Org. Chem.*, **2014**, 1227.

93 Deniz, E., Tomasulo, M., Cusido, J., Sortino, S., and Raymo, F. (2011) *Lamgmuir*, **27**, 11773.

94 de Wergifosse, M., Castet, F., and Champagne, B. (2015) *J. Chem. Phys.*, **142**, 194102.

95 Buckley, L.E.R., Coe, B.J., Rusanova, D., Joshi, V.D. *et al* (2017) *J. Phys. Chem. A*, **121**, 5842.

96 (a) Coe, B.J. *et al* (2016) *J. Org. Chem.*, **81**, 1912; (b) Buckley, L.E.R. *et al* (2017) *Dalton Trans.*, **46**, 1052.

97 Delgado, M.C.R., Casado, J., Hernandez, V., Navarrete, J.T.L., Orduna, J., Villacampa, B., Alicante, R., Raimundo, J.M., Blanchard, P., and Roncali, J. (2008) *J. Phys. Chem. C*, **112**, 3109.

98 (a) Zerbi, G., Castiglioni, C., and Del Zoppo, M. (1998) *Electronic Materials: the Oligomer Approach*, Wiley-VCH Verlag GmbH & Co. KGaA, Weinheim;

(b) Agosti, E., Rivola, M., Hernandez, V., Del Zoppo, M., and Zerbi, G. (1999) *Synth. Met.*, **100**, 101.

99 Casado, J., Miller, L.L., Mann, K.R., Pappenfus, T.M., and Lopez Navarrete, J.T. (2002) *J. Phys. Chem. B*, **106**, 3597.

100 Casado, J., Hernandez, V., Ruiz Delgado, M.C., Ponce Ortiz, R., Lopez Navarrete, J.T., Facchetti, A., and Marks, T.J. (2005) *J. Am. Chem. Soc.*, **127**, 13364.

101 Wu, X., Xiao, J., Sun, R., Jia, J., Yang, J., Shi, G., Wang, Y., Zhang, X., and Song, Y. (2017) *Dyes Pigm.*, **143**, 165.

102 Xiao, Z.G., Shi, Y.F., Sun, R., Ge, J.F., Li, Z.G., Fang, Y. *et al* (2016) *J. Mater. Chem.*, **21**, 4647.

103 Sheik-Bahae, M., Said, A.A., Wei, T.H., Hagan, D.J., and Van Stryland, E.W. (1990) *IEEE J. Quantum Electron.*, **26**, 760.

104 Pawlicki, M., Collins, H.A., Denning, R.G., and Anderson, H.L. (2009) *Angew. Chem. Int. Ed.*, **48**, 3244.

105 Shi, Y., Lou, A.J.T., He, G.S., Baev, A., Swihart, M.T., Prasad, P.N. *et al* (2015) *J. Am. Chem. Soc.*, **137**, 4622.

106 Ricci, F., Carlotti, B., Keller, B., Bonaccorso, C., Fortuna, C.F., Goodson, T. III,, Elisei, F., and Spalletti, A. (2017) *J. Phys. Chem. C*, **121**, 3987.

107 Xu, C. and Webb, W.W. (1996) *J. Opt. Soc. Am. B: Opt. Phys.*, **13**, 481.

108 Makarov, N.S., Drobizhev, M., and Rebane, A. (2008) *Opt. Express*, **16**, 4029.

109 Ward, M.D. (1995) *Chem. Soc. Rev.*, **24**, 121.

110 Lehn, J.M. (1995) *Supramolecular Chemistry – Concepts and Perspectives*, Wiley-VCH Verlag GmbH & Co. KGaA, Weinheim.

111 Coe, B.J. (1999) *Chem. Eur. J.*, **5**, 2464.

112 Lamere, J.F., Lacroix, P.G., Farfan, N., Rivera, J.M., Santillan, R., and Nakatani, K. (2006) *J. Mater. Chem.*, **16**, 2913.

113 Asselberghs, I., Clays, K., Persoons, A., Ward, M.D., and McCleverty, J. (2004) *J. Mater. Chem.*, **14**, 2831.

114 Ye, J.T., Wang, L., Wang, H.Q., Chen, Z.Z., Qiu, Y.Q., and Xie, H.M. (2017) *RSC Adv.*, **7**, 642.

115 Muhammad, S., Janjua, M.R.S.A., and Su, Z. (2009) *J. Phys. Chem. C*, **113**, 12551.

116 Xu, L., Zhu, H., Long, G. *et al* (2015) *J. Mater. Chem. C*, **3**, 9191.

117 Liu, Y., Yang, G.C. *et al* (2012) *Int. J. Quantum Chem.*, **112**, 779.

118 Champagne, B. (2009) *Polarizabilities and hyperpolarizabilities*, in *Chemical Modeling*, vol. 6 (ed. M. Springborg), Royal Society of Chemistry, p. 17.

6 ICT 分子的最新技术应用及新分子设计前景

6.1 简介

分子内电荷转移(ICT)发生分子或离子中通过一个 π 电子桥连接起来的电子供体(D)和电子受体(A)之间。多烯连接基团或芳香族基团通常充当这些分子中的桥梁。在光激发后，几个 ICT 分子形成扭曲的分子内电荷转移(TICT)状态，其光谱特性取决于几个因素，包括介质的极性、黏度以及温度。如第 4 章所述，一些研究致力于揭示将 ICT 探针的光谱特性与溶剂的极性和黏度联系起来的基本原理。最近，一些基于 ICT 的分子正在被用作检测介质极性和黏度的传感器，主要用于传统方法不方便或效率低下的情况[1]。例如，分子转子(一类 ICT 分子)正被用于探测多种生物系统的微观黏度，包括细胞质液和血浆[1,2]。其他一些 ICT 分子正被用于检测化学物质，包括溶液中的金属离子[3]。由于科学界正在寻找高效且廉价的下一代平板显示器以节约能源，进而助力环境保护，因此近年来设计有机发光二极管(OLED)的势头越来越大[3,4]。在研究基于 ICT 分子在 OLED 中的潜在应用的文献中可以找到一些报告[5,6]。基于 ICT 的分子也被用于设计用于多个技术应用领域的非线性光学(NLO)材料，包括光开关、光计算和电信[7]。由于研究 ICT 分子 NLO 响应的文献浩如烟海，我们已对这部分进行了分解，并在第 5 章中进行了讨论。

6.2 ICT 基分子的应用

6.2.1 荧光传感器

目前已知，基于供体-受体的 ICT 分子从最初形成的局部激发态(LE)经历了快速电荷转移过程，从而形成 ICT 态。具有比 LE 态更高偶极矩的新态通常会发生扭曲，这被称为 TICT 态。LE 态到 ICT 态的转换取决于包括介质的极性在内的以下几个因素。在高极性溶剂中，由于极性环境将稳定更具极性的 ICT 态，因此预计 ICT 过程会更快。ICT 态的形成往往会引起 LE 态和 ICT 态的双重发射。一些报道中提到，由于分子结构扭曲会增强非辐射过程，因而往往会导致量子产率降低。由于从 LE 态到 ICT 态的光反应可以使用一些外部因素进行调制，例如调整供体/受体强度、局部极性和空间限制，一些研究小组已经利用这些因素设计了基于 ICT 的传感器，用于极性、黏度以及化学物质的感测。

　　Sunahara 等人[8]设计了一个基于硼二吡咯亚甲基（BODIPY）染料的环境极性传感器库（图 6.1）。作者系统地研究了这些分子中的荧光开/关阈值，以及电荷转移在此过程中的作用。未取代的 BODIPY 染料的发射通常对溶剂极性不敏感，但芳香族基团的取代会降低发射量子产率。通过取代 BODIPY 部分中的两个甲基所施加的空间限制可以提高分子的量子产率。使用这种结构限制，也称为"预扭曲"，可用于控制电荷转移，从而控制该分子的量子产率。Sunahara 等人[8]在 BODIPY 部分的 8 位上进行了各种取代，发现随着溶剂极性的降低，芳香基团部分的氧化电位变得更正，而 BODIPY 荧光团的还原电位变得更负。因此，随着介质极性的降低，芳香族基团在光诱导电荷转移过程中的自由能变化变大。作者利用这些环境敏感分子对牛血清白蛋白以及活细胞进行了探测。

　　预扭转策略被用于设计基于推拉式联苯[4-(N, N-二甲氨基)-4′-甲酰基联苯]的极性传感器，通过使用桥接结构或甲基基团实现了芳基-芳基键的二面角调制[9]（图 6.2）。作者发现改变 N, N-二甲基苯胺（供体）和苯甲醛（受体）基团之间的扭转限制会影响这些分子光谱特性。作者还报道了将联苯发色团限制为扭曲构象增加探针对溶剂极性的灵敏度。Shigeta 等人[10]报道了对 D-A 分子中溶剂依赖性 ICT 过程的研究，目的是开发一种溶剂极性传感器。作者使用了一种基于芴酮的分子，其中在 2-和 7-位取代的两个二乙氨基苯基部分作为电子给体基团。他们通过改变溶剂仅观察到 TICT 发射和准分子发射之间的转换，而没有观察到基态特性的变化。结果表明，在非极性溶剂中准分子形成增强，而随着溶剂极性的增加，准分子量子产率随着 TICT 峰的形成而逐渐降低。

　　如前所述，分子转子用于探测几种生物系统的黏度。分子转子是 TICT 分子，其中供体和受体基团通常通过 π 电子桥相互连接。供体和受体基团可以在光激发后彼此相对旋转，从而形成 TICT 状态。由于黏度的变化可能会限制上述基团的运动，因此分子转子被广泛用作黏度传感器。多个研究小组报告说，许多细胞和有机体功能受到环境黏度异常变化的影响，从而可能导致一些疾病[1]。例如包括糖尿病、动脉粥样硬化、细胞恶性肿瘤和高胆固醇血症等健康问题，据报道都与细胞膜黏度的改变有关。细胞质黏度的改变和血浆黏度的变化也被认为是几种其他疾病的起因。由于使用传统的黏度计是烦琐的，而且它们对黏度进行实时测量的效率很低，因此它们不能有效地进行黏度的实时测量。合适的传感器用于测定微观黏度是当务之急。分子转子被用作聚合过程中的微黏度探针，用于探测细胞

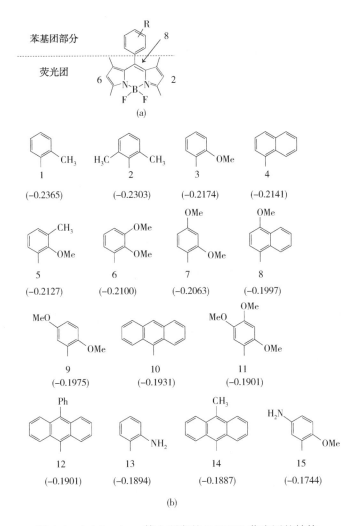

图 6.1　(a) Sunahara 等人研究的 BODIPY 荧光团的结构；

(b) 苯基团部分的结构根据其 HOMO 能量编号为 1-15

(Sunahara 等人 2007[8]，经美国化学会许可转载)

骨架中的重组过程，以及探测细胞膜的黏度。迄今为止，已经报道了几种属于不同化学类别分子的分子转子，例如，苯腈类荧光发色团、亚苄基丙二腈、二苯乙烯和基于芳基次甲基分子[11]。一些分子转子的结构如图 6.3 所示。这里值得注意的是，有几种分子，如 DMABN，其发射特性对溶剂极性和黏度都有响应。尽管完全分离这些溶剂参数的影响极其困难，但在将其作为分子转子之前，需要对分子的光物理性质有一个清晰的认识。因此，在使用分子作为黏度传感器时必须谨慎，因为介质极性的影响可能会导致错误的结果。

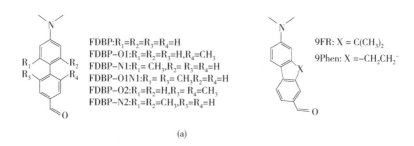

FDBP:R_1=R_2=R_3=R_4=H
FDBP-O1:R_1=R_2=R_3=H,R_4=CH_3
FDBP-N1:R_1=CH_3,R_2=R_3=R_4=H
FDBP-O1N1:R_1=R_3=CH_3,R_2=R_4=H
FDBP-O2:R_1=R_2=H,R_3=R_4=CH_3
FDBP-N2:R_1=R_2=CH_3,R_3=R_4=H

9FR: X = C(CH$_3$)$_2$
9Phen: X = -CH$_2$CH$_2$-

(a)

平面
→ 明亮荧光

溶剂化显色/亮度
→ 扭转控制调整

扭转
→ 强化溶剂化显色

(b)

图 6.2 （a）Sasaki 等人研究的推拉式联苯类化合物的化学结构；
（b）应用于其工作中的"预扭转"概念

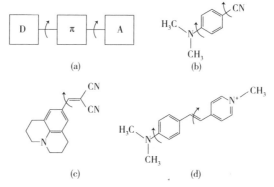

图 6.3 （a）D-π-A 分子转子的一般结构。一些可能的
分子转子的化学结构是：（b）DMABN，（c）9-（二氰基乙烯基）
朱洛烷（DCVJ）和（d）对-（二甲氨基）二苯乙烯（p-DASPMI）
（Haidekker 和 Theodorakis 2010 版权所有；
经 BioMed Central 有限公司许可）

硫黄素-T 是研究最多的用于检测淀粉样纤维的分子转子之一。

Stsiapura 等人[12]利用实验和量子化学方法研究了硫黄素-T 的黏度依赖性
（图 6.4）。他们发现硫黄素-T 的最小能量构型中苯并噻唑和氨基苯环之间具有
37°的扭转角（φ），而 90°的 φ 值对应于该分子在第一激发态的最小能量构型。作

者得出结论，由于随着淀粉样纤维浓度的增加，介质的刚性增强，因此与氨基苯环相比，将该分子掺入淀粉样纤维限制了苯并噻唑部分的相对扭曲。

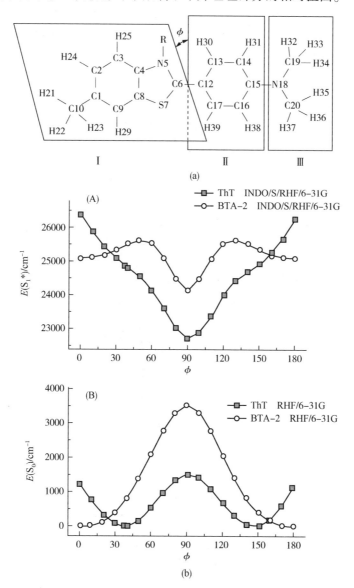

图 6.4 （a）硫黄素-T(R=—CH₃)及其衍生物 BTA-2(R=—H)的结构。
三个环：苯并噻唑环（Ⅰ）、苯环（Ⅱ）和二甲氨基（Ⅲ）以及苯并噻唑环和苯环之间的扭转角 ϕ 也在图中。（b）这两个分子在 Frank-Condon 几何构型的基态(S_0)和第一激发态(S_1)的能量随 ϕ 的变化
（Stsiapura 等人 2008[12]，经美国化学会许可转载）

基于 TICT 的分子已被用于检测化学物质。例如：BODIPY 衍生物（图 6.5）已被用作 F⁻ 离子的传感器[13]。他们的研究结果表明，该分子能以高选择性和化学计量的方式结合 F⁻ 离子，而对作者测试的其他阴离子（Cl^-、Br^-、I^-、NO_3^-、CH_3COO^-、HSO_4^-、$H_2PO_4^-$、CN^-）没有响应。进一步的研究还揭示了 BODIPY 染料和氟离子之间 1:1 团簇的形成。

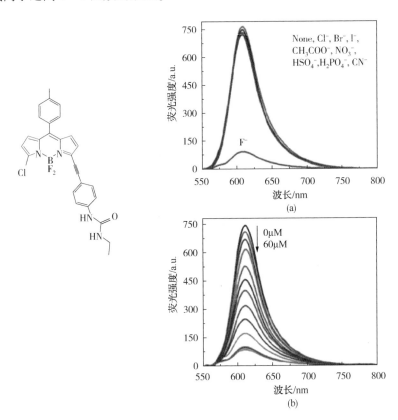

图 6.5　Liu 等人使用的 BODIPY 衍生物的化学结构（左图），
右图为加入离子后发射强度的变化（Liu 等人 2015[13]，经 Elsevier 授权转载）

罗丹明 B 的 N-氧化物衍生物（称为 RhoNox-1），在纯溶剂中显示出弱发射，而在活细胞中，在 Fe^{2+} 离子存在的情况下，它能产生开启荧光[14]。作者结合密度泛函理论（DFT）水平的量子化学计算进行了光谱和电化学研究，以了解结合过程的机制。在生理条件下，观察到 RhoNox-1 的荧光淬灭，作者将其归因于涉及 TICT 过程的叔胺 N-氧化物取代的氧杂蒽的激发态的非辐射失活，也部分归因于来自 N-氧化物基团的光诱导电子转移（PET）。由于 Fe^{2+} 介导的 N-氧化物基团的选择性脱氧，该分子在 Fe^{2+} 负载的细胞中显示出显著的荧光增强。

最近，Goel 及其同事[15] 报道了基于二甲氨基的苯并冠醚（图 6.6）作为双扭曲分子内电荷转移(DT-ICT)分子,可用于酸性 pH 传感器。作者称这些传感器优于依赖于荧光开启和关闭响应的基于单强度的 pH 传感器。作者发现荧光转子对 H⁺ 离子具有高选择性,并且其比率荧光响应表现为当它们从中性 pH 值(7.4)变为酸性 pH 值(1.5)时颜色从黄色变为绿色再变为蓝色。因此,他们得出结论,这种分子可以用作比率酸性 pH 传感器。

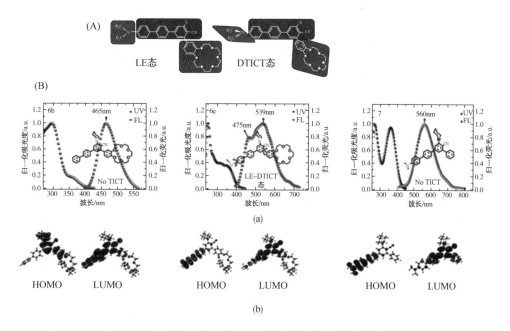

图 6.6　(A)Goel 等人研究的一种代表性分子中双扭曲分子内电荷转移(DT-ICT)
过程的可能机制;(B)三种分子的吸收、发射光谱和分子轨道图的比较
(Umar 等人 2016[15],经 John Wiley & Sons 许可转载)

　　定量和选择性地检测样品中金属离子的存在在生物和环境科学中具有巨大的重要性。为了了解样品中特定离子(如氟化物、氯化物、亚硫酸氢盐)或分子(如胱氨酸、硫化氢)的存在,目前使用了几种检测方法。最近,几种基于 ICT 的分子被用于检测溶液和活细胞中的分子和离子。据报道,这些分子中的许多能够以高选择性实时检测一种物质。在大多数情况下,传感过程依赖于荧光"开启"原理。也就是说,TICT 分子通常是弱发射体;限制阻碍 ICT 过程的分子扭曲有时会增强它们的发射强度。TICT 分子的这种荧光"开启"过程被用于高选择性地检测分子/离子。荧光团的荧光强度或量子产率取决于几个因素,包括激发波长、光电倍增管电压和激发/检测狭缝宽度。为了避免这些问题,可以使用比率荧光传感器。在这些传感器中,两种不同波长的荧光强度之比用于获得传感信息。本节将讨论基于 TICT 的探针进行荧光传感的一些代表性例子。

Kumar 及其同事[16]设计了一种用于检测人血清白蛋白(HAS)的近红外(NIR)荧光 TICT 探针(图 6.7)。值得一提的是,HSA 是循环系统中最丰富的转运蛋白,人体内 HSA 浓度异常与多种健康状况有关,例如糖尿病、肾脏和肝脏疾病等[16,17]。因此,血清和其他生物体液中 HSA 的定量检测对于诊断与其异常相关的疾病具有重要意义。作者设计并合成了 TICT 分子(他们称其为分子"3"),其荧光行为依赖于电荷转移过程的发生。即,由于 TICT 过程的抑制,它显示出荧光开启响应。结合理论计算的光谱研究使作者得出结论,TICT 探针与 HSA 的疏水域相互作用,从而抑制探针的 TICT 形成。作者使用稳态发射光谱研究了分子的 ICT 过程。他们发现,探针的发射最大值随着溶剂极性的增加而发生红移,荧光量子产率也随着溶剂极性的增加而降低。他们将这些行为归结为分子 TICT 状态的形成。为了了解该分子中 TICT 的限制是否会导致发射强度的增加,作者研究了不同组成的水-甘油混合物中的发射行为。他们发现,荧光的量子产率随着混合物中甘油百分比的增加而增加。事实上,他们报道说,当上述溶剂混合物中的甘油从 0% 增加到 99% 时,分子的荧光量子产率增加了约 12 倍。他们将此观察结果归因于黏性介质中旋转和振动模式的限制,而这反过来又限制了 TICT 过程。作者发现在 pH 值为 7.4 的溶液中,探针在 680nm 处的荧光强度随着 HSA 浓度的增加而线性增加,直到达到 15μM 之后荧光强度达到一个平台。作者报道了该探针对 HSA 的检测限为 11nM,这被认为足以监测生物样品中的 HSA 水平。他们通过研究探针在几种含硫醇蛋白存在下的发射行为,测试了探针对 HSA 的选择性,他们没有观察到由于它们的存在而引起的发射强度的任何显著变化。作者还报道了该探针可用于区分 HSA 和牛血清白蛋白(BSA),许多其他传感器无法选择性检测到这两种物质。作者认为,使用这种基于 TICT 的探针定量检测 HSA 有几个优点,因为这种检测技术是基于可逆的疏水相互作用,而不是可能会改变蛋白质的天然结构的不可逆结合。他们测量了健康和高血压患者血液样本中的 HSA 水平,其结果与标准检测流程相吻合,表明该探针可用于临床前诊断。

Lin 及其同事[18]报道了一种基于 TICT 的荧光探针(图 6.8),用于选择性快速检测硫化氢(H_2S)。众所周知,H_2S 是一种有毒气体,有难闻的臭鸡蛋气味。据报道,硫化氢与许多生理和病理过程有关。除此之外,H_2S 浓度异常与多种疾病有关。因此,开发检测生物样品中 H_2S 的方法对于诊断与 H_2S 相关的健康问题是非常必要的。Lin 等人设计并合成了一种基于 TICT 的荧光探针(缩写为 BH-HS),该探针可以快速响应,选择性地检测其他活性硫、氮和氧物质中的 H_2S。BH-HS 中含有一个强电子吸收基团,名为半花菁,被用作 H_2S 的识别位点,BODIPY 作为荧光报告基团。为了证实 BH-HS 中的 TICT 过程,作者研究了溶剂极性对探针发射光谱的影响。他们发现了 BH-HS 的最大发射红移,而发射强度随着溶剂极性的增加而降低。在 TICT 机制中,人们认为分子内旋转伴随着激发

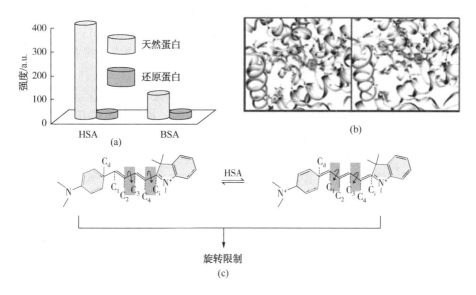

图 6.7 （a）Kumar 及其同事研究的 TICT 基化合物，分别添加了 15μM 和 60μM 的
天然和还原的 HSA 和 BSA，在 680nm 处的荧光发射强度（$\lambda_{ex}=550$nm）条形图；
（b）HSA-3（左）和 BSA-3（右）的对接图像；（c）提议的导致荧光发射的结构变化
（Reja 等人 2016[16]，经英国皇家化学会许可转载）

态的电荷分离过程。对分子内旋转的限制会抑制 TICT 过程，进而增强分子的发
射强度。作者研究了黏度对 BH-HS 在不同组成的乙醇-甘油混合物中荧光行为
的影响。在乙醇-甘油混合物中，从纯乙醇到 50% 乙醇，荧光强度的增加约为 12
倍。他们把这归因于探测器的 TICT 性质。DFT 计算表明 BH-HS 从基态到第一激
发态的跃迁包括从最高占据分子轨道（HOMO）到最低未占据分子轨道（LUMO）和
LUMO+1 轨道的跃迁。另据报道，该分子的 HOMO 主要位于二甲基苯胺部分，
而 LUMO 和 LUMO+1 主要位于 BODIPY 和半花菁单元上。由于 BH-HS 的 HOMO
与 LUMO 和 LUMO+1 不重叠，作者得出结论，该分子中的电荷转移发生在从二
甲基苯胺到分子的 BODIPY 和半花菁部分。通过加入 Na_2S（一种常用的 H_2S 源）
来探查 H_2S 与 BH-HS 的结合。该探针在 pH 7.4 的缓冲溶液中几乎不发荧光，而
添加 Na_2S 则显示发射强度增加约 57 倍。作者报道说，添加的 Na_2S 浓度和发射
比在 Na_2S 浓度达到 40μM 时呈线性关系。据报道，TICT 探针对 H_2S 的检出限为
1.7μmol/L，远低于哺乳动物血清和大脑中 H_2S 的生理浓度。培养基的 pH 值对
BH-HS 的发射强度没有明显影响。在 pH 7.0~8.5 范围内观察到探针的最大荧光
响应。这意味着 BH-HS 可用于检测生物样品中的 H_2S。在另一方面，探针在较
低和较高 pH 范围内的灵敏度提高表明它可用于检测具有较宽 pH 值范围的样品
中的 H_2S。作者观察到由于在几秒内添加 Na_2S，BH-HS 的发射强度增加，并且

在大约 2 分钟内达到了平台期。他们认为，该探针的快速反应使其能够实时检测 H_2S。为了检查探针对 H_2S 的选择性，作者加入了其他几种代表性物种，如 F^-、I^-、NO_2^-、$S_2O_3^{2-}$、SO_3^{2-} 等，结果显示它们没有明显的荧光响应。这表明该探针对 H_2S 的检测具有高度选择性。作者还研究了 BH-HS 检测活细胞中 H_2S 的能力。他们发现该探针在浓度没有显示出任何明显的细胞毒性，从而使其适合用于活细胞中。为了检测外源性 H_2S，他们使用了 HeLa 细胞，这种细胞在 BH-HS 单独存在的情况下只显示出微弱的荧光，但在 BH-HS 存在下用 Na_2S 处理 30 分钟后显示出强烈的荧光。作者报告说，该探针能够检测到细胞内生物合成的内源性 H_2S，他们还发现，BH-HS 具有膜渗透性，这使得该探针适用于检测活细胞中的 H_2S。

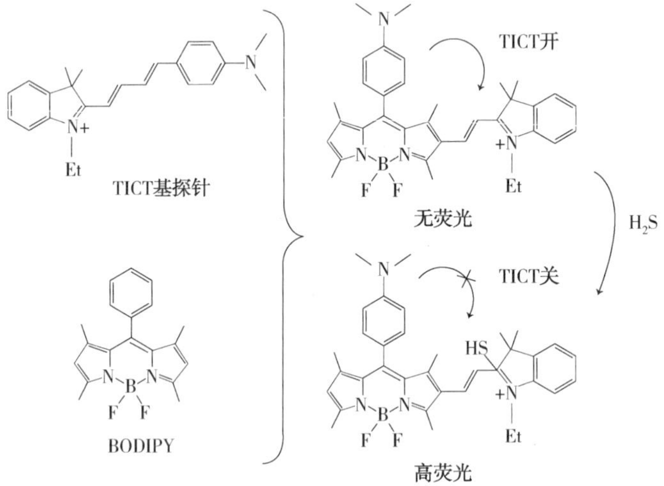

图 6.8　BH-HS 的化学结构(右上)和由于与 H_2S 结合从而
限制 TICT 过程而开启荧光的机制
(Ren 等人 2016[18]，经英国皇家化学会授权转载)

　　Yu 等人[19]报道了一种基于 ICT 的双光子荧光探针(他们称之为 DMPCA)，用于检测水介质中的亚硫酸氢根离子(图 6.9)。他们发现，由于加入了 10 当量的亚硫酸氢根离子，探针的发射强度增加了约 65 倍。这种基于 TICT 的双光子荧光探针(图 6.9)的设计原理在于以香豆素作为荧光基团，以 N,N-二甲基氨基为电子供体。作者在香豆素的 7 位引入苯炔基，获得了良好的双光子荧光。从之前醛类与亚硫酸氢盐反应生成亚硫酸氢加合物的报道来看，他们也预计 DMPCA 的醛基会与亚硫酸氢根离子发生反应，从而影响探针的荧光光谱。为了了解黏度对 DMPCA 发射强度的影响，作者研究了探针在水-聚乙二醇介质中的荧光光谱。随着介质黏度的增加，探针的发射强度增加了约 30 倍，这与探针的 TICT 有关。探针的时间分辨荧光光谱显示，随着介质黏度的增加，探针上形成了寿命分别为

0.65ns 和 2.74ns 的两种激发态 DMPCA。作者将慢组分(2.74ns)分配给分子的 TICT 态。由于添加了亚硫酸氢根阴离子，探针的衰减曲线变成单指数，寿命为 1.08ns。作者认为，由于亚硫酸氢盐阴离子的加入限制了 TICT 态的形成，从而增强了发射强度。作者报道了 DMPCA 在 415nm 处的荧光(激发波长为 345nm)强度随亚硫酸氢根离子浓度的增加而线性增加至阴离子的 10 当量。发现 DCMPA 的荧光信号在 pH 值为 3.2~9.3 的范围内是稳定的。但是，在亚硫酸氢根离子存在的情况下，探针的荧光信号在 pH 3.2~5 范围内增加，而在 pH 6 以上则下降。因此，作者采用 pH 值为 5.0 的缓冲溶液来制备探针样品。由于添加亚硫酸氢根离子而导致的最大吸收变化也表明形成了一种新化合物。据报道，该探针对阴离子的检出限非常低，可用于有效检测亚硫酸氢根阴离子。作者的细胞毒性研究表明，该探针在低浓度下可以安全地用于双光子生物成像。作者发现 DMPCA 与亚硫酸氢根离子之间的反应大约在 2 分钟内完成，表明该分子可用于实时检测上述阴离子。为了检查基于 TICT 的探针对亚硫酸氢根离子的选择性，作者在 DMPCA 溶液中添加了其他几种阴离子(F^-、Cl^-、HS^-、CN^-、SCN^-等)，发现加入这些阴离子后探针的荧光强度并没有显著增强。表明这些阴离子与亚硫酸氢根离子结合也不会对探针的发射强度产生太大影响。据报道，在 700nm 处，具有亚硫酸氢根阴离子的 DMPCA 的最大双光子吸收(TPA)截面为 725GM。作者认为，可以在近红外区被 TPA 激发的双光子荧光探针比需要用短波长光激发的单光子显微镜有几个好处。短波长光的激发有几个限制，如穿透深度浅、光损伤、光漂白和自发荧光。作者还报告说，DMPCA 能够检测活细胞中的亚硫酸氢根阴离子。

Meng 及其同事[20,21]开发了两种基于 ICT 的传感器，用于检测活细胞中的半胱氨酸和同型半胱氨酸。众所周知，半胱氨酸和同型半胱氨酸分子在许多生理过程中起着至关重要的作用，并且它们与多种健康问题有关，包括：生长缓慢、毛发脱色、嗜睡等。这两种基于双光子荧光的探针，他们分别称之为 MQ 和 NQ (图 6.10)。与前面提到的研究类似，利用时间分辨荧光和黏度依赖性发射研究了 NQ 的 TICT 机制。作者还采用时间相关密度函数理论(TDDFT)计算研究该分子中的 ICT 机制。

细胞毒性试验表明，低浓度的 NQ 用于检测活细胞中的半胱氨酸和同型半胱氨酸是安全的。作者测定了 NQ 的 TPA 截面，表明在 795nm 处，NQ 与半胱氨酸和同型半胱氨酸结合的最大 TPA 横截面值分别为 580GM 和 710GM。作者认为，NQ 的醛基可以分别与半胱氨酸和同型半胱氨酸发生环化反应而形成噻唑烷和噻嗪烷。他们的细胞培养和 pH 稳定性试验结果表明，NQ 具有细胞渗透性，该探针可用于活细胞中双光子激发下半胱氨酸/同型半胱氨酸的检测。

Kitamura 等人[22]报道了一种基于 TICT 现象的比率双荧光探针，用于检测一种氨基酸，即 N-乙酰-D-苯丙氨酸（AcPhe）。作者设计了基于胆酸衍生物的传感器，该胆酸衍生物还含有 TICT 发色团和氨基酸的结合位点。他们在胆酸的 12 位引入了一个 4-(N,N-二甲氨基)苯甲酸酯（DMAB）单元作为荧光传感器。作者设想，氨基酸与传感器的结合将改变 TICT/LE 荧光强度比，这将产生关于结合过程的定量信息。他们表明，传感器分子在 440nm 与 350nm 的荧光强度之比随着氨基酸（AcPhe）浓度的增加而降低。作者还发现，TICT 与 LE 量子产率之比的对数 $[\ln(\varphi_{TICT}/\varphi_{LE})]$ 与温度的倒数乘以 1000（$1000T^{-1}$）呈线性关系，在存在和不存在 AcPhe 的情况下都是负斜率。它们估计在 AcPhe 存在和不存在的情况下，正向 TICT 形成过程的活化能分别为 10.6kJ/mol 和 12.7kJ/mol。从他们的研究中作者得出结论，TICT 探针可用于氨基酸的比率检测。

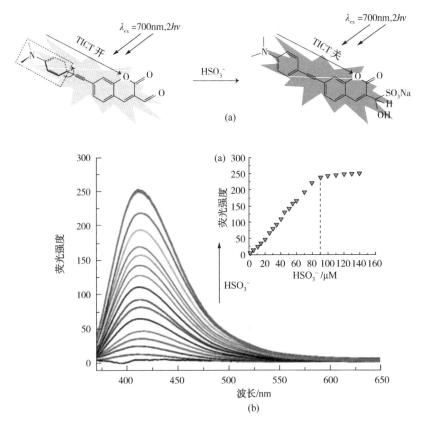

图 6.9 （a）显示了由于 HSO$_3^-$ 离子的结合，DMPCA 的 TICT 过程受到限制；
（b）显示逐渐添加 HSO$_3^-$（0~140μM）时，DMPCA（10μM）在 415nm 的
（λ_{ex} = 345nm）的发射强度增加。插图描述了荧光强度（F_{415nm}）与亚硫酸
氢根离子浓度之间的关系（Yu 等人 2016[19]，经 Elsevier 授权转载）

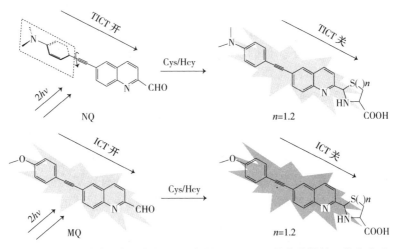

图 6.10　Meng 及其同事研究的 TICT 探针 NQ 和 MQ 的化学结构。作者表明，半胱氨酸(Cys)或同型半胱氨酸(Hcy)的结合限制了这些分子中的 TICT 过程，从而产生更好的荧光强度(Wei 等人 2016[20]，经 Elsevier 授权转载)

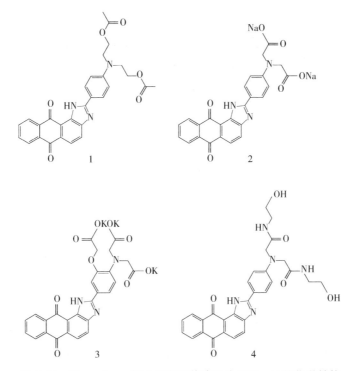

图 6.11　Bhattacharya 等人研究的传感器分子(1~4)的化学结构
(Kumari 等人 2011[23]，经美国化学会许可转载)

Bhattacharya 等人[23]设计并合成了一些基于蒽[1,2-d]咪唑-6,11-二酮的比色离子感应探针(图6.11)。所有四个传感器都能够检测到有机介质中的氟化物(F⁻)和氰化物(CN⁻)离子。他们表明，该传感机制涉及 ICT 过程。其中一个探针(分子2)能够选择性地检测 F⁻ 和 CN⁻，F⁻ 离子会使其颜色由黄变蓝，CN⁻ 离子的加入会使其变成红色。值得一提的是，氟离子传感器可用于检测铀浓缩情况以及化学战剂沙林[24]。另外，氰化物是目前已知的毒性最大的离子之一。哺乳动物细胞中存在少量的 CN⁻ 离子可能是危险的，因为它会通过与细胞色素 a3 的活性位点相互作用来抑制细胞呼吸[25]。因此，氟和氰离子传感器的开发在生物和环境科学中有重要应用。比色传感器与其他传感器相比具有优势，因为信号可以通过肉眼检测，而其他传感器可能需要复杂的仪器。这里所描述的 F⁻ 和 CN⁻ 传感器是基于 ICT 原理，其中一个取代的氮连接芳香单元作为供体基团，而每个分子中的蒽醌部分有一个受体基团。这些传感器的工作原理也是存在于分子中的供体和受体基团之间的"推拉"效应。如果带负电荷的分析物与体系中的缺电子受体结合，分子结构由"D-A"变成"D-D"，降低了探针的电荷转移特性，削弱了信号[26]。Bhattacharya 等人[23]利用苯并咪唑体系的氟离子检测特性，通过其 NH 质子的去质子化来检测 F⁻ 离子。作者发现，所研究的每一种化合物在加入 F⁻ 或 CN⁻ 离子后都有比色反应，而 F⁻ 或 CN⁻ 离子是以其四丁基铵盐的形式加入乙腈-DMSO(95：5)混合溶剂中的。将上述离子添加到所有分子中显示出 ICT 带的红移。分子 2 表现出与其他探针不同的行为，因为由于添加氟化物和氰化物离子而导致的颜色变化不同。紫外-可见光吸收光谱研究表明，由于分别添加了 F⁻ 和 CN⁻ 离子，分子 2 发生了大约 120nm 和 81nm 的红移。由于添加了上述离子，其他分子的吸收最大值也显示出明显的变化。在所研究的分子中，作者发现分子 2 和 3 即使在有氰离子存在的情况下也能检测到氟离子。由于添加了氟离子，分子 2 和 3 的吸收最大值的变化也最大。作者将这一事实归因于这些分子中带负电的供体原子。为了证明这一假设，他们将这两种分子的紫外-可见吸收光谱与它们的中性对应物(乙酯衍生物)进行了比较。分子 2 的电荷转移带的吸收在 468nm 处，而其乙酯衍生物在 450nm 处显示出峰。分子 2 的酯的红移只有 40nm 左右，与分子 2 的 120nm 的红移相比要小得多。作者认为，上述光谱行为是由于供体位点上存在负电荷。他们还表明，受体与 F⁻ 离子和 CN⁻ 离子以 1：1 的化学计量比相互作用，表明添加的阴离子与苯并咪唑质子发生了相互作用，苯并咪唑是所研究分子中更加不稳定的质子。作者还研究了将上述分子作为水中传感器的可能性。在水性介质中，探针未能检测到氟离子，因为 F⁻ 离子在水中高度溶剂化并由于水合而失去其碱性。然而，由于在含水乙腈(9：1)介质中添加 CN⁻ 离子，所研究的所有分子的吸收光谱都会发生变化。加入 CN⁻ 离子后，分子 2 在 504nm 处的吸收强度增加，在 464nm 处的吸收强度下降。吸收强度的变化在添加 5 当量的

CN⁻离子后完成。504nm 与 464nm 的吸收强度比与 CN⁻离子的浓度呈线性关系，使该分子可用作水介质中氰化物离子的比率传感器。

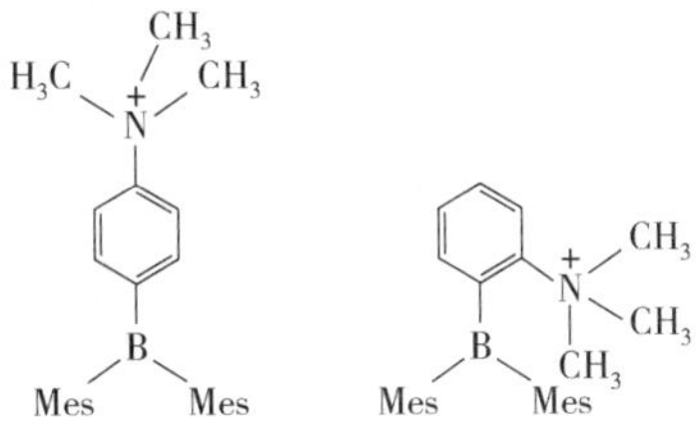

图 6.12　(1)[p-(Mes₂B)C₆H₄(NMe₃)]⁺和(2)[o-(Mes₂B)C₆H₄(NMe₃)]⁺的
化学结构(Bhat 和 Jha 2017[27]，经美国化学会许可转载)

最近，Bhat 和 Jha[27] 报道了他们对氰化物和氟化物离子与铵硼烷选择性结合的量子化学研究，并表明 ICT 过程参与了传感机制。

作者利用 DFT 和 TDDFT 计算研究了几种阴离子与两种异构硼烷结合的可行性，即 4-[双(2,4,6-三甲苯基)硼烷基]-N,N,N-三甲苯胺或[p-(Mes₂B)C₆H₄(NMe₃)]⁺(其中 Mes 代表均三甲苯)和 2-[双(2,4,6-三甲苯基)硼烷基]-N,N,N-三甲苯胺或[o-(Mes₂B)C₆H₄(NMe₃)]⁺，他们将其分别称为 1 和 2(图 6.12)。他们利用 CAM-B3LYP 泛函与 6-31G(d)基组优化了上述分子的基态几何结构及其与所研究离子的加和物。这些分子的自然布局分析表明，两个分子中的中心硼原子是阴离子亲核加成的最活跃中心。在 1 和 2 中加入 F⁻ 和 CN⁻ 离子而引起的自由能变化(ΔG)为负值，而在加入 Cl⁻、Br⁻、NO₃⁻ 和 HSO₄⁻ 离子的情况下，自由能变化为正值，表明在研究的离子中，只有氟离子和氰离子能与之结合。他们的结合能计算也表明氟离子的结合力高于氰离子。其他离子要么不与分子结合，要么显示出微不足道的结合能。它们的前线分子轨道分析表明，这两种分子的第一个激发态(S₁)都是具有 πσ* 特征的 LE 态。同样的分析产生了具有 ICT 特征的氰基和氟化形式的 1(分别简称为 1CN 和 1F)的第四激发态(S₄)和氟化形式的 2(缩写为 2F)的第五激发态(S₅)。进一步的分析表明，ICT 与部分构型变化的协同效应通过从 S₄(对于 1CN 和 1F)或 S₅(对于 2F)到 S₁ 的内部转换导致 1CN、1F 和 2F 中荧光的淬灭。

还有一些利用 ICT 过程检测离子/分子的其他例子。Wei 等人[28] 设计并合成了一种基于双氰基乙烯基衍生物的比色和荧光化学传感器，用于选择性检测水介质中的氰化物离子。探针分子会因为介质中存在 CN⁻ 离子而出现荧光"关闭"响应。探针分子的溶液由黄色变为无色，而绿色荧光则因 CN⁻ 离子的存在而消失。作者还制造了基于上述分子的传感器条，作为高效的氰化物传感器。Thiagarajan 等人[29] 报道了一种比色和荧光化学传感器，用于检测 F⁻、AcO⁻ 和 H₂PO₄⁻ 等多种阴离子,他们研究表明,检测过程涉及 PET 和 ICT 过程。

从前面的讨论可以看出,基于 ICT 的荧光分子可用于实时选择性检测多种金属离子和分子。这些探针的简便实施和与生物样品的兼容性是使用这些探针的其他优点。除了 ICT,还有一些其他现象,如激发态分子内质子转移(ESIPT)、电子能量转移(EET)、荧光共振能量转移(FRET)等,已经被用来设计荧光化学传感器。感兴趣的读者可以阅读 Wang 等人最近的一篇综述,其中对上述主题进行了评论[30]。

6.2.2　有机发光二极管

多年来,OLED 已被用于生产价廉且高效的白光显示器。OLED 被认为是下一代白光光源,不仅价格低廉,而且有助于降低能耗,从而减少二氧化碳排放。自 Tang 和 VanSlyke 的开创性工作以来[31],在过去的 30 年中,针对 OLED 应用的新型材料的开发研究获得了长足的发展。为了生产全色显示器并用于白光发光设备,需要红、绿、蓝三原色的 OLED。迄今为止,基于有机金属铂或铱络合物的红色和绿色磷光发光体,在稳定性、效率和颜色纯度方面都符合要求,因此被广泛使用。然而,目前仍缺乏高效的蓝光显示材料。这就促使科学界开发新型的蓝色发光体材料,使其在工作稳定性、电致发光效率和色彩指数方面与红色和绿色发光体相匹配。在过去几年里,使用热激活延迟荧光(TADF)来设计 OLED 的发展势头很好,因为它们可以通过高效的反向系间交叉(RISC)来获得用于电致发光的三重态(T_1)和单重态(S_1)激子。近来,TADF 材料因其高发光效率和设计 OLED 的潜力,引起了科学界的极大关注。使用纯有机 TADF 材料可以帮助摆脱以贵金属为基础的昂贵的磷光材料。TADF 材料有可能从单重态和三重态中收集几乎全部的激子潜力,而这些态分别可以收集 25% 和 75% 的激子。这些材料可以通过 RISC 过程从最低激发三重态(T_1)有效上转换到最低激发单重态(S_1)来产生额外的激子。TADF 材料由电子供体(D)和受体(A)部分组成。这些 D-A 材料通常会在 HOMO 和 LUMO 之间产生小的空间轨道重叠,以最小化单重态–三重态分裂能(ΔE_{ST})。这增强了从非辐射 T_1 态到辐射 S_1 态的 RISC 过程,从而提高了材料的能量收集效率。一些供体–受体(D-A)和供体–受体–供体(D-A-D)结构的有机 ICT 材料被用作 TADF 材料的发色团[4,5]。

Bredas 及其同事[6]在 DFT 理论层面上利用量子化学方法研究了上转换系间交叉(UISC)的速率,我们称为 RISC。作者评估一系列供体–受体分子中的 ΔE_{ST} 和自旋–轨道耦合(图 6.13),以最大限度地提高 UISC 速率,从而促进这些分子中的 TADF 过程。他们的结果表明,需要实现小的 ΔE_{ST} 值和相当大的自旋–轨道耦合矩阵元素以促进 UISC。作者认为,分子的 HOMO 和 LUMO 能级在空间上分离,这被认为是获得小 ΔE_{ST} 的主导因素,但并不能保证充分降低单重态–三重态分裂能。事实上，作者发现，要想获得小的单重态-三重态分裂能，要么需要三重态(T_1)有显著的电荷转移贡献，要么需要 LE 和电荷转移三重态之间的最小能量差很小。

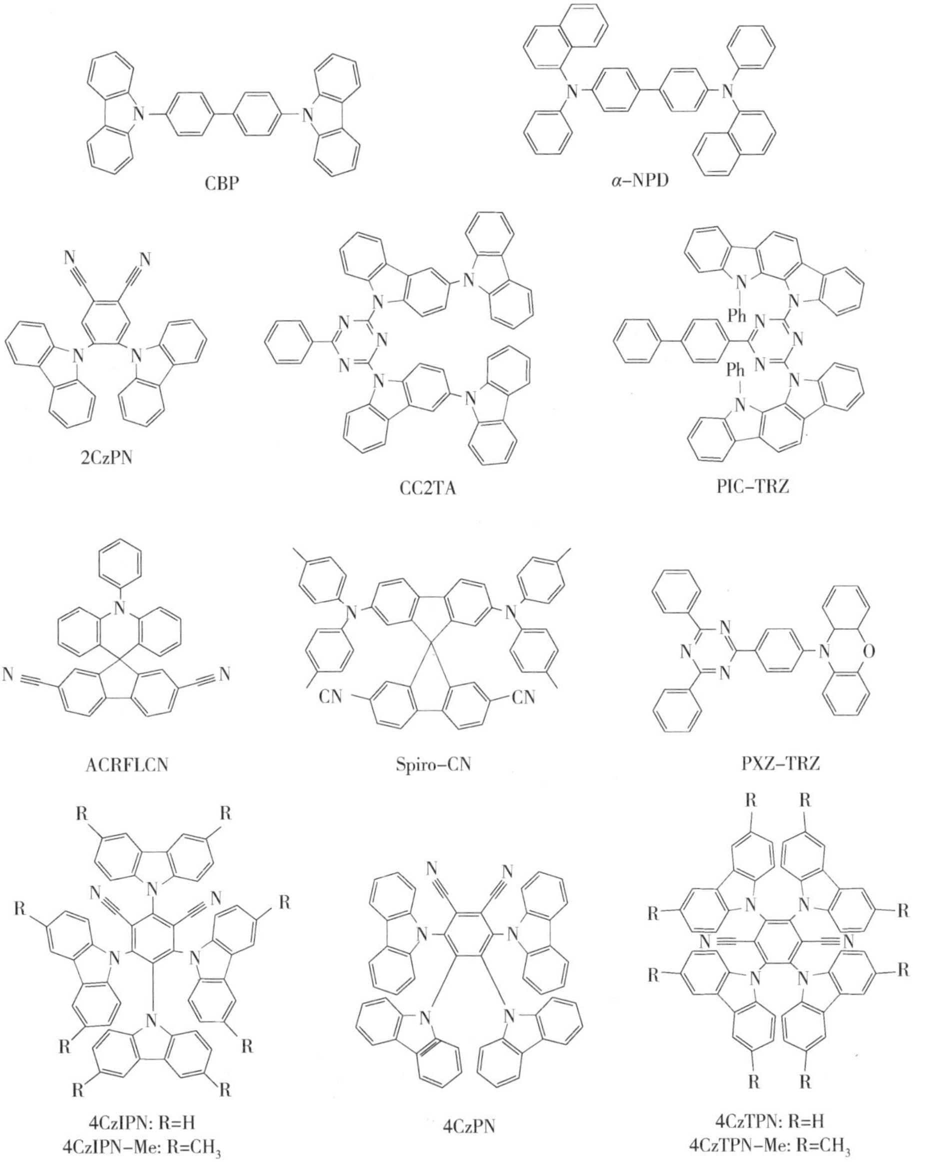

图 6.13　Bredas 及其同事研究的分子的化学结构

（Bredas 等人 2017[6]，经美国化学会许可转载）

Adachi 及其同事[32] 报道了含有 9，10-二氢吖啶或二苯砜衍生物的蓝色

TADF 基 OLED 分子(图 6.14)。作者声称，这些 OLED 的性能可与磷光型 OLED 相媲美，其器件提供了 19.5% 的外部量子效率。作者发现了一种基于 TADF 的蓝色发光化合物 MAD-DPS，其中二苯砜(DPS)作为受体，而 9,9-二甲基-9,10 二氢吖啶(MAD)的两个单元作为供体。他们进行了 TDDFT 计算以研究分子的激发态特性，这提供了对电荷转移和可能的局部激发三重态之间相互作用的深入了解。作者还比较了基于磷光的发射体双[(4,6-二氟苯基)吡啶-N,C2](吡啶二羧酸)铱与 MAD-DPS 的蓝色发射。

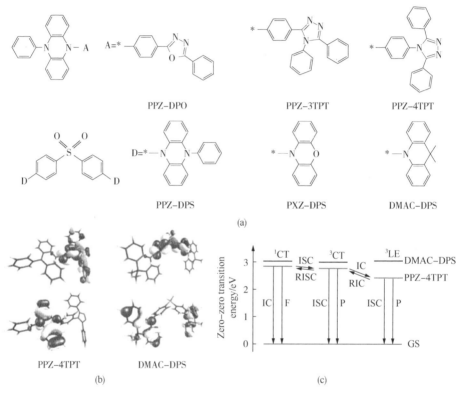

图 6.14 (a) Adachi 及其同事研究的分子的化学结构；(b) 两个代表性分子
(PPZ-4TPT 和 DMAC-DPS) 的 HOMO(下图) 和 LUMO 图像；(c) 在甲苯中计算的
PPZ-4TPT 和 DMAC-DPS 能级的 Jablonski 图。在图中，F，P 和 GS 分别代表
荧光、磷光和基态，而 IC、RIC 和 ICT 分别表示内部转换、反向内部转换和
系统间交叉。RISC 代表系统中的反向系统内交叉(Adachi 等人 2014[32]，
经 Nature 出版集团许可转载)

最近，Yasuda 等人[33] 报道了用于设计高效蓝色电致发光材料的扭曲吖啶-嘧啶供体-受体型延迟荧光分子(图 6.15)。在这些分子中，基于吖啶/螺吖啶的供体通过亚苯基 π-电子桥与基于嘧啶的受体连接。作者测量了这些掺杂在薄膜中

材料的电致发光，发现其具有非常好的伴随 TADF 的量子产率（69%～91%），这源于它们较小的单重态－三重态分裂能。作者将小的 ΔE_{ST} 归因于这些分子近乎正交的供体－受体结构。这些扭曲的结构是通过吖啶单元的氢原子和相邻的亚苯基间隔基之间的空间位阻实现的。作者还得出结论，嘧啶基团可用作设计深蓝色 TADF 材料的通用受体，因为该基团具有非常弱的电子接受能力，因为强受体如三嗪可以增加 ΔE_{ST}。作者还报道了嘧啶基团可以与多个电子供体结合，其电子和光物理性能可以通过简单的结构修饰轻松调节。

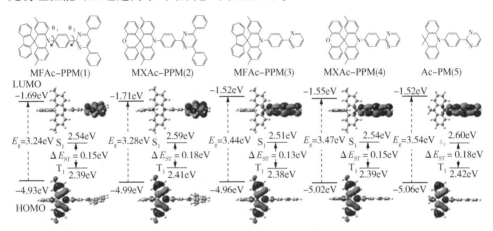

图 6.15　Yasuda 及其同事研究的分子的化学结构，给出了这些分子的 HOMO 和 LUMO 图以及计算的［PBE0/6-32G(d)水平的 TDDFT］第一单重态和三重态能量（Park 等人 2017[33]）

对于白光显示，需要制备出具有优异发射效率和高稳定性的红、绿、蓝三色发光 OLED。此外，在整个可见光范围内对发光颜色的调整也是一个重要的研究领域[34,35]。目前已经筛选出几种小分子和共轭聚合物，可能应用于全彩显示的 OLED 器件中。这些材料包括聚噻吩、聚对苯乙烯衍生物等。

Promarak 及其同事[36]研究了用咔唑-N-基咔唑（CAr）封端的低聚芳烃的光物理、热、电化学和电致发光性质（图 6.16），以探索设计颜色可调的发光材料的可能性。作者认为这些材料的发射波长可以通过改变低聚芳烃荧光核的结构修饰来调节 π-电子共轭程度以及通过增强芳基核的吸电子能力来调整。

6.2.3　聚集诱导发射

一些荧光团在溶解于溶剂中时显示微弱的发射，但在聚集或处于固态时显示强的发射。这个过程被称为聚集诱导发射（AIE）过程。许多基于 ICT 的分子显示出 AIE，并且已经被深入研究以用于可能的光电和生物成像应用。一些芳基取代的 BODIPY 染料在极性溶剂中具有弱荧光性/非荧光性，这是由于形成了导致这

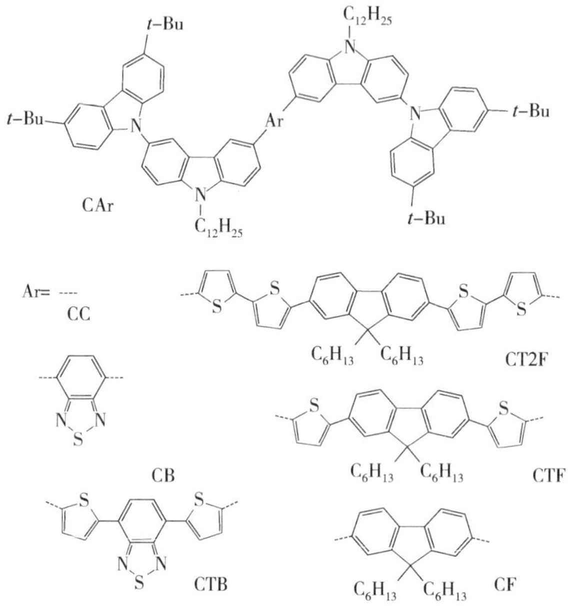

图中结构式 CAr, CC, CB, CTB, CT2F, CTF, CF（分子结构图）

$Ar=$ ----

图 6.16　Promarak 及其同事设计的低聚芳烃 CAr 的分子结构

（版权所有 2015，经 Wiley 许可转载）

些分子量子产率降低的 ICT 状态[37]。据报道，这些染料（图 6.17）聚集后会恢复其荧光强度[37]。通过 AIE 过程的聚集，TICT 物质的红色发射显著增强。作者发现可以通过增加介质的黏度以及通过冷却来增强发射强度，这表明分子内旋转的限制会导致这些分子中的 AIE 现象。

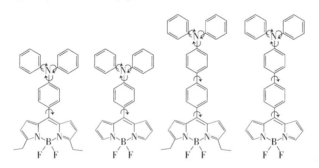

图 6.17　Hu 等人研究的分子的化学结构，以及可能的分子内旋转

（Hu 等人 2009[37]，经美国化学会许可转载）

从前面的讨论中可以看出，基于 ICT 的分子正在被用于多种技术应用，且一些研究仍在进行中，以将其用于未来的应用。ICT 探针通常在溶液中定量检测许多化学物质。然而，对于某些应用，需要制备具有足够强度和耐久性的固体材料，这促使科学界寻找可能的方法来创造基于 ICT 的材料，以适合可能的

技术应用。Li 等人[38]回顾了目前用于制备自组装分子结构的一些方法。作者利用相转移方法和溶剂蒸气技术，结合化学修饰供体/受体单元和共轭强度，成功地制备了多种有机纳米结构，包括具有定制结构和形貌的中空纳米球、管和线等。

Singh 及其同事[39]研究了两种新开发的 ICT 材料中的 AIE（他们称之为 A1 和 A2，图 6.18）。作者研究了这些化合物的晶体学、热学和光物理特性。他们发现 A1 发出强烈的绿光，而 A2 在光激发下显示出相对较弱的蓝光。A1 的晶体结构分析表明，供体和受体基团都参与了分子间的相互作用，这种相互作用反过来又限制了这两个基团的分子内旋转。由于 A1 显示出强烈的绿光发射并形成优质晶体，作者希望该化合物可用于光电器件。

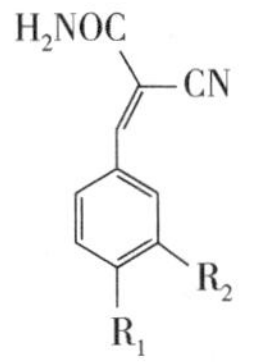

Shimada 等人[40]报道了二硅烷桥接的供体-受体-供体（D-Si-Si-A-Si-Si-D）和受体-供体-受体（A-Si-Si-D-Si-Si-A）化合物的明亮固态发射（图 6.19）。他们还报道了这两种化合物在固态下分别在 500nm 和 400nm 左右表现出强发射，量子产率高达 0.85。

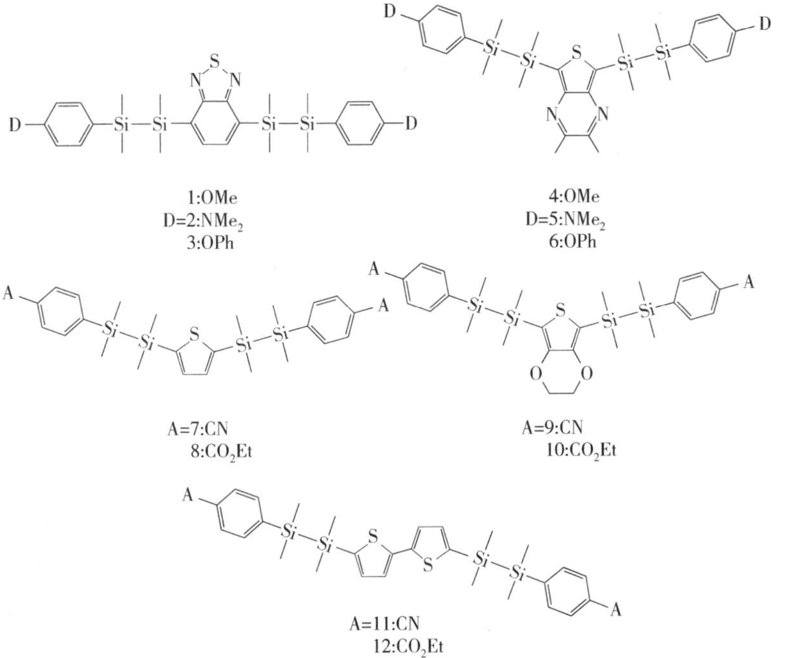

图 6.18　A1(R$_1$，R$_2$=—OMe) 和 A2(R$_1$=—OMe，R$_2$=—H) 的化学结构

1:OMe
D=2:NMe$_2$
3:OPh

4:OMe
D=5:NMe$_2$
6:OPh

A=7:CN
8:CO$_2$Et

A=9:CN
10:CO$_2$Et

A=11:CN
12:CO$_2$Et

图 6.19　Shimada 等人提到的 D-A-D(1-6)和 A-D-A(7-12)
衍生物的化学结构(Shimada 等人 2016[40])

据报道，几种吡嗪衍生物在光激发时显示出 ICT[41,42]。Chen 等人[43] 报道了吡嗪衍生物在水性介质中 LE 到 TICT 态之间的刺激依赖性转变。Bhalla 及其同事[44] 报道了一种基于 TICT 的吡嗪衍生物的聚集诱导发射增强（AIEE）（图 6.20）。TICT 分子由作为电子受体的吡嗪支架组成，而两个氨基作为供体单元，通过可旋转的苯环连接到受体单元。他们还表明，TICT 探针在水介质中形成聚集体，并且该聚集体显示出铜诱导的分子内旋转限制。上述限制导致该分子成为检测铜（Ⅱ）离子的"非淬灭"探针。在此过程中，TICT 分子聚集体既作为反应器，也是生成铜（Ⅱ）氧化物（CuO）纳米颗粒的稳定剂。在反应过程中，聚集的分子会被氧化形成多胺衍生物。作者发现氧化衍生物与 CuO 纳米粒子结合用作光捕获天线，并在可见光照射下室温下水性介质中的 Sonogashira 偶联反应中显示出显著的光催化效率。在设计 TICT-AIEE 超分子组装体时，作者利用了金属诱导的吡嗪基 TICT 探针分子内旋转的限制。他们在上述分子中引入氨基作为供体单元，因为已知该基团能够与软金属离子相互作用。探针在水中的紫外-可见吸收光谱分别在 340nm 和 410nm 处显示出两个吸收峰。作者将高能峰归因于吡嗪部分的 $n\pi^*$ 跃迁，而将低能峰归因于从供体到受体的 ICT 跃迁。与在水中相比，410nm 的峰在四氢呋喃（THF）溶剂中显示出约 6nm 的红移，而介质的变化对 340nm 的峰没有影响。探针在 4-(2-羟乙基)1-哌嗪乙磺酸（HEPES）缓冲液中的发射光谱显示两个发射带。在 445nm 处最大的发射带属于 LE 类型，而 555nm 的峰属于探针分子的 ICT 类型。在 360nm 光激发时，该分子在 THF 中仅在 555nm 处显示一个发射峰。作者对探针进行了与温度相关的发射测量，结果显示随着温度 25~75℃，555nm 波段的发射最大值出现了蓝移。根据前述荧光物质的热行为，他们推断其必定源自分子的 TICT 态。对发射光谱行为的强极性依赖性表明激发态分子的 ICT 状态的形成。在黏度增加的甘油-乙醇混合物中，探针的发射强度增加，这也支持了分子 TICT 态的形成。为了探索分子的聚集行为，作者研究了探针在不同成分的 THF-水混合物中的吸收和发射曲线。随着 THF-水混合物中溶剂组成的变化，探针的吸收强度略有下降，而吸收最大值没有变化。对 THF-水混合物中探针吸收光谱的温度依赖性研究表明，随着温度从 25℃增加到 70℃，340nm 波段的吸收增加而吸收最大值没有显著变化。根据这些结果，作者得出结论，在聚集状态下，分子不是以 J/H 方式排列的。他们还注意到，随着 THF-水混合物中水含量的增加，对应于 TICT 发射的带的发射强度降低，而在 445nm 处出现了一个新的带（LE 带）。为了证实探针的弱 AIEE 特征主要源于 TICT 的不完全抑制，作者合成了一种缺少 TICT 探针的氨基供体基团的模型衍生物（图 6.20）。模型化合物没有显示出 TICT 态的存在，但在水介质中表现出了强烈的 AIEE 行为。这些结果表明探针分子可以作为基于 TICT-AIEE 的双发射化合物。

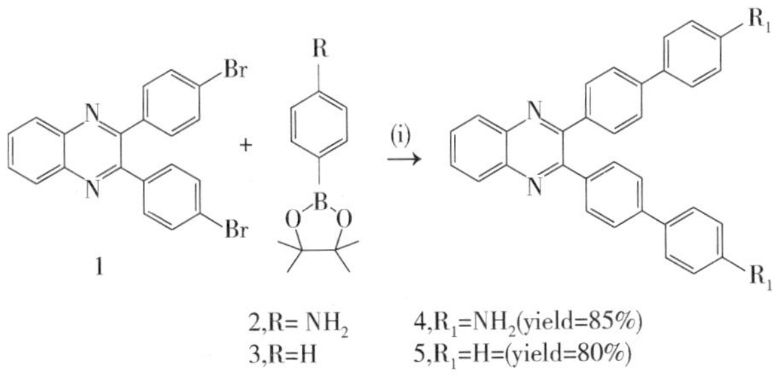

2,R= NH₂   4,R₁=NH₂(yield=85%)
3,R= H   5,R₁=H=(yield=80%)

(i) Pd(Ⅱ)PPh₃Cl₂, THF(dry), K₂CO₃, 80℃,

图 6.20 吡嗪基 TICT 探针(4)和没有显示任何 TICT 行为的
模型化合物(5)的结构和合成路线(Deol 等人 2016[44],
经美国化学会许可转载)

作者通过添加高氯酸盐/氯化物盐，使用紫外–可见吸收和发射光谱，通过上述 TICT-AIEE 系统评估了 Ag^+、Hg^{2+}、Au^{3+}、Cu^{2+}、Zn^{2+}、Fe^{2+}、Pd^{2+} 等金属离子的分子识别。他们的研究表明，TICT-AIEE 系统的吸收/发射曲线仅在存在 Cu^{2+} 离子的情况下受到影响，而其他离子并未引起其吸收和发射光谱的任何变化。作者发现，由于铜(Ⅱ)离子(0~2 当量)逐渐加入探针分子的水溶液中(5μM)，410nm 和 340nm 处的吸收带的强度逐渐降低。在这一过程中，在 310nm 处出现了一个新的谱带，在 430nm 和 320nm 处有两个等吸收点。他们将这种光谱行为归因于在低浓度金属离子下探针与 Cu^{2+} 离子形成复合物。添加较高浓度(3~50 当量) Cu^{2+} 离子导致吸收带变宽，并在 30min 内形成 280nm 和 750nm 处的形成两条新带。280nm 和 750nm 波段的强度随时间的推移而增加到 60min 左右。作者认为，CuO 纳米颗粒的形成是观察到的光谱变化的原因。在 HEPES 缓冲液中的探针分子(5μM)溶液中加入 Cu^{2+} 离子(0~50 当量)后，555nm 波段，即 TICT 波段的发射强度随着 445nm 处 LE 带的大幅增加而降低。作者在 1 小时后测量了该溶液的发射光谱，发现 445nm 波段的强度下降了约 42%。在 HEPES 缓冲液中对探针的时间分辨荧光研究表明，在没有 Cu^{2+} 离子的情况下，探针呈单指数衰减行为。然而，在存在 Cu^{2+} 离子的情况下，探针的衰减曲线被发现是三指数的，表明存在三种不同的处于激发态的物质。探针的时间分辨研究使作者得出结论，Cu^{2+} 离子的存在促进了 LE 发射的非辐射速率常数的降低，而 TICT 发射因子的非辐射速率常数的增加导致了 445nm 波段发射强度的增强。作者进一步表明，原位生成的 TICT-AIEE 体系与 CuO 纳米颗粒的氧化物质可以在温和条件下与多种底物(如芳基卤化物)催化 Sonogashira 偶联反应，且效率极高。

6.2.4 太阳能转换

为了收集和储存太阳能，科学界正在进行染料敏化太阳能电池(DSCs)的研究。太阳能的有效转换和储存需要收集通过电极上的光激发产生的电荷或通过形成化学键进行存储。据报道，由于电荷分离或通过三重态的形成而导致的光激发态的长寿命对于太阳能的转换至关重要。一些基于供体-受体的 ICT 分子已经被筛选出来用于 DSCs。本节将讨论一些有代表性的例子。Hagfeldt 等人[45]回顾了纳米结构染料敏化太阳能电池（nDSCs）的最新进展，这些电池被认为适用于以低成本将太阳能高效转换为电能。尽管有报道称基于双吡啶基和多吡啶基钌复合物的 DSCs 在 AM 1.5 辐照下实现了 10%～11% 的太阳能至电能转换效率[46]，但科学界正试图用全有机光敏剂来替代这些材料以降低成本并抑制环境危害。全有机材料的使用也可能促进这些光敏剂具有高消光系数，从而为在更薄的太阳能电池中使用它们提供了可能，如固态 nDSC[47]。包括香豆素、卟啉、氧杂蒽和多烯在内的几种染料已被检测是否可能在 DSC 中使用，在传统使用的碘化物/三碘化物氧化还原体系中其转化效率在 5% 和 9% 之间。Edvinsson 及其同事[48]报道了一些苝染料的 ICT 工艺（图 6.21）及其在 DSCs 中的性能。作者发现，在离锚定基团最远的位置向苝核心引入更强的供体基团会推高这些分子的 LUMO。相对于普通氢电极（NHE），这会导致更多的负电势。他们还发现，随着染料 ICT 特性的增加，光电流得到改善。他们报道了使用具有最高 ICT 特性的染料，即使没有使用任何紫外线处理，外部量子效率超过 70%，太阳能到电的转换能量约为 4%，他们还测试了所使用的染料的稳定性，并报道了性能最高的染料即使经过 2000 小时的照射后仍具有光谱稳定性。

6.2.5　ICT 基温度传感分子

高精度的温度测量对多种应用都至关重要[49,50]。例如，在汽车和飞机工业、海洋研究以及探索地下地球化学等领域，经常需要具有高空间分辨率的原位大面积或梯度温度测量。荧光温度计已经被广泛研究用于以高精度估计微环境的温度，如细胞和微流控设备等。在大多数情况下，使用荧光有机分子或无机复合物，其发射强度随着温度的升高而降低，这是由于随着温度的升高，非辐射性失活途径被激活。硒化镉（CdSe）量子点和氧化锌（ZnO）微晶也被研究用作"纳米温度计"[51,52]。尽管这些荧光温度计有一些优点，但由于它们的负温度系数而受到限制。另外，具有正温度系数的荧光探针，其发射强度随着温度的升高而增加，可以有效地抑制高温下的背景干扰。此外，这些探针可以与负温度系数探针结合使用，其中发射强度的比率测量可以为系统温度的定量检测提供内置校正。Cao 及其同事[53]开发了一种基于 ICT 的正温度系数比率荧光温度计。ICT 探针，即 N，N-二甲基-4-（（2-甲基喹啉-6-基）乙炔基）苯胺（图 6.22）在二甲基亚砜（DMSO）中，荧光强度随温度的升高而增强。作者提出的制备基于 ICT 的荧光温度计的设计原则在于，一方面由于 TICT 态的零振动能级的发射被禁止，在激发

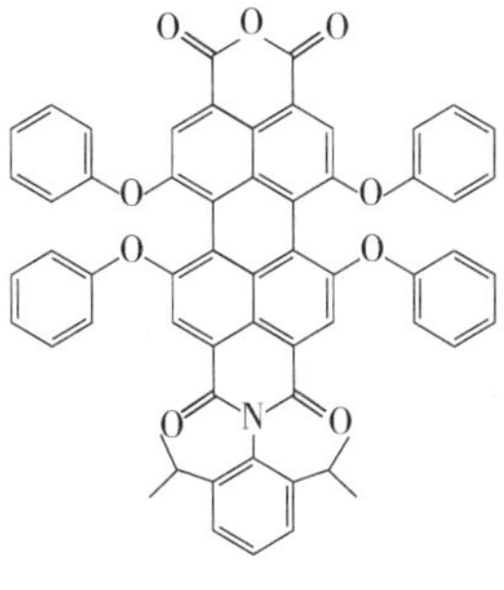

ID17

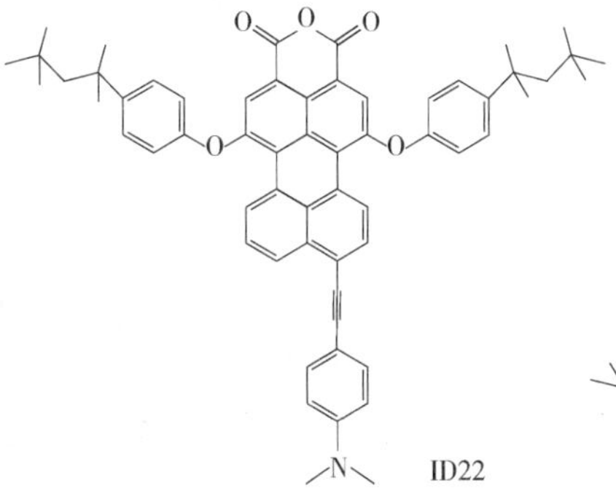

ID22

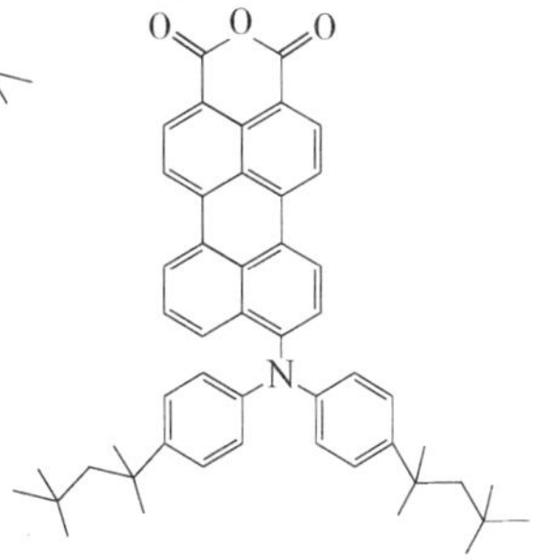

ID28

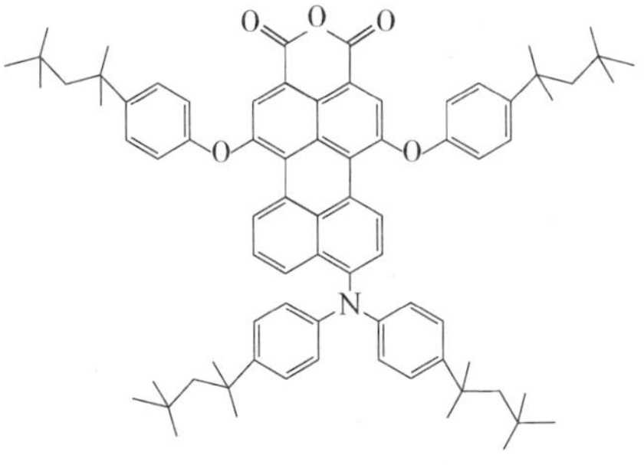

ID34

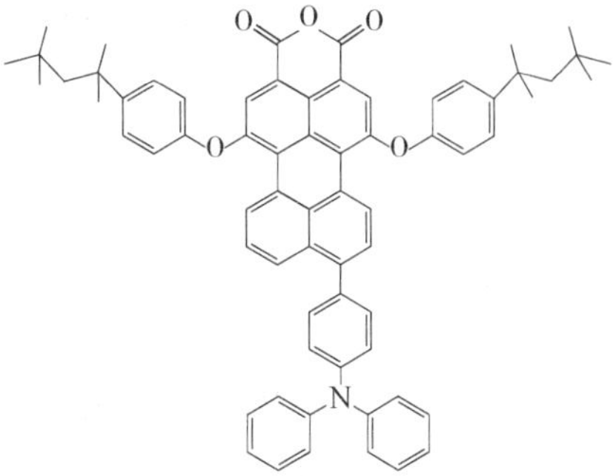

ID35

图 6.21　Edvinsson 及其同事报道的新型苝染料的化学结构

态显示 TICT 的分子通常是弱发射的。另一方面，正如作者所提到的，从 TICT 态到基态的辐射跃迁是通过 TICT 态的更高的且非完全对称的振动带的辅助来实现的。他们还认为，如果 TICT 发射的增加可以超过非辐射失活途径，则上述振动带可以在加热时被激活，从而随着介质温度的升高而导致更高的发射强度。作者通过研究具有不同成分的乙醇-甘油混合物中与黏度相关的发射测量以及使用 DFT 计算，证实了探针分子的 TICT 过程。它们的量子化学计算表明，光激发后分子的苯环到喹诺酮环之间存在 ICT。随着溶剂极性的增加，探针的吸收最大值没有太大变化，而发射最大值随着介质极性的增加而显著红移。该探针在 DMSO 中约 210nm 的大斯托克斯移位可用于最小化发射光子的再吸收，从而可提高荧光成像的信噪比。作者发现，在 DMSO 中，该探针在 450nm 和 600nm 左右显示出异常的正温度系数(每℃约 0.5%)。随着温度的升高，探针的荧光量子产率相应增加。作者认为，随着温度的升高，TICT 态下较高能级的振动带变得活跃，导致发射强度增加。他们还认为，随着温度的升高，发射最大值从 25℃时的 551nm 蓝移到 65℃时的 538nm，这是因为随着温度的升高，较高振动带的贡献增加。作者指出，TICT 发色团的荧光强度取决于两个相互竞争的因素，即辐射 TICT 发射和非辐射去激发的速率。虽然这两个因素预计会随着温度的升高而增加，但前者与 DMSO 溶剂中的

ICT 探针更加相关，从而导致探针的正温度系数。当温度对非辐射去激发的影响可能比 TICT 发射的影响更大时，可能会出现一种情况，并且可能会出现负温度系数。事实上，作者观察到探针在其他溶剂(如乙酸乙酯)中的负温度系数，其中非辐射过程会随着温度的升高而超过 TICT 荧光。作者发现，上述 ICT 探针的温度依赖性随着波长的变化而变化，他们声称该探针用于比率式温度测量。他们表明，DMSO 中500nm 处探针发射强度与 600nm 处探针的发射强度之比与温度变化呈线性关系，这使其成为用作温度计的潜在候选材料。作者还表明，ICT 探针可以与其他温度敏感分子结合使用，例如罗丹明 6G，它显示出负温度系数，用于比率检测温度。他们还通过加热和冷却检查了 ICT 荧光团的可逆性，并发现它在 25~65℃ 是可逆的。由于基于荧光寿命测量的温度计需要相对较长的时间并且需要复杂的仪器，因此基于发射的温度计可以更方便地检测温度，成本低且容易。然而，由于许多 TICT 分子的荧光取决于介质的黏度和温度，因此在使用这些基于荧光的温度计测量黏度随温度变化非常大的系统的温度时，必须小心谨慎。

Yang 及其同事[54]设计了一种基于三芳基硼的荧光温度计，可用于在较宽的温度范围内进行检测。现在众所周知，与其他荧光团一样，基于 TICT 的发射体的发射强度也会随着温度的升高而降低。限制 TICT 探针作为荧光传感器的另一个问题是，这些分子通常表现出非常弱的发射强度。一些 TICT 分子会随着介质温度的升高，发射强度增强[55]。在某些情况下，由于 LE 和 ICT 状态之间的热平衡发生变化，可以观察到色度变化[56]。作者利用高荧光芳基硼化合物的优点和两次反向发光强度变化的 TICT 过程，设计了一种热敏分子(图 6.23)，即二芘-1-基-(2,4,6-三异丙基苯基)硼烷(DPTB)。作者设计了含芘的三芳基硼发光分子 DPTB，并考虑了以下想法。为了促进上述分子在激发态的 ICT，在上述缺失硼原子的分子中引入了两个电子给体芘基团和一个空 p 轨道的缺电子硼原子。引入三异丙基苯基作为硼化合物的稳定剂。刚性芘基团可以促进分子的高发射量子产率。作者提到，由于分子中的高空间位阻，来自两个芘基团的贡献可能不相同。DPTB 在 -50~100℃ 的较宽范围内显示出随温度变化的发光，且具有非常高的量子产率(50℃ 时最高为 0.83)。随着温度的升高，发光由绿色变为蓝色。在所研究的温度范围内，该分子的高量子产率也赋予了分子避免高温下普遍引起的低信噪比的能力。作者发现该分子的吸收光谱并没有因为温度的变化而受到太大的影响，并且在整个温度范围内仅观察到少量变化。与吸收行为相反，DPTB 的发射曲线是高度依赖于温度的。在室温下，该分子显示出宽的发光带，作者通过分子的衰变寿命测量将其确定为双发射。他们将负责双重发射的这些较短和较长波长的物质分别归属于分子的 LE 和 ICT 状态。介质的温度影响许多双发射分子的 LE 和 ICT 状态之间的动态平衡[57,58]。作者观察到 DPTB 随温度变化的类似行为。分子的发光颜色是由两种不同类型(LE 和 ICT)的比例决定的。随着温度的

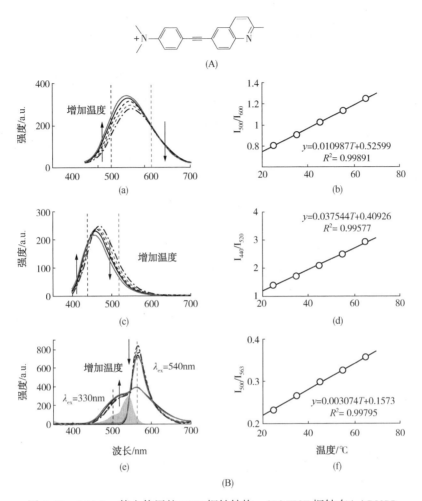

图 6.22　(A)Cao 等人使用的 TICT 探针结构；(B)TICT 探针在(a)DMSO
(b)乙酸乙酯(EA)(λ_{ex} = 360nm)中的温度相关荧光光谱；(c)探针和罗丹明
6G 在 DMSO 中混合且 λ_{ex} 分别为 330nm 和 540nm 的温度相关荧光光谱，
温度以 10℃的变化幅度从 25℃升高到 65℃；(d)DMSO 中探针在 500nm 和
600nm 下；(e)EA 中探针在 440nm 和 520nm 下；(f)DMSO 中探针和罗丹明
6G 混合物在 500nm 和 563nm 下发射强度比的相应温度依赖性和相关最佳
拟合方程(Cao 等人 2014[53]，经皇家化学会许可转载)

降低，具有相对较低能量的 TICT 态优先被填充并观察到发光的红移。反之。系
统的加热导致分子中 LE 态的数量增加并观察到弱变色发光现象。作者发现，随
着温度的升高，发光光谱逐渐向高能方向移动。他们发现，DPTB 的最大发射
(λ_{emi})和介质(2-甲氧基乙醚或 MOE)的温度之间存在线性关系。作者还通过将
分子在-50~100℃之间加热和冷却 30 次评估了探针在 MOE 介质中的可逆性，并

确认其是可逆的。为了研究流体的温度梯度，作者将 DPTB 的 2-甲氧基乙醚溶液放入石英管中，从顶部加热，从底部冷却。他们发现管的顶部和底部的颜色是蓝色和绿色，而中间的温度随着温度的升高从绿色变为青色再到蓝色。因此，作者得出结论，介质的温度可以通过肉眼或照相机来实现检测。为了利用基于 TICT 的温度计来实现汽车和飞机行业经常需要的特定区域的温度分布检测，他们将 DPTB-MOE 溶液密封在 5×5cm^2 面积和 60μm 厚度的 PVC-多孔 PP-PVC 夹层结构薄膜中。利用他们的结果，作者声称 DPTB 可以用作发光比色温度计，用于原位大面积或梯度温度的现场测量，在宽温度范围内具有高灵敏度和高空间分辨率。他们还表明，液体温度计可以制成各种形式，从而使其在各种研究领域中得到应用。

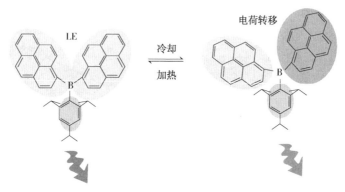

图 6.23　一种可行的 DPTB 随温度变化的发光传感机制

（Feng 等人 2011[54]，经 John Wiley & Sons 许可转载）

　　从本章的讨论中，我们了解到，一些基于 ICT 的分子已被研究用于荧光和比色传感器等潜在应用，用于检测溶液和生物样品中的金属离子和分子，或者用于检测溶液的温度和黏度等。文献中也报道了 ICT 探针在 AIE、OLED 和 DSC 中的应用。正如在第 5 章中提到的，基于 ICT 的分子已经被用于设计具有多种技术应用的 NLO 活性材料。因此，我们可以预见，在不久的将来，将会有一些关于 ICT 分子在传感、光电子学等方面的应用的研究报道。

参 考 文 献

1 Haidekker, M.A. *et al.* (2005) *Bioorg. Chem.*, 415.

2 Haidekker, M.A. *et al.* (2000) *Am. J. Physiol. Heart Circ. Physiol.*, **278**, H1401.

3 Sasaki, S., Drummen, G.P.C., and Konishi, G. (2016) *J. Mater. Chem. C*, **4**, 2731.

4 Uoyama, H., Goushi, K., Shizu, K., Nomura, H., and Adachi, C. (2012) *Nature*, **492**, 234.

5 (a) Adachi, C. *et al.* (2014) *Nat. Mater.*, **14**, 330; (b) Adachi, C. *et al.* (2015) *Nat. Commun.*, **6**, 8476.

6 Bredas, J.L. *et al.* (2017) *J. Am. Chem. Soc.*, **139**, 4042.

7 Marks, T.J. *et al.* (1994) *Chem. Rev.*, **94**, 195.

8 Sunahara, H. *et al.* (2007) *J. Am. Chem. Soc.*, **129**, 5597.

9 Sasaki, S. *et al.* (2014) *Tetrahedron*, **70**, 7551.

10 Shigeta, M. *et al.* (2012) *Molecules*, **17**, 4452.

11 Haidekker, M.A. and Theodorakis, E.A. (2010) *J. Biol. Eng.*, **4**, 11.

12 Stsiapura, V. *et al.* (2008) *J. Phys. Chem. B*, **112**, 15893.

13 Liu, J. *et al.* (2015) *Sens. Actuators, B*, **208**, 538.

14 Hiramaya, T. *et al.* (2013) *Chem. Sci.*, **4**, 1250.

15 Umar, S., Jha, A.K., and Goel, A. (2016) *Asian J. Org. Chem.*, **5**, 187.

16 Reja, S.I., Khan, I.A., Bhalla, V., and Kumar, M. (2016) *Chem. Commun.*, **52**, 1182.

17 Peters, T. (1996) *All About Albumin: Biochemistry, Genetics, and Medical Applications*, Academic Press, San Diego, pp. 234–240.

18 Ren, M., Deng, B., Kong, X., Zhou, K., Liu, K., Xu, G., and Lin, W. (2016) *Chem. Commun.*, **52**, 6415.

19 Yu, S., Yang, X., Shao, Z., Feng, Y., Xi, X., Shao, R., Guo, Q., and Meng, X. (2016) *Sens. Actuators, B*, **235**, 362.

20 Wei, X., Yang, X., Feng, Y., Ning, P., Yu, H., Zhu, M., Xi, X., Guo, Q., and Meng, X. (2016) *Sens. Actuators, B*, **231**, 285.

21 Meng, X.M., Ye, W.P., Wang, S., Feng, Y., Chen, M., Zhu, M.Z., and Guo, Q.X. (2016) *Sens. Actuators, B*, **201**, 520.

22 Ito, A., Ishizaka, S., and Kitamura, N. (2010) *Phys. Chem. Chem. Phys.*, **12**, 6641.

23 Kumari, N., Jha, S., and Bhattacharya, S. (2011) *J. Org. Chem.*, **76**, 8215.

24 Hudnall, T.W., Chiu, C.W., and Gabbai, F.P. (2009) *Acc. Chem. Res.*, **42**, 388.

25 Vennesland, B., Comm, E.F., Knownles, J., Westly, J., and Wissing, F. (eds) (1981) *Cyanide in Biology*, Academic, London.

26 Kovalchuk, A., Bricks, J.L. *et al.* (2004) *Chem. Commun.*, 1946.

27 Bhat, H.R. and Jha, P.C. (2017) *J. Phys. Chem. A*, **121**, 3757.

28 Li, Q., Cai, Y., Yao, H., Lin, Q., Zhu, Y.R., Li, H., Zhang, Y.M., and Wei, T.B. (2015) *Spectrochim. Acta, Part A*, **136**, 1047.

29 Thiagarajan, V., Ramamurthy, P., Thirumalai, D., and Ramakrishnan, V.T. (2005) *Org. Lett.*, 7, 657.

30 Wu, J., Liu, W., Ge, J., Zhang, H., and Wang, P. (2011) *Chem. Soc. Rev.*, **40**, 3483.

31 Tang, C.W. and VanSlyke, S.A. (1987) *Appl. Phys. Lett.*, **51**, 913.

32 Adachi, C. *et al.* (2014) *Nat. Photonics*, **8**, 326.

33 Park, I.S., Komiyama, H., and Yasuda, T. (2017) *Chem. Sci.*, **8**, 953.

34 Chang, C.-J., Yang, C.-H., Chen, K., Chi, Y., Shu, C.-F., Ho, M.-L., Yeh, Y.-S., and Chou, P.-T. (2007) *Dalton Trans.*, 1881.

35 Kim, E. and Park, S.B. (2009) *Chem. Asian J.*, **4**, 1646.

36 Keywin, T., Sooksai, C., Prachumrak, N., Kewpuang, T., Muenmart, D., Namuangruk, S., Jungsuttiwong, S., Sudyoadsuk, T., and Promarak, V. (2015) *RSC Adv.*, **5**, 16422.

37 Hu, R. *et al.* (2009) *J. Phys. Chem. C*, **113**, 15845.

38 Li, Y. *et al.* (2014) *Acc. Chem. Res.*, **47**, 1186.

39 Gupta, V.K. and Singh, R.A. (2017) *Faraday Discuss.*, **196**, 131.

40 Shimada, M., Tsuchiya, M., Sakamoto, R., Yamanoi, Y., Nishibori, E., Sugimoto, K., and Nishihara, H. (2016) *Angew. Chem. Int. Ed.*, **55**, 3022.

41 Hagfeldt, A. and Gratzel, M. (2000) *Acc. Chem. Res.*, **33**, 269.

42 Lu, X., Fan, S., Wu, J., Jia, X., Wang, Z.S., and Zhao, G. (2014) *J. Org. Chem.*, **79**, 6480.

43 Chen, M., Li, L. *et al.* (2015) *Chem. Commun.*, **51**, 10710.

44 Deol, H., Pramanik, S., Kumar, M., Khan, I.A., and Bhalla, V. (2016) *ACS Catal.*, **6**, 3771.

45 Hagfeldt, A., Boschloo, G., Sun, L., Kloo, L., and Pettersson, H. (2010) *Chem. Rev.*, **110**, 6595.

46 O'Regan, B. and Gratzel, M. (1991) *Nature*, **353**, 737.

47 Gratzel, M. (2004) *J. Photochem. Photobiol.*, **164**, 3.

48 Edvinsson, T., Li, C., Pschirer, N., Schoneboom, J., Eickemeyer, F., Sens, R., Boschloo, G., Herrmann, A., Mullen, K., and Hagfeldt, A. (2007) *J. Phys. Chem. C*, **111**, 15137.

49 (a) Kontis, K. (2007) *Aeronaut. J.*, **111**, 495; (b) Wolfbeis, O.S. (2008) *Adv. Mater.*, **20**, 3759.

50 Demas, J.N., DeGraff, B.A., and Colenam, P.B. (1999) *Anal. Chem.*, **71**, 7931.

51 Maestro, L.M. *et al.* (2010) *Nano Lett.*, **10**, 5109.

52 Shinde, S.L. and Nanda, K.K. (2013) *Angew. Chem. Int. Ed.*, **52**, 11325.

53 Cao, C., Liu, X., Qiao, Q., Zhao, M., Yin, W., Mao, D., Zhang, H., and Xu, Z. (2014) *Chem. Commun.*, **50**, 15811.

54 Feng, J., Tian, K., Hu, D., Wang, S., Li, S., Zeng, Y., Li, Y., and Yang, G. (2011) *Angew. Chem. Int. Ed.*, **50**, 8072.

55 Braun, D. and Rettig, W. (1994) *Chem. Phys.*, **180**, 231.

56 Volchkov, V.V. and Uzhinov, B.M. (2008) *High Energy Chem.*, **42**, 163.

57 Rettig, W. and Chandross, E.A. (1985) *J. Am. Chem. Soc.*, **107**, 5617.

58 Yang, J.S., Lin, C.K., Lahoti, A.M., Tseng, C.K., Liu, Y.H., Lee, G.H., and Peng, S.M. (2009) *J. Phys. Chem. A*, **113**, 4868.

7 总结与展望

7.1 简介

从前几章的讨论可以看出，分子内电荷转移(ICT)过程构成了分子科学的一个主要研究领域。自从第一个 ICT 分子 4-N,N-二甲基氨基苯甲腈(DMABN)被报道以来，已经对一些相关分子以及其他类别的分子(香豆素、罗丹明 B 等)进行了研究，以详细了解其基本原理。尽管进行了多项研究，但有关 ICT 进程的两个问题仍有待进一步解决。其中之一涉及 ICT 状态的结构，而另一个是 ICT 发生的途径。介质的特性(极性和氢键能力)在决定 ICT 状态的结构和形成速率方面起着至关重要的作用。科学界已经进行了一些实验和量子化学研究，以了解 ICT 过程。由于电荷转移被认为是一种简单的反应，因此已经提出了几种理论模型来计算 ICT 过程的速率。许多基于 ICT 的分子被用作中等极性和黏度的传感器。已经研究了几种 ICT 分子，用于设计非线性光学(NLO)材料、有机发光二极管(OLED)等。本章总结了第 1~6 章中讨论的一些关于 ICT 的研究。

7.2 ICT 研究总结

在前几章中，我们已经讨论了 ICT 过程的几个方面及其可能的应用。电荷转移过程在自然界中无处不在，因为它是光合作用和新陈代谢的关键步骤。一些基于 ICT 的新型分子被设计用于光电子学、非线性光学、传感等方面可能的技术应用。在其中的一些应用中，目前正在使用基于金属离子的发色团，尽管它们中的几个缺乏必须的灵活性并且价格昂贵。为了摆脱昂贵的金属，并提高器件的耐久性和灵活性，科学界已将精力放在纯有机分子方面，目的是利用这些有机材料制造廉价和高效的设备。尽管已经进行了大量的研究，但充分利用基于 ICT 的分子的潜力来改善人类生活仍然存在挑战。

在第 1 章中，讨论了 ICT 过程的基本方面，使读者对后续章节讨论的内容有了一个大致的了解。正如我们前面提到的，DMABN 是第一个被报道的 ICT 分子。该分子在其电子发射光谱中显示出双重发射，其中蓝色边缘的发射带归因于分子局部激发态(LE)产生的"正常"发射。红移带(低能带)，有时也被称为异常带，被指定为源自激发态的 ICT 物质的发射。这一发现推动了对 DMABN 几种同系物中 ICT 过程的研究。多年来，已报道了几种新的 ICT 分子，并详细讨论了它们的光谱特性。我们必须在此提及，由于若干因素，包括 ICT 物质在极性介质中的发射量子产率可能下降等，并非所有 ICT 分子都显示出双发射。迄今为止，尽管进行了大量的研究，但 ICT 过程的某些方面在科学界仍然是一个争论不休的问题。其中一个未解决的问题与 ICT 状态的结构有关，而另一个问题则是 ICT 过程可能发生的动态或途径。最初的实验研究得出的结论是，ICT 分子在激发态发生扭曲，导致扭曲的分子内电荷转移（TICT）态，其偶极矩高于该分子的基态以及 LE 态偶极矩。ICT 物质在极性增加的溶剂中逐渐提高的稳定性支持了这种扭曲机制。后来，一些研究小组对 TICT 态的形成提出了质疑，因为在许多情况下，一个分子的正常和预扭曲的类似物可以产生 ICT 过程。有研究者提出了几种与 ICT 态结构有关的新机制，包括重杂化分子内电荷转移（RICT）和摇摆分子内电荷转移（WICT）。后来发现，所有这些模型都有各自的优缺点，而 TICT 和平面分子内电荷转移（PICT）机制被认为是科学界最普遍接受的模型。多年来，报道了几项实验和量子化学研究，以调查几个 ICT 分子中 ICT 过程的结构和动力学。ICT 过程的动态受多种因素影响。在分子的激发态光物理中，不仅包括像荧光和磷光这样的辐射过程，还包括一些非辐射过程。因此，一些实验和理论研究致力于找出 ICT 过程中可能的机制和时间尺度。不仅是有机分子，一些无机复合物和生物分子也经历了 ICT 过程。在金属络合物中，这一过程通常被称为光诱导电子转移（PET）过程。对几种无机复合物中 PET 过程的研究推动了对光合作用系统基本原理的理解，这反过来将有助于科学界设计将太阳能转化为化学能的人工光合作用系统。第 2 章中讨论了电荷转移过程的这些方面，这一章还涉及最近为可能的技术应用而开发的几种新的有机/无机分子。

如前所述，一些实验和理论研究报道了几种分子中的 ICT 过程。最初，半经验计算用于研究 ICT 过程，但几种新计算技术的发展帮助科学界使用许多最先进的理论方法来探索 ICT 过程。这一发展无疑增加了我们对 ICT 过程的理解。电子转移过程是自然界中最简单的反应之一。因此，人们提出了一些理论来计算这种反应的速率。Marcus 理论是 20 世纪 50 年代初由著名科学家 R. A. Marcus 提出的，并以他的名字命名，是研究电荷转移过程中非常流行的理论。随后，在电荷转移过程的几个方面的研究中，又提出了其他一些理论。在第 3 章中，我们已经讨论了其中一些用于确定电子转移过程速率的理论研究和模型。这一章还讨论了目前用于研究 ICT 过程的实验技术。最初，稳态吸收和发射光谱技术被用来研究分子中的 ICT 过程。后来，几种最先进的光谱技术的出现帮助科学界更好地获得了上述过程的细节。振动光谱技术正被广泛用于研究 ICT 过程。皮秒时间分辨共振拉曼光谱和飞秒受激拉曼光谱（FSRS）是最近用于研究 ICT 分子激发态光物理的两种技术。时间相关单光子计数（TCSPC）技术是研究激发态粒子寿命的常用方法，激发态粒子的寿命一般在 1ns 到几微秒之间。LE 到 ICT 的反应时间比典型的 TC-SPC 仪器的反应时间更快。因此，为了研究光激发后几皮秒内发生的早期过程，正在使用几种具有更好时间分辨率的时间分辨光谱技术。具有亚皮秒时间分辨率的瞬态吸收光谱是这些技术之一。太赫兹光谱也被用于研究 ICT 过程。第 3 章还讨论了几个关于 ICT 过程早期光物理的实验研究的例子。

进行反应的介质在决定反应速率方面起着重要作用。在 ICT 过程中，相信会形成一个偶极矩高于基态的物质。因此，基态和激发态分子的电荷分布预计会明显不同。这反过来又使溶剂分子与它们发生不同的相互作用。一般来说，极性介质更有利于 ICT 进程，因为极性溶剂下极性激发态更稳定。后来发现，不仅极性，而且溶剂的其他特性，如黏度、氢键能力和发生 ICT 反应的温度也会影响这一过程。因此，一些基于 ICT 的分子被用来检测介质的局部极性和黏度。为了将这些分子用于传感器应用，需要了解分子随着溶剂参数变化的确切行为。值得一提的是，几乎不可能区分溶剂极性和黏度对分子荧光性质的影响；更好地理解这些效应有助于设计更好的传感器。ICT 过程的研究主要是在溶液相中进行的，而在气态和固态中的研究则很少。对于非线性光学、光电器件和其他技术应用，人们可能需要制备固体 ICT 材料。因此，已经提出了几种依赖于供体−受体 ICT 分子自组装的方法。ICT 过程的这些方面在第 4 章中进行了讨论。

正如我们在本书中多次提到的，ICT 分子被认为是多种技术应用的潜在候选者。除了感应局部环境和化学物质外，这些分子还被认为可用于 OLED 以及设计高效的 NLO 材料。由于基于 ICT 分子设计 NLO 响应材料的研究非常广泛，我们将其从其他应用中分离出来，并在第 5 章中进行了更详细的讨论。同时也讨论了 NLO 材料的基本原理和该领域的理论发展。一些计算和实验研究致力于预测新的 ICT 分子，用于开发潜在的 NLO 材料。本章还讨论了一些 ICT 基分子双光子吸收（TPA）过程的研究。为了生产用于白光显示器的廉价 OLED，人们正在努力用纯有机材料来代替目前在有机发光二极管器件中使用的贵金属离子基磷光材料。研究人员正在基于 ICT 的有机分子中使用热激活延迟荧光（TADF）技术，以便在 OLED 中应用。TADF 进程被认为具有以几乎达到 100% 的内部效率有效地收获能量的能力。如果要用在全彩显示器中或用于白光发射，需要使用红、绿、蓝三原色。虽然现在有好几种带有红绿光发射的 OLED 显示屏，但是仍然缺乏发射蓝光（特别是深蓝）的能力。已经为开发蓝色 OLED 材料做出了一些努力，但解决这个问题仍然存在挑战。基于 ICT 的分子的重要应用之一是感测几种生物系统的局部黏度。分子转子是一类 TICT 分子，其发射量子产率会因介质刚度的变化而受到影响。基于 TICT 的分子通常是弱荧光的。如果与介质的相互作用可以限制分子的扭曲，则其发射强度会变得更好。一些研究小组已经利用这一原理设计了基于

TICT 的荧光"开启"传感器，用于选择性检测溶液中以及生物样品中的离子和分子。有一些文献报道，利用 ICT 分子设计比色传感器，可以检测温度和离子。已经在几种基于 ICT 的有机分子中观察到聚集诱导发射（AIE），这些分子在溶解于溶剂中时发射较弱，但在固态时或由于在溶解度较差的溶剂中形成团簇而显示出强烈的发射。最近，正在研究基于 ICT 的分子在太阳能电池中的应用。第 6 章讨论了基于 ICT 的材料在上述用途中的可能应用。

因此，从前面的讨论中可以看出，基于 ICT 的材料有潜力用于设计 OLED、NLO 材料、传感器等多种技术应用的材料；但需要更多的研究来充分发挥它们的潜力。几乎每天都有关于 ICT 过程的新发现被报道，我们希望这些研究能够丰富这一领域，从而开发出多种下一代技术应用设备。值得一提的是，尽管取得了巨大进展，但仍有一些问题需要解决。第 2 章中引用的例子清楚地表明，ICT 态的结构仍在争论中，因为一些证据指出了 TICT 态的形成，而其他一些结果则声称并非如此。虽然已经开展了一些研究来设计基于 ICT 分子的 NLO 材料，但要获得具有高稳定性和灵活性的材料仍然是一个挑战。感兴趣的读者可以通过每章末尾提到的一些参考文献来了解不同 ICT 分子的研究。更好地了解 ICT 过程的基本机制可能是开发用于未来技术应用的 ICT 基新材料的关键。

拓展阅读资料

Kuznetsov, A.M. and Ulstrup, J. (1998) *Electron Transfer in Chemistry and Biology: An Introduction to the Theory*, John Wiley & Sons, Inc.

Balzani, V. (ed.) (2001) *Electron Transfer in Chemistry*, John Wiley & Sons, Inc.

Han, K.-L. and Zhao, G.-J. (eds) (2010) *Hydrogen Bonding and Transfer in the Excited State*, vol. **I & II**, John Wiley & Sons, Inc.

Boyd, R. (2008) *Nonlinear Optics*, 3rd edn, Elsevier.

Buckley, A. (ed.) (2013) *Organic Light Emitting Diodes (OLEDs): Materials, Devices and Applications*, Elsevier.

Shigeta, M., Morita, M., and Konishi, G. (2012) *Molecules*, **17**, 4452.

Zhang, Q., Tian, X., Zhou, H., Wu, J., and Tian, Y. (2017) *Materials*, **10**, 223.